高等职业教育创新型系列教材·旅

旅游公共关系

（第2版）

主　编　王丽萍　任　静

副主编　王元琨　王协斌　朱淑靖

北京理工大学出版社
BEIJING INSTITUTE OF TECHNOLOGY PRESS

内 容 提 要

本书按照高职高专院校人才培养目标以及专业教学改革的需要，坚持以培养职业技能为重点进行编写。全书共分为 12 章，主要内容包括公共关系与公共关系学、旅游公共关系概述、旅游公共关系的主体与客体、旅游公共关系的传播与媒介、旅游公共关系的组织机构与人员、旅游公共关系的工作程序、旅游公共关系谈判、旅游公共关系专题活动、旅游公共关系危机处理、旅游公共关系礼仪训练、旅游公关人员的语言交际训练、旅游 CIS 和 TDIS 等。

本书可作为高职高专院校旅游管理类专业教材，也可作为企事业单位相关高级技术从业人员用以提高业务素质的拓展培训教材。

图书在版编目 (CIP) 数据

旅游公共关系 / 王丽萍，任静主编 . —2 版 . —北京：北京理工大学出版社，2017.2（2020.3 重印）

ISBN 978−7−5682−2096−5

Ⅰ. ①旅…　Ⅱ. ①王… ②任…　Ⅲ. ①旅游业－公共关系学－高等学校－教材

Ⅳ. ① F590.65

中国版本图书馆 CIP 数据核字 (2017) 第 030956 号

出版发行 / 北京理工大学出版社有限责任公司
社　　址 / 北京市海淀区中关村南大街 5 号
邮　　编 / 100081
电　　话 / （010）68914775（总编室）
　　　　　（010）82562903（教材售后服务热线）
　　　　　（010）68948351（其他图书服务热线）
网　　址 / http://www.bitpress.com.cn
经　　销 / 全国各地新华书店
印　　刷 / 河北鸿祥信彩印刷有限公司
开　　本 / 787 毫米 ×1092 毫米　1/16
印　　张 / 15
字　　数 / 358 千字
版　　次 / 2017 年 2 月第 2 版　2020 年 3 月第 4 次印刷
定　　价 / 39.80 元

责任编辑 / 李玉昌
陈　玉
文案编辑 / 陈　玉
责任校对 / 周瑞红
责任印制 / 李志强

第2版前言
Preface

公共关系是当代管理学研究领域最活跃的实践性学科之一，公共关系"内求团结，外求发展"的指导精神，对于竞争日益激烈的旅游业有深远的意义。旅游产业跨越式发展的需要和当代公共关系理论实践的结合，是旅游公共关系理论和实践研究发展的必然。

本书第1版自出版发行以来，经有关院校教学使用，深受广大专业任课老师及学生的欢迎及好评，他们对书中内容提出了很多宝贵的意见和建议，编者对此表示衷心感谢。为使内容能更好地体现当前高职高专院校"旅游公共关系"课程的需要，我们组织有关专家学者结合近年来高等院校教学改革动态，依据最新旅游公共关系的相关规定对本书进行了修订。

本书修订以第1版为基础进行编写。修订时坚持以理论知识够用为度，遵循"立足实用、打好基础、强化能力"的原则，以应用为目的，结合大量的公关案例和社会实际问题来分析讲解，可以激发学生的学习兴趣，培养学生发现问题、分析问题和解决问题的能力。通过本课程的学习能使学生系统地掌握旅游公共关系的基本理论和基本知识，培养分析问题、解决问题的能力，并能够完成最基本的旅游组织公关策划。

为方便教师的教学和学生的学习，本次修订时除对各章节内容进行了必要更新外，还对有关章节的顺序进行了合适的调整，并结合广大读者、专家的意见和建议，对书中的错误与不合适之处进行了修订；还对各章节的"本章导读""学习目标"重新进行了编写，明确了学习目标，便于教学重点的掌握，对各章前的"章前案例"进行了更新。本次修订对各章后的"课堂讨论""技能操作"进行了重新编写，对"课后习题"进行了适当补充，强化学生用所学理论知识解决实际问题的能力。另外，在相关知识要点设有"二维码"知识链接，成为本书一大亮点。

本书由邯郸职业技术学院王丽萍、内蒙古商贸职业学院任静担任主编，由内蒙古机电职业技术学院王元琨、江西环境工程职业学院王协斌、朱淑靖担任副主编。具体编写分工如下：第一章、第二章、第三章由王丽萍编写，第四章、第五章、第六章由任静编写，第七章、第八章由王元琨编写，第九章、第十章由王协斌编写，第十一章、第十二章由朱淑靖编写。

在本书修订过程中，参阅了国内同行的多部著作，部分高职高专院校的老师提出了很多宝贵的意见供我们参考，在此表示衷心的感谢！对于参与本书第1版编写但未参与本书修订的老师、专家和学者，本次修订的所有编写人员向你们表示敬意，感谢你们对高职高专教育教学改革做出的不懈努力，希望你们对本书保持持续关注并多提宝贵意见。

本书虽经反复讨论修改，但限于编者的学识及专业水平和实践经验，修订后的图书仍难免有疏漏和不妥之处，恳请广大读者指正。

编　者

第1版前言
Preface

屈指算来，公共关系在中国已有近20年的发展历史，经历了从传播、兴起、鉴别到本土化创新等不同阶段，在市场经济的建立和发展中发挥着越来越重要的作用。尤其是中国加入世界贸易组织后，旅游市场竞争更加激烈，外国旅游集团以其资本优势、品牌优势和管理优势进入中国。中国的旅游企业要与之抗衡并形成自己的竞争优势，就必须创建自己的旅游品牌，只有拥有过硬的品牌才能抵御外来品牌的入侵，才能走向世界。

在当前全球经济一体化的背景下，作为旅游组织如何才能在竞争日趋激烈的市场中占据一席之地，甚至成为佼佼者呢？旅游公共关系此时就显得尤为重要。旅游公共关系是旅游组织建立自己的竞争优势的强有力手段，旅游组织必须通过有计划的、坚持不懈的努力，与各类旅游公众进行不间断的沟通，建立良好的关系，进而塑造优秀的企业形象，只有这样，才能够创建自己的品牌，在竞争中取胜。

旅游公共关系是一门涉及内容广泛，理论性与实践性较强的旅游专业课程，本书可作为高职高专旅游管理类专业的教学用书，也可作为旅游职业教育、旅游行业培训的参考用书，以及旅游行业各级管理人员的参考读物。

为使学生系统、牢固地掌握本书的主要思想与核心内容，本书作出了如下编排：第一，各章均配有本章导读，使学生在课前能初步把握各章的总体内容；第二，各章均配有案例导入与案例分析，引导学生结合理论知识进行实际问题的思索，以培养学生分析问题和解决问题的能力；第三，各章均配有课后习题，让学生能巩固与温习所学知识；第四，各章均有课堂讨论与技能操作的设置，以达到培养、提高学生独立思考、动手操作等综合能力的目的。

本书由邯郸职业技术学院王丽萍老师担任主编，石家庄职业技术学院甄珍老师、重庆电子工程职业学院杨静老师、唐山科技职业技术学院浦松岩老师、石家庄外经贸职业技术学院周巧云老师担任副主编，石家庄理工职业学院刘亚梭老师和贵州工业职业技术学院李秀丽老师参与编写。具体分工如下：王丽萍老师负责编写第四、五、六章；甄珍老师与杨静老师共同编写第二、九、十二章；浦松岩老师负责编写第七、八章；周巧云老师负责编写第三、十章；李秀丽老师和刘亚梭老师共同编写第一、十一章。

本书在撰写过程中，参阅了大量的同类著作、教材和案例选编，在此谨向相关作者表示最衷心的感谢！

由于时间仓促，加之编者本身水平所限，书中难免存在不妥之处，敬请同行专家和读者指正。

编　者

目 录
Contents

第一章 公共关系与公共关系学

本章导读

➡ 本章主要介绍公共关系的概念、内涵、构成要素及其基本属性。公共关系作为一种特殊的社会关系，特指社会组织与相关社会公众之间信息交流的双向传播沟通关系。它由三个基本要素构成——社会组织、公众和媒介，三者缺一不可。公共关系学作为一门新兴的边缘性学科，经过几十年的发展已经成为一门相对独立和完善的学科体系，它兼收并蓄，借鉴和结合了多种学科的方法、原则和理论，其主要概念及特征已逐渐成熟。了解和掌握这些概念及特征是学习公共关系学的基础，也是我们研究旅游公共关系的前提。

学习目标

➡ 熟悉公共关系的定义及构成要素。
➡ 掌握公共关系的本质与基本属性。
➡ 了解公共关系与庸俗关系，公共关系与广告的关系，公共关系与宣传的关系。
➡ 了解公共关系学的学科性质和意义。

章前案例

"蜡烛"精神点燃城市形象

处于徐州市老矿区——贾汪区郊区的一座单位公寓，因公寓内少有独立的卫生间，该公寓的住户长年累月使用该公寓内的一座公厕。一年前，该单位破产，工人下岗，随后几月，该公寓产权单位无法承受沉重的电费负担，致使该公寓内唯一的公厕，每到晚上漆黑一片，给公寓内的住户生活造成了很大困难。公寓楼内待业青年杨明了解到了这个情况后，从超市买来一根蜡烛，点燃后放在厕所里，为黑夜里上厕所的人送上了一双明亮的眼睛。从第1根蜡烛点起，到第10根，第50根，第100根，杨明坚持下来了，他的毅力，他的工作，他的热心，感动了这座公寓里所有的住户。有人给当地的报社打了电话。当地的报社认为这是一个非常符合现实潮流的题材，符合正在热切讨论的徐州精神、徐州形象的题材。他们赶到了现场，采访了所有有关的人员，将这位正在待业的、职业中专毕业的年轻人推上了镁光灯和采访笔齐聚的舞台。

接连几天，媒体一直在陆续报道，因为杨明的出现，供电部门觉得自己太势利了，给公厕安装了电灯；因为杨明的出现，许多电话打进报社，许多青年在忏悔自己所做的错事；因为杨明的出现，许多事情瞬间从红灯转向了绿灯，好多学生也在公交车上给老弱病残者让位了。但此事件中媒体并未就此作罢，报纸不仅仅只担当了舆论监督和引导的工具，还担当了职业介绍中心。在点燃蜡烛事件后，他们着重提出了杨明至今没有工作。

某酒店是一家位于淮海路上的三星级酒店，最近正在积极筹备晋升国家四星级旅游涉外饭店。在蜡烛事件刚刚被披露的同时，这家酒店也刚刚接到了江苏省旅游局颁发的国家四星级旅游涉外饭店证书。配合晋升四星级旅游涉外饭店工作，酒店准备好了一大笔宣传资金投入。这个时候，蜡烛事件正点亮所有热情的徐州人的眼睛，正温暖所有热情的徐州人的心。无疑借助这一个事件，就有可能将酒店美誉度提高一个层次，于是，酒店的人主动打电话到报社，直接要求报社核实，那个点蜡烛的待业青年，是否愿意到这个大酒店来上班。因为酒店是服务业，需要的就是点蜡烛的这种精神；因为四星酒店是徐州地区形象的窗口，要的就是能够代表徐州人的形象、观念、意识、精神，这样的人才。

热心的读者带去了共同的期盼：蜡烛事件的主角——杨明，这个当地报纸树起的典型形象决不能到二三流的工作单位去，能有这么好的一个单位找到报社要求杨明到他们那里去上班，这即是本次事件所要达到的结果，报社领导认为这是群众的心愿，也是报社领导人所要求的结果，双方一拍即合。

随着杨明到该酒店上班，有关这一事件的策划开始进入了高潮，媒体当时希望得到三个结果：一是使自己发现的当事人能够成为当时正在热门讨论的徐州精神、徐州形象的一个很好的论据；二是使公厕能够通上电；三是使事件当事人能够在就业非常紧张的环境下找到一份满意的工作。前一个结果是媒体应有的职责，后两个结果则使媒体在公众面前提高了自己的威信、亲和力和美誉度。

蜡烛事件的当事人杨明到酒店上班后，酒店借这一事件所要的结果正——显山露水。因为蜡烛事件已经被当地媒体进行了全面报道，许多员工也知道了这件事情，现在终于能够与当下的主角零距离、面对面了，使他们在精神上受到鼓舞，也起到了促进员工精神境界和服务观念改变的作用，我们都会认为这个改变不是现在就能够全部展现的，现在展现的只是冰山的一角而已。能够全部展现的是当地的电视、报纸等媒体大幅面地介绍将要晋升国家四星级旅游涉外饭店的酒店接纳了蜡烛事件的当事人杨明。酒店的总经理在接受媒体的采访时认为：杨明的精神是服务业从业人员最需要的一种服务精神，他的这种精神也符合我们徐州人的精神。电视在报道这些时特地与前些日子当地人哄抢开业用的花篮作了对比，使杨明的形象更加突出，使接受杨明工作的酒店形象更加突出。

案例分析

酒店的形象一直和蜡烛事件的当事人杨明联系着。而在所有的媒体宣传杨明的时候，都没有忘提一句，酒店正在晋升"国家四星级旅游涉外饭店"，正需要杨明这样的人才。

人们为杨明能到这样的一个酒店上班而高兴，所以，当杨明还没有正式到酒店来上班的时候，许多关心杨明的人将写给杨明的信件直接寄到了酒店。酒店晋升"国家四星级旅游涉外饭店"的消息也随着杨明一起传播到千家万户，这时候，虽然酒店业内人士都知道酒店是本市内第三家晋升为"国家四星级旅游涉外饭店"的酒店，但许多老百姓却认为酒店是本市第一家晋升为"国家四星级旅游涉外饭店"的酒店，是徐州人值得骄傲的酒店，因为它在晋升四星级酒店时，接纳了徐州形象和徐州精神的代表人物——杨明，将其精神真正落到了实处，将杨明放在那样一个接待海内外贵宾的地方，于所有的徐州人也是一个值得自豪与骄傲的事情。

第一节　公共关系

一、公共关系的概念和内涵

公共关系作为一门学科和一种职业最早产生于19世纪末20世纪初的美国。但是公共关系作为一种客观存在的社会关系和一种思想活动方式却早就存在，源远流长。不同的是，由于社会条件的限制，在此之前，人们没有也不可能清楚地认识和把握这种客观存在的公共关系。到了20世纪初，美国才出现了真正具有公共关系性质的专业公司，现代社会的公共关系才开始发展起来。通常所说的公共关系就是指这种现代意义上的公共关系。

"公共关系"一词是英语"Public Relation"的中文译名，英文可缩写为"PR"，中文可简称为"公关"。因为"Public"在实际运用中有两层含义：一是作形容词，意思是"公开的""公共的"；一是作名词，意思是"公众"。因此"公共关系"实际上也包含了这两层含义。现在人们约定俗成，把它翻译为"公共关系"。

从实践和理论的规范角度考虑，众多公共关系研究者都试图给公共关系下一个较为完整的定义，但是由于理解的角度不同，所以表述的内容也各不相同。在学术界有一定影响的定义主要有以下几种：

（1）"公共关系是处理一个团体与公众（决定该团体活力的公众）之间的关系的职业。"——现代公共关系工作的先驱之一、美国著名的公共关系顾问爱德华·伯内斯提出。

（2）"公共关系是这样一种管理功能，它建立并维持一个组织和决定其成败的各类公众之间的互利互惠关系。"——美国著名公共关系研究权威斯科特·卡特利普等在《有效公共关系》（《公共关系教程》）中提出。

（3）"公共关系是由一个组织和它的公众之间为了达到事关相互理解的特定目标，在组织外部和内部进行的全部信息传播方式所组成。"——英国著名公共关系学专家弗兰克·杰夫金斯所著《公共关系》中的观点。

（4）"公共关系的实施是一种积极的、有计划的以及持久的努力，以建立及维护一个机构与其公众之间的相互了解。"——英国公共关系学会所下的定义。

（5）"公共关系是一种独特的管理功能。它能帮助建立和维护一个组织与其各类公众之间传播、理解、接受和合作的相互联系；参与问题或事件的管理；帮助管理层及时了解舆论并作出反应；界定和强调管理层服务于公共利益的责任；帮助管理层及时了解和有效地利用变化，以便作为一个早期警报系统帮助预料发展趋势，并且利用研究和健全的、符合职业道德的传播作为其主要手段。"——1976年美国公共关系专家雷克斯·F·哈洛博士在收集和分析了472种定义后进行的归纳。

（6）"公共关系的实施是分析趋势、预测后果，向组织领导人提供咨询意见，并履行一系列有计划的行为以服务于本组织和公众共同利益的艺术和社会科学。"——1978年在墨西哥城召开的各国公共关系协会世界第一次大会上通过的定义。这是一个比较全面的定义，它阐明了公共关系全部的作用、性质和职责。

（7）"公共关系是关于建立一个组织与其既定公众之间相互了解的活动。"——1980年版《美利坚百科全书》。

（8）"公共关系是一个组织管理中所进行的一种有计划、持久的活动；它处理的是一个组织与其各类公众之间的关系；它监测组织内外人们的意识、舆论、态度和行为；它分析组织所采取的政策、程序和行动对各类公众的影响；它调整那些与公众利益相冲突并影响组织生存和发展的政策、程序和行动；它向管理阶层的人员提供咨询，帮助制定新的政策、程序和行动方案，而这一切都是有益于组织与它的公众的；它建立和维持一个组织与其各类公众之间的双向交流；它使组织内外人们的意识、舆论、态度和行为产生某些具体的变化；最后，它使一个组织与它的各类公众产生新的、持久的关系。"——1982年第三十五届美国公共关系协会全国代表大会的定义。

（9）"公共关系是一种管理功能。它具有连续性和计划性。通过公共关系，公立的和私人的组织、机构试图赢得同他们有关的人们的理解、同情和支持——借助对舆论的估价，以尽可能地协调它自己的政策和做法，依靠有计划的、广泛的信息传播，赢得更有效的合作，更好地实现它们的共同利益。"——国际公共关系协会定义。

（10）"所谓公共关系，就是一个企业或组织，为了增进内部及社会的信任与支持，为自身事业发展创造最佳的社会环境，在处理自身面临的各种内部外部关系时，采取的一系列政策与行动；公共关系是社会组织为了赢得支持与合作、实现自身的生存和发展，通过一定的媒介与方式，同相关公众结成的一种社会关系。"——中国社会科学院新闻研究所公共关系课题组。

公共关系概念如此之多，除研究者的观察角度和研究侧重点不同外，不同组织的公共关系目标、公共关系手段也有一定的区别，要提出一个适用于所有方面的集大成的概念是比较困难的。但以上这些定义集中反映了公共关系学界对公共关系的基本理解：

（1）公共关系是一种社会关系，组织通过不断的努力去加以建立和维护的活动，都是为了改善这种社会关系而自觉采取的行动。和人类历史上的社会关系相比，公共关系是一种随着现代文明而发展起来的新型社会关系，它揭示了现代社会中角色关系的团体性、横向利益关系的依存性等一系列全新的社会秩序机制。

（2）公共关系以公众利益为重，这是社会组织与公众之间利益和关系协调的根本。以公众利益为重的理念不仅有利于公众，也有利于社会。因为当社会组织致力于关心、服务或满足公众利益时，就在组织与公众的关系中输入了友好、合作、和谐的情愫，公众必然以同样的态度对待组织，从而实现社会组织、特定公众和社会利益的协调。

（3）公共关系是有计划、有步骤开展的一系列行动。公共关系是组织在既定的目标下实施的公共关系活动，是在一个系统的计划下通过公共关系行动实施的系统和科学的管理过程。作为公共关系主体的组织，应从长远的观点来看待组织与公众的关系，将公共关系建立在组织与公众相互信任的基础上，实现组织与公众之间的双向信息传播与沟通。

二、公共关系的构成要素与基本属性

（一）公共关系的构成要素

公共关系的构成要素也是构成公共关系的必要成分。从相关定义可知，公共关系主要包括三个方面：社会组织、公众和媒介。

1. 社会组织

社会组织是公共关系的主体，是人们为了达到特定目标，按照一定的宗旨、制度、系统建立起来的共同活动集体。它有清楚的界限、明确的目标，内部实行明确的分工并确立了旨在协调成员活动的正式关系结构，如企业、学校、医院、政党、政府部门、社会团体等。社会组织在公共关系中处于主动地位。

2. 公众

公众是指与社会组织相关的有共同利益需求的个人、群体、组织集合而成的整体。公众是公共关系的客体，它对社会组织起着制约和影响作用。公众构成了社会组织生存和发展的社会环境，如饭店的客人、旅行社的游客、商店里的顾客、公共汽车里的乘客、报纸的读者、电视的观众等。

3. 媒介

公共关系媒介是指使社会组织与公众发生联系的人或事物。社会组织与公众之间的互动一般都要通过媒介进行，公共关系的基本方式是通过传播媒介实现与社会公众的双向沟通。

公共关系职能的发挥必须建立在以上三个要素的协调统一上。公共关系的基本过程是树立良好的组织形象，建立组织与公众之间开放、持久的互惠互利关系，而其首要条件就是通过各种媒介沟通信息、协调关系，扫除组织与公众之间的障碍，谋求合作与支持。所以，公共关系的三个要素必须相互结合才能构成一个完整的公共关系过程，三者缺一不可。

（二）公共关系的基本属性

公共关系是客观存在着的一种社会关系，它的基本属性首先是客观必然性、普遍性、利益相关性和社会制约性等一系列社会属性。公共关系是社会内在规定的不以人的意志为转移的客观存在，任何社会组织都客观存在着与各类公众的关系格局，无法超然于公共关系之外。公共关系体现为不同利益主体的社会关系，社会组织和公众因利益上的彼此依存而结成关系体，具有明显的利益相关性。公共关系是一种与经济关系、政治关系、文化关系、道德关系以及人际关系等诸多社会关系紧密交织的关系体，它必须适应生产关系的要求。受生产关系的制约，公共关系只有不断适应社会的制约，并相应地改变其行动样式，才能获得广阔的发展前景。

但和其他社会关系相比，公共关系仍有其本质属性。主要表现为：

（1）公共性。公共性是公共关系第一特征。公共关系活动的主体、作用对象都是集体，相互沟通的媒介主要是大众传播媒介，活动的目的是为组织和公众谋利益，是公众性和公益性的。

（2）自组织性。公共关系系统不是社会强制的组合，而是由社会组织与公众自愿、自觉、自动的组合，公共关系的主客体如何构建秩序主要取决于他们自己的选择。这种自组的社会秩序模式的主动性、自觉性大大高于其他社会关系秩序，一经建立便会持之以恒地去推进其良性发展。

（3）稳定性与可变性。社会组织与公众的关系是长期存在的，公共关系的建立、维持是一种连续、持久、有计划的努力。从宏观上看，社会组织与公众的互动是长久的。从微观上看，社会组织与公众对象建立起关系后，不会很快就解除这种关系，而要尽力维持下去。所以，公共关系具有一定的稳定性。但是，公共关系的性质可以发生变化，原先的合作互助关系可能因为利益冲突等因素影响而变为竞争或敌对关系；反过来，对立性的关系也可转化为合作性的关系。虽然建立起来的关系具有一定的稳定性，但主客体都可能进行置换，某个社会组织既可以作为公共关系活动的策划者和实施者；同时，又可能反过来被对方作为工作对象，接受对方的作用和影响。所以公共关系同时具有可变性。

（4）全开放性。公共关系是一个开放的系统。社会组织的生存和发展依赖与之相关的各类公众，为了协调与公众的关系，社会组织必须真诚地与公众相处，敞开心扉与公众交往，为满足公众利益而推进其政策和行为。公共关系的发展必须与环境保持和谐一致，必须向社会大环境开放，只有这样，社会大环境的各种因素才能不断为公共关系系统提供信息、物力、新公众以及对公共关系的要求，使公共关系得以与社会、时代同步或相适应。

（5）非对称性。公共关系中的社会组织和公众在地位和利益上呈现出不对称的状态。社会组织占据公共关系的主体地位；而公众居于客体地位，相对于社会组织来说缺乏主导权、主动权，不能被动地改变公共关系态势。社会组织作为公共关系主体，虽然以满足公众利益为导向，但并不以满足公众利益为目标。而公众则以利益要求者的角色与社会组织交往，总是要求从社会组织那里获取利益满足、获得重视和尊重。这便形成了公共关系特有的利益倾斜，即社会组织轻而公众重的不对称局面。

（6）互利性。满足各自的精神与物质需求是各种社会交往背后的普遍动机。社会组织与公众建立起明确的维系关系后，必然发生相互影响和制约；或者是社会群体的共同利益被社会组织的政策和行动所影响；或者是社会群体的舆论和行为反过来制约社会组织，甚至决定社会组织的成败、命运。社会组织和公众之间的交往，既以满足自己需求为前提，又以满足对方需要为必要条件。互补成为公共关系建立和发展的动力，而相互交往的基础是互利。

（7）可控性。尽管公共关系在类型和关系方面极为复杂，但在一定程度上具有可控性。因为任何社会群体的行为都受到社会规范、社会集团意志等力量的调控，社会对公共关系所进行的调控和管理正是以此为依据的。

三、公共关系的功能和活动性质

1. 公共关系的功能

在现代社会组织的运行过程中，公共关系发挥着越来越强的功能，这些功能涉及组织外部和内部运行的各个方面，集中起来主要有以下功能。

（1）提供信息，辅助决策。公共关系部门利用它与各类公众之间的广泛联系，从各种不同的渠道收集信息，通过开发公众信息，检测社会环境的变化，收集调查民意，预测社会大众心理，预报外部政治、经济、时尚潮流和各种关系对象的变化，并将各种经过分析评价的社会情报提供给决策者和相关职能部门参考。

（2）宣传形象，控制舆论。公共关系部门通过各种传播媒介，将组织信息及时、准确、有效地传播出去，争取公众对组织的理解和支持，为组织创造良好的公众舆论环境。一方面应提高组织的知名度和美誉度，扩大组织的社会影响；另一方面应积极引导舆论，获得媒体及公众的同情和支持，矫正视听，预防和控制组织所面临的舆论危机。

（3）完善服务，利于行销。通过与公众沟通和满足公众利益需求的公共关系活动，为组织及其产品和服务提供充分的、有价值的市场信息，使公众树立起坚定的情感认同和偏爱，接受组织所倡导的"互惠"价值理念，从而增进组织及其产品和服务行销，完善组织服务。

（4）协调关系，加强团结。公共关系部门运用各种协调、沟通的手段，为组织疏通渠道、发展关系、减少摩擦、调解冲突，为组织的生存和发展创造"人和"的环境。通过以人为本的公共关系活动，为组织内部创造一个理解尊重、团结和谐的气氛，增强组织的凝聚力和向心力。

2. 公共关系活动性质

公共关系活动是公共关系理念和需求的实践过程，是公共关系功能的实现过程。由于公共关系需求的不断增长，其形式也越来越复杂多样，无论是日常交往、媒体传播、调查研究，还是活动策划、专题活动、危机处理等，都是服务于公共关系改善的需要。正因为如此，公共关系活动体现出公共关系的本质要求。

（1）公共关系活动的计划性。公共关系活动是公共关系计划实现的必要环节，公共关系活动是根据公共关系计划的要求而安排的统筹行动。公共关系行动本身应有严密的计划，这些计划涉及公共关系政策、策略决策、目标和战略构想、步骤和行程安排，也包括任务、职责落实等。公共关系活动的计划有着长远的目标，是建立在现状分析和对未来预见的基础上的深思熟虑。公共关系活动的计划性和长远性，是公共关系活动区别于其他组织活动的最独特的方面。

（2）公共关系活动的客观性。公共关系活动建立在公共关系改进的状态以及对公众利益的客观认识基础上，在公共关系活动的实施过程中，真诚地为公众利益着想，诚实地为公众利益服务。客观性是公共关系活动取得成功的关键。

（3）公共关系活动的主动性。公共关系活动没有明确的组织规定性，也不是监督、控制或行政命令的产物，因而可以自觉、主动和能动地计划自己的行为。社会组织计划和实施的公共关系活动，应该富于创造性和想象力，使活动产生出奇制胜的效果。

（4）公共关系活动的利他性。公共关系活动从根本上不同于其他相互变换关系的活动，公共关系活动的首要目标是与公众建立良好的关系，因而必须时刻为公众利益着想，有时甚至是一种牺牲组织利益而极大满足公众利益的活动。公共关系活动的利他性成为现代社会道德自律机制的重要组成部分。

（5）公共关系活动的协调性。公共关系活动实质上是为了实现社会组织与内外部公众之间关系的协调，公共关系活动正是为了服务于这些具体公众关系而组织起来的。

第二节　公共关系的界定

一、公共关系与庸俗关系

庸俗关系，即人们通常所说的"拉关系""走后门""美女+送礼""请客送礼"，公共关系与这些庸俗关系是截然不同的。

1. 两者产生的社会条件不同

公共关系产生于商品经济高度发达、信息传播量迅速膨胀、经济活动空前复杂的现代社会，它是社会组织从卖方市场向买方市场转变后，在社会化大生产和专业化分工的推动下所产生的一种迫切需要；而庸俗关系是在社会生产力水平低下、商品和服务不发达、信息闭塞的条件下产生的。在后者的这种社会中，商品供不应求，社会组织根本不需要开展树立形象、讲信誉、沟通公众的公共关系工作。

2. 两者采取的手段不同

公共关系工作是用公开的、合法的、符合职业道德准则的人际传播、大众传播等手段，与公众进行真情沟通，以争取公众了解、认识组织，进而支持、配合组织的政策和行动，一切都是光明正大、公开地进行；而庸俗关系的主要手段是各种物质利益以及封官许愿、吹牛拍马、色情勾引等不透明、不公开甚至违法的行为，目的是谋取私利。

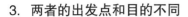

3. 两者的出发点和目的不同

公共关系是在追求社会整体利益最大化的基础上，谋求组织效益最大限度地提高，其实际效果是优化了组织环境，提高了组织的知名度、美誉度，树立组织的良好的社会形象，组织、公众、社会共同获益，共同发展，因此，公共关系工作必然促进公众对组织的信任和支持，推动经济发展和社会进步；而庸俗关系的出发点和目的是通过以权谋私、损人利己等方式，谋求个人或小集团利益，其结果是少数人中饱私囊，而国家、社会、组织、公众的利益受到损害，污染社会风气，社会文明程度下降，影响社会稳定和经济发展等。

二、公共关系与广告

广告即广而告之，它是指为了传播某一产品或事物而进行的宣传说服活动。公共关系和广告既有联系，又有区别，不可把二者等同起来。

1. 公共关系与广告的联系

（1）公共关系常常借助广告的形式传播信息，通过产品或形象广告，可以间接起到树立组织形象的目的，而活泼清新、艺术性强的公关广告，更容易为公众所接受。

（2）公共关系工作能对广告起指导作用，它可以确定广告的宣传主题、宣传对象、传播对象、传播方式和传播周期。因此，公共关系和广告之间实际上可以互为补充、互相促进。

（3）都源于传播学，都以传播为主要工作手段。

2. 公共关系与广告的区别

（1）目标和原则不同。公共关系的目标是要树立整个组织的良好形象，从而使组织事业获得成功；广告的目标则是推销某种产品或服务。公共关系工作要以公众利益为原则，讲求的是真实可信，向公众提供全面的事实真相而非片面的局部消息；广告的首要原则是引人注目，追求独特的轰动效应。

（2）从主体上看，公共关系范围大，广告范围小。公共关系的主体可以是任何组织，既可以是营利性组织，也可以是非营利性组织；可以是政府，也可以是企业。广告范围小一些，在绝大多数情况下是为营利性组织服务的。

（3）传播的手段和周期不同。广告传播手段种类少，公共关系多。公共关系可以利用人类信息传播的一切手段，如人际传播、组织传播、大众传播等，由于重点在树立组织形象，因此需要进行长期的努力，其传播周期较长；而广告为了引人注目，可以借助新闻、文学、艺术、虚构等形式，采用广播、电视、报纸、杂志、路牌、灯箱等手段，其作为产品或服务的促销手段往往要求快速有效，因而具有明显的季节性、阶段性或短暂性。

（4）从传播形式和效果考虑，广告倾向于短期、具体、易于界定，重具体效果；公共关系则倾向于长期、整体、宏观、不易界定，重整体效果。

三、公共关系与宣传

公共关系和宣传工作都要依靠传播媒介，使信息为更多的人共享。宣传工作必须树立公关意识，创造良好的环境和人际关系以提高效果；公关也需要利用宣传的效果，提高组织的知名度和美誉度。但两者之间有显著的区别，主要表现在传播方式上。公共关系旨在通过双向沟通，说服公众；而宣传意在通过单向灌输，引导公众。

第三节　公共关系学

一、公共关系学的学科范畴

公共关系学是研究公共关系理论与实践的学科。公共关系学的研究对象包括宏观和微观两个部分。宏观部分主要考察公共关系在现代社会中的地位及其作用的发挥，尤其要研究政治和经济与公共关系的必然联系和相互促进作用；微观部分主要考察公共关系的主体—社会组织、客体—公众、媒体—传播活动这三个基本要素以及部门型、对象型和功能型这三种公共关系的基本类型。

公共关系学研究的一般范围由公共关系历史、公共关系理论和公共关系应用等三部分组成。对于实际工作部门的公共关系人员来说，除了要一般了解公共关系的发生、发展演变过程，更主要的是要了解公共关系与社会的进步、社会环境变化之间的关系，从而调整自己的工作内容、工作重心和工作策略。随着社会生活的发展，公共关系的实践和理论已经发生了许多带有根本性的变化。公共关系已由单向的宣传、灌输模式逐渐转变为双向沟通模式，单凭经验、直觉的做法也逐渐变为在现代科学理论的指导下进行。现代公共关系活动在注重自身利益的同时，也注重社会公众的利益。

公共关系学研究的重点按不同的研究范畴有所区别，主要分主客体研究和类型研究。公共关系主体研究的重点是社会组织的特点以及运行方式、组织与环境的关系、组织的目标与公共关系的目标等。公共关系客体研究的重点是公众的构成和分类、公众心理分析和公众行为预测等。公共关系媒体研究的重点是组织与公众之间的信息传播的规律。

公共关系学是一门应用性很强的学科，因而它的应用部分内容最为丰富。由于每个社会组织的性质和目标的不同，公共关系也呈现出很大的差异。所以根据组织的总目标来确定一定时间内的公共关系目标，以及制定和实施具体的公共关系计划，是公共关系学应用部分的最重要的内容之一。

二、公共关系学的学科性质

目前，学术界对公共关系学学科性质的理解主要有两种：综合性学科、管理科学。将

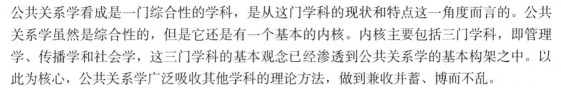

公共关系学看成是一门综合性的学科，是从这门学科的现状和特点这一角度而言的。公共关系学虽然是综合性的，但是它还是有一个基本的内核。内核主要包括三门学科，即管理学、传播学和社会学，这三门学科的基本观念已经渗透到公共关系学的基本构架之中。以此为核心，公共关系学广泛吸收其他学科的理论方法，做到兼收并蓄、博而不乱。

将公共关系学视为一门管理科学，是因为从公共关系在组织中的地位来看，它确实具备独特的经营管理职能。把公共关系学纳入管理工作，有利于管理各部门开阔视野，加强管理工作与外界环境的联系，使管理工作能够更迅速地适应公众需求的变化，也有利于公共关系学科的体系化、科学化。

三、公共关系学的学科意义

公共关系学通过信息传播，发掘出许多潜在需求，有助于现代社会经济的增长。公共关系学在市场调查、信息收集方面形成了一套较科学的工作模式。公共关系人员经过长年累月的收集、整理和归纳各种信息，逐步捕捉到一些有利于企业开发的产品信息，进而为企业的发展开拓了新的市场。

公共关系学通过加强社交来增进经济往来，有助于现代社会经济的增长。公共关系人员通过大量的经济和非经济交往活动，来寻找合作伙伴。大量事实证明，经济组织往往在参与一些有益于社会效益的交往活动中能发现许多有经济效益的信息。

公共关系学通过一系列中介活动，最终在产生了社会效益的同时也产生了经济效益。正因为公共关系学在推动现代经济增长方面的作用，它才会受到如此广泛的关注和普及。

在现代市场经济体系里，组织的创立、成长和消亡等活动异常地活跃。组织是社会的基本单位，组织的现代化是社会现代化的一个标志。组织的活跃和发展，在组织内部和组织与环境的关系方面产生了许多矛盾和冲突，公共关系学在帮助组织调整其自身的行为方面做出了一定的贡献。

公共关系学对于实现组织目标、完善组织结构和协调组织环境等方面有着不可替代的功能。在组织目标方面，公共关系学将组织的各种目标统一到组织形象上来，避免了组织目标分散导致组织效率的降低。公共关系学将组织的利益和公众利益统一到组织的目标上来。在组织结构方面，公共关系学将组织内部各部门之间的沟通和协作作为基本原则，旨在克服组织内部机构设置上出现的相互推诿、相互封闭的状况。在组织环境方面，公共关系学强调环境对组织发展的重要影响，反对把环境投资当作组织负担的片面看法。公共关系学认为，组织要长久地发展下去，就要把环境因素考虑到组织的整体工作中。环境的改善，既为组织发展创造了一个良好的外部条件，也为组织树立了一个良好的形象。

学习和研究公共关系学，可以增进人们在现代社会生活中所需要的诸如变革、互补、适应、协调等观念。公共关系学在主体与社会的适应或调适方面建立了一些基本的观念与技巧。此外，公共关系学对个人与组织之间关系的理解也持客观和积极的态度，认为现实社会关系中的一致性状况是极少的，矛盾和冲突的存在是在所难免的，因而致力于协调各种关系并视其为公共关系人员的长期使命。

现代社会节奏快、效率高、关系复杂，它要求人们有一个良好的心理状态。公共关系学强调人对工作环境、工作对象的深入了解，强调人对环境和工作对象的相互适应性。公共关系学对于人的心理健康、精神气质和处理社会关系技能等方面素质的提高具有独到的作用。

公共关系学也可以理解为公众关系学，即强调人与人之间的关系。在这种人际关系中人如何以良好的形象和精神气质来影响他人具有重要的意义。尤其在现代社会，一个组织的形象往往通过它的员工的精神气质和形象反映出来。公共关系学在训练人如何改进自身的形象(包括内在气质和外部形象)方面已积累了相当的经验，具备一套行之有效的方法。

此外，公共关系还有益于提高现代生活的质量。现代生活质量指标是综合性的，它除了收入、居住、教育、交通、医疗、社会福利和环境条件指标外，还涉及人际关系的和谐程度、文明教化的修养程度、服务体系的完善程度等指标。

课堂讨论

"水能载舟，亦能覆舟。"在公共关系处理中，轻视公众必然会受到公众的惩罚，对此你怎么看？

技能操作

到一家设有公共关系部的旅游饭店进行公共关系方面的考察，分析其公共关系的构成要素的情况。

课后习题

一、名词解释

公共关系　社会组织　公众　媒介质　公共关系学

二、简答题

1．公共关系与广告的区别都有哪些？

2．公共关系与庸俗关系的分别是什么？

3．公共关系的基本属性有哪些？

4．简述公共关系的功能。

5．公共关系的构成要素是什么？

第二章　旅游公共关系概述

←←Ly.

本章导读

➡ 由于旅游业的目的、特性以及发展的需要，公共关系在中国旅游业的兴起已经成为一种必然。旅游公共关系是指旅游组织运用传播沟通手段，有目的地影响相关公众的心理和行为，以促进与公众的良好关系，形成有利于旅游组织生存发展的良好内外环境，为旅游组织树立良好的形象。可以从旅游组织主体、受众、沟通、目的四个方面来分析旅游公共关系。旅游公共关系须遵循一定的原则，具体包括以客观事实为基础、以公众利益为起点、平等互利、着眼长远。它具有信息管理、沟通协调、咨询决策、教育引导、组织活动、解决纠纷等职能。

学习目标

➡ 熟悉并掌握旅游公共关系的职能。
➡ 了解旅游公共关系在中国的发展。
➡ 全面理解旅游公共关系的含义。
➡ 了解旅游公共关系的构成要素和特征。

章前案例

"河南卖菜小伙的成功之道"——公共关系中潜在公众的发展及影响

河南籍小伙子卢旭东在北京三里屯菜市场卖菜。尽管他每月靠勤劳苦做，也能挣2 000多元，干了5年，却只能养家糊口，他做梦都想能早点富起来。

一天，卢旭东卖菜时，忽然发现一位金发碧眼的外国客人在他的菜摊前认真地挑选一些看上去"精致小巧"的菜品，他很奇怪："中国人都喜欢挑选大个头的菜品，而外国人为什么却偏偏挑选小的呢？"

后来，一些外国客人来买他的菜，也是要个头小的。卢旭东多了个心眼儿，他特地请了个大学生老乡，用英语跟外国客人聊了起来。原来，这是因为东西方审美情趣差异以及饮食观念不同所致，外国客人认为小巧的菜品不仅漂亮，而且营养价值高。了解到这个"秘密"后，卢旭东后来每次进菜时，就有意挑选同行们不喜欢进的小巧菜品。由于他的菜品紧紧抓住了外国客人的喜好，加上三里屯外国人很多，他的生意很快就红火起来。尝到甜头的卢旭东为了牢牢抓住商机，来到蔬菜批发市场，与一些供货商悄悄签订合同：凡是小菜品都归他所有。就这样，他在菜市场里做起了"垄断"生意。他的菜品"特色"慢慢地在外国友人中有了一定的名气。为了迎合外国人的需求，他特地在市场里租了一个店面，为店面取了个洋名字"LU'S SHOP"（前一个单词是他名字——卢旭东姓氏的谐音，后一个单词是商店的意思）。随着名气的增大，考虑到外国人遍布北京市区，卢旭东认为有老外的地方就应该有"LU'S SHOP"，想到就做，他前后在北京市区开了11家连锁店。为了保证最优质的货源，他还在京郊买了一块地，建立了自己的蔬菜基地。如今，全北京的外国人几乎都知道北京有个"LU'S SHOP"。不仅老外青睐它，京城的海归及白领也以逛"LU'S SHOP"为时尚。在3年时间里，卢旭东不仅购置了3辆高级轿车，在朝阳管庄住宅区有一套价值600万元的豪宅，而且还在小汤山购了一套价值千万元的洋房别墅。在一些老外顾客的帮助下，他作为"中国卖菜工的第一人"，受到美国农业部的邀请，远赴美国进行了半个月的实地考察，学习美国的农业技术和管理经验。

卢旭东在北京卖了5年菜，结果只能养家糊口，艰难度日，可他只是对"进什么样的菜"做了一点点改变，没想到却使他的命运突然来了个180度的大转弯。"有时候，成功真的只需要改变一点点！"卢旭东说。

案例分析

公共关系应考虑公众的要求，尊重公众的利益。卢旭东这一小小的改变就是满足了外国人这一公众特殊的需求，当公众需求得到满足，其利益得到实现，组织利益也才能得到实现，也同时体现了组织利益和公众利益的统一。

第一节　旅游公共关系的兴起和发展

一、公共关系与旅游业

20世纪下半叶是旅游业蓬勃发展的时代，其已经成为世界上最大的产业之一。它对世界经济发展特别是在增加外汇收入、回笼货币、提供就业机会和改善国民经济产业结构等方面作出了重要贡献。旅游业健康、稳定的发展日益引起了人们的关注和研究。

公共关系进入旅游业与旅游业的特殊性不无关系。而正是由于旅游业具有诸多特殊性，公共关系与旅游业结合最终形成了有特色的现代旅游公共关系。具体而言，公共关系进入旅游业有以

知识链接

"通济隆"——最早进入上海的外资旅行社

下几个方面的原因。

1. 由旅游业的目的要求决定

旅游业是为旅游者提供必要服务的行业，使旅游者满意是旅游业的目的。旅游公众是旅游部门的服务对象，游客无疑是旅游部门的"上帝"，没有游客的光临，一切旅游都无从谈起。研究、分析、了解、协调目标公众，是搞好旅游服务的前提。现代旅游已进入大众旅游的时代，旅游者是具有独特兴趣、爱好、性格、品味的个人组合，已成为一个包容量很大的复杂群体。因此，使旅游者满意这一说法落实到具体行为上，就会变得很难操作。从旅游景点的特性到这种特性的修饰，从旅游饮食的选择到旅游交通的选取，从旅游商品的形式到旅游宣传的方式，从旅游服务的设置到导游工作的风格，要使旅游者满意，这不是一件轻而易举的事。因为每一位旅游者都会有特殊的爱好和独特的要求，有人喜欢纯自然不加修饰的，而有人则喜欢精心雕琢独具匠心的；有人爱好宁静、闲适、超然尘世，而有人喜欢繁华、刺激、点到为止式的快节奏；有人喜欢丰富的旅游商品，认为这倍添游兴；有人认为这使游者又置身于商务之间，冲淡游趣；有人认为旅游服务要到家，导游应当无微不至，有人则认为要多给旅游者一些自由支配的时间，真可谓是众口难调。正因如此，公共关系学的公众理论和沟通艺术对此才恰有直接的指导作用。

公共关系就是公众关系，公共关系的公众理论认为，公众具有同质性、群体性、可变性等特点，应当努力分析公众，从而满足不同公众的愿望；应当努力争取公众，从而使潜在公众、未来公众成为现实公众；应当努力尊重公众，从而变逆意公众为顺意公众。将这些理论运用于旅游业，就应当首先细分旅游公众，按照旅游动机（观光、度假、会议、体育、探险等）、旅游者年龄（老、中、青等）、旅游者文化层次、职业层次、兴趣特点等对旅游者做深入细致的研究，尽量满足旅游者的多样需求。同时，努力争取对旅游有诸多顾虑的人，努力使对旅游和旅游服务心存敌意或不满的人逐步成为旅游的推广者和宣传者。

旅游公共关系的理念就是强调尊重旅游公众、了解旅游公众、协调旅游公众，应当花时间和精力开展与旅游公众的沟通调查工作，通过游客喜欢的各种传播方式，建立各种方便的信息沟通渠道，了解旅游者的种种意愿和需求，协调各种不同的，甚至是冲突的需要之间的矛盾，尽量努力做到让各类游客满意，这是旅游服务和旅游公共关系共同追求的境界。

2. 由旅游业的特性决定

旅游业一个最为明显的特性是综合性。旅游者出门在外，其各方面的需求均需旅游部门为之提供。因此，交通、酒店、景点接待、导游服务、旅游购物等直接与游客接触的部门之间的有效沟通和协调，以及景区规划、建筑、绿化、园林、文物、宗教、环保、能源供给、旅游地居民态度等涉及游客感知和利益的各部门之间，都需要通力合作与协调。

从公共关系的角度来看，这些部门都是旅游公共关系的工作对象。这些部门之间的利益与共是一种内部关系；同时，它们独立核算，常涉及利益的分割问题，又是一种外部关系。这些关系的协调最终影响到旅游地整体形象的树立，而且也是我国旅游发展过程中深层次的、有难度的理论实践问题。在"大旅游、大产业、大市场"观念的统一认识下，对旅游体制进行深化改革及旅游机制调整，是影响旅游产业协调发展的根本问题。可以说旅游营销首先有个"观念营销、体制营销"的问题亟待政府加大主导力度，而观念和体制的变革一方面亟待政府主导力量的加强，另一方面加强与方方面面有针对性的公共关系的沟通与协调最终也是不可或缺的手段。观念的转变、认识的统一、步调的一致、合力的形成、利益的共享都离不开沟通和协调。

因此，在处理错综复杂的旅游关系上，公共关系起着非常重要的作用。

3. 由旅游业的发展需要决定

随着生活水平的不断提高，旅游已成为人们生活不可缺少的一部分，旅游业发展迅猛，大旅游、大产业、大市场格局已经形成。旅游可以促进经济的发展、文化的交流、科技的进步和信息的流通，但是也带来了很多问题，如忽视环境效益和社会效益的功利主义思想泛滥，众多旅游资源被人为破坏，许多动植物得不到保护，交通拥挤，物价飞涨以及旅游文化中有悖于现代文明和道德的畸形娱乐活动猖獗，等等。因此，旅游业的可持续发展问题、旅游产业的价值取向问题，均需要我们从公共关系的思维方式中去探寻答案。

旅游需求与旅游供给要相互促进、互为条件、共同发展，并在加速的发展动态中不断提高质量，要在大旅游的发展格局下全面地、辩证地处理、协调好与各种公众间的关系，争取交通运输业、能源部门、酒店宾馆业、生态及文物保护部门以及广大民众的大力支持，让社会各界和民众了解旅游业的意义，从心理上接纳、欢迎游客的光临，这是旅游业最为宏观的社会基础。

旅游之所以成为增长速度最快的产业，就在于其经济文化的双重产业特性，它能同时满足人们物质和精神的双重需要，能同时提高社会物质文明和精神文明的水平，特别是对人文精神的弘扬和传承。旅游活动不仅是最适宜的载体，也肩负着必然的使命。但旅游业在实际发展中对其文化功能的淡化，必然带来产业人文精神的缺失，使产业步入唯经济论的僵局。因此，旅游产业的发展不能仅强调其经济功能，随着发展旅游业的功能重心的逐步转化，其社会功能、环境功能、文化功能及教育功能也应得到充分体现，这就需要从公共关系的角度，有效协调旅游经济效益与环境效益之间的矛盾、近期利益与长远利益之间的矛盾、局部利益与社会利益之间的矛盾，才能促使旅游业站在产业和人类社会发展的高度来审视自身的价值取向，超脱单纯、狭隘的经济利益追求，履行旅游传承优秀文化、弘扬人文精神、促进精神文明建设的职责，追求旅游与社会、环境的和谐互动，才有可能跳出产业发展的种种误区，推进旅游产业的可持续发展。

综上所述，旅游业无论从目的、性质，还是进一步发展的需要来看，都离不开公共关系，旅游组织要从全局出发，全方位地考虑树立良好的组织形象，建立健全信息网络，处理好各类公众关系，监测了解社会环境，规划预测组织发展趋势等重大问题。旅游业是新兴的产业，公共关系是新兴的学科，两者的结合本身就是创造性的产物。公共关系在中国旅游业的兴起是必然趋势，并已经日益显现出其对旅游产业发展不可替代的促进作用。

二、国内外旅游公共关系的兴起与发展

1. 旅游公共关系的先驱——托马斯·库克

英国人托马斯·库克是近代旅游业的创始人。1841年5月5日，库克开拓了人类历史上第一次由500人参加的团队铁路旅行，在整个组织活动中，他开展了大量公关沟通工作：与铁路部门联系和磋商以取得支持和优惠；通过刊登报纸广告以宣传招揽游客；在由莱斯特市（Leicester）开往拉夫巴勒市（Loughboro）的专用旅行列车上，往返22英里①只收1先令，却配备有乐队、茶点，特别是导游讲解服务。这是人类历史上第一次通过传播活动组织起来的铁路旅行，也是托马斯·库克创办旅游业的开始。

1845年，库克组织了长距离的旅行项目"发现大英帝国"，制作了第一批导游宣传小画册，这是有目的的现代公共关系策划工作；1851年，库克为伦敦世界博览会的16万参观者成功安排了旅行游览；1855年巴黎举行世界博览会，库克又首次圆满完成了安排英国人出国旅行的重任。他的热心服务最终赢得了公众的好评，出现了"要想旅游好，必找库克人"的口号，库克的知名度大大提高。

1865年，在20多年丰富的国内外组织旅游工作经验的基础上，库克成立了以自己名字命名的大型旅行社——通济隆旅行社，并颇有公共关系意识地选址于英国各大报刊集中的伦敦舰队大街。该大街是英国媒体的中心，当然也是开展公共关系的理想之地。

1872年，深知媒体的重要性并善于与媒体打交道的库克先生亲自担任导游，组织了世界上的第一次环球旅行，并邀请许多记者、作家同行对其行程和见闻逐一报道，大大提高了其知名度和美誉度，后人所著的《80天环游世界》就是对这次旅行的生动记述。

伟大的近代旅游业先驱托马斯·库克在其事业的开拓进程中，无不显示出其对公共关系技能的出色运用。托马斯·库克先生不仅是一位伟大的近代旅游业先驱，同时也是一位成功的公共关系实践家。

2. 旅游公共关系在中国的发展

在中国大陆，公共关系最早是伴随着现代旅游业的兴起而发展起来的，并且在我国旅游事业中刚刚崭露头角就发挥了特殊的作用，引起了整个世界的关注，显示了旅游公共关系在旅游业发展中的重要意义。旅游公共关系取得的全面而迅速的发展，不但对整个中国旅游行业的发展产生了深远的影响，并且成为开创中国现代公共关系事业的排头兵。

20世纪初，上海有名的民族银行家陈光甫先生为了发展中国的旅游事务，于1923年8月在上海商业储蓄银行设立了"旅游部"。1924年，"旅游部"以广告为先导，同铁路局合作，组织了由上海至杭州的铁路游览专线团，这是中国历史上的第一次现代旅行；1925年，"旅游部"又组织了中国第一批出国旅行团——20余名中国人首次赴日本专项旅游的"观樱团"，经媒体报道，大大提高了"旅游部"的声誉；1927年春天，他们创刊了中国第一本旅游杂志——《旅行杂志》，为"旅游部"做了大量公共关系宣传；1927年6月，"旅游

---

① 1英里=1609.344米。

部"正式改组为"中国旅行社"，这是中国人自己建立最早的、规模最大的一家具有现代意义的旅行社。

新中国成立以来，我国旅游事业曾经历了艰难曲折的发展历程。粉碎"四人帮"以后，经过十一届三中全会的拨乱反正，旅游事业的重要意义被重新认识，我国年轻的旅游事业迎来了百花盛开的春天。党和国家领导人高度重视旅游事业的发展，在百废待兴的困难条件下，给旅游业投资4亿多元，用于建设旅游饭店，购买旅游汽车，修缮旅游景点和培训旅游专业人才。为了加强对旅游业的领导，还组建了从中央到地方的各级旅游管理机构。在原有的华侨旅行总社和中国旅行社的基础上，又成立了青年旅行社等一大批旅游组织，给旅游业注入了新的竞争活力。随着旅游市场的开拓，塑造良好的旅游组织形象已被提上日程，这一切无疑都呼唤着旅游公共关系的诞生。

政治经济体制的改革和对外开放政策的推行，给中国社会带来了深刻的变革。政治的民主化、经济的市场化、科学技术的进步以及社会的开放、思想的解放，给旅游公共关系在中国大陆的传播和发展提供了良好的机遇。

20世纪80年代初，公共关系作为一种管理方法和技术正式传入我国，并极大地发挥了其作用。公共关系最早被我国沿海地区的宾馆、饭店和旅游业接受。1979年，我国在深圳建立了经济特区，一批中外合资的宾馆饭店和工商企业率先引进了国外先进的管理技术，公共关系开始出现在中国特区，而且最早在酒店、宾馆等旅游行业登陆并逐渐向其他行业扩展。这些酒店宾馆参照海外公司的模式，纷纷设立了公共关系部，从中国香港、海外聘请公共关系专业人员担任公关部经理。1981年，广州的五星级饭店白天鹅宾馆以及中国大酒家、花园宾馆等在全国率先设立了公共关系部，开展了卓有成效的公共关系工作，引起了世人的关注。

随着我国旅游业的飞速发展以及旅游市场的不断扩大与完善，旅游行业的公共关系活动也日趋频繁。国内旅行社、宾馆饭店、园林景点创造出了各种各样的方法，在实践中总结出了丰富多样的经验。国内旅游业增长的持续性、地区的广泛性、游客的大众性、市场竞争的激烈性，为旅游公共关系的发展提供了广阔的天地。

因此，从一定意义上说，开创我国当代公共关系事业的先头兵是国内一批具有较高经营管理水平的宾馆、饭店。此后，公共关系以一种迅猛的速度，由南到北，由东到西，从理论到实践，迅速发展到全国旅游行业和其他行业中。

第二节　旅游公共关系的含义及构成要素

一、旅游公共关系的含义

1. 旅游公共关系的定义

从旅游公共关系的实践中可以总结得出，旅游公共关系是指旅游组织运用传播沟通手

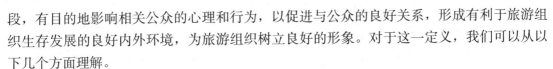

段，有目的地影响相关公众的心理和行为，以促进与公众的良好关系，形成有利于旅游组织生存发展的良好内外环境，为旅游组织树立良好的形象。对于这一定义，我们可以从以下几个方面理解。

（1）旅游公共关系的行为主体是旅游组织。这里的旅游组织是各类旅游企业的总称，包括旅游饭店、旅行社、旅游交通（航空、车船等）、旅游景点、商店等。旅游公共关系是一种组织关系，是以具体的旅游企业为主体形成的与其他各类公众的关系，不是以政府为主体形成的政府的关系，也不是以个人为主体形成的个人的关系。

（2）旅游公共关系的对象是相关公众。旅游公共关系是组织与相关公众结成的相互关系，其活动的对象自然是公众。公众构成一种特定的环境，组织要在这种环境中生存发展，就必须对其进行优化，得到相关群体的认可、信赖与支持。

（3）旅游公共关系的手段是传播媒介。旅游公共关系以建立组织与公众之间的和谐关系为目的，主要通过运用信息传播手段来达到相互之间的沟通，尽可能地利用各种类型的人际沟通媒介和公众传播媒介来了解和影响公众的意见、态度和行为。

（4）旅游公共关系的目的是树立组织的良好形象。旅游公共关系是有计划、有组织进行的一种活动，旅游组织在了解组织现状的基础上，有目的、有计划地与公众进行沟通，通过交流使公众的态度、行为朝着有利于组织的方向发展，为旅游组织创造良好的生存发展环境。它的目的是让公众在了解组织的过程中，对旅游组织产生理解、信任和支持，最终形成一种良好的形象。而这种良好的形象，最终成为旅游组织的巨大无形资产，创造更大的价值。

2．对旅游公共关系的全面理解

旅游公共关系的概念不仅包括旅游公共关系的定义，还包括几层不同的含义：旅游公共关系状态、旅游公共关系活动和旅游公共关系意识。

（1）旅游公共关系状态。旅游公共关系状态是旅游组织在公众心目中的形象的总和，具体包括社会关系状态和公众舆论状态。社会关系状态是指旅游组织与相关公众之间的一种关系状况。例如，旅游组织与相关公众之间关系的亲疏、融洽、紧张、友好、敌对、合作等都是一种公关状态。公众舆论状态是公众舆论对旅游组织的反映和评价状况，如旅游组织在公众心中知名度的高低、公众对旅游组织的好恶等。

重视旅游公共关系状态的研究，有助于旅游组织更好地了解自己，从而开展有针对性的公关活动。良好的旅游公共关系状态有利于组织的生存发展，反之则不然。因此，旅游公共关系状态既是旅游组织公共关系活动的起点，又是最终归宿点。

（2）旅游公共关系活动。旅游公共关系活动是旅游组织为了自身形象而从事的各种实务活动。公共关系活动是旅游组织对外进行传播的最主要形式，也是公共关系的日常业务。通过规模不同、目标不同的各类公关活动，将旅游组织的产品、企业形象宣传出去已成为公共关系实务活动的核心内容。

（3）旅游公共关系意识。旅游公共关系意识是经过公关知识和实践的积累对公关工作和活动的概括与升华，是一种自觉的树立信誉、塑造良好形象的指导思想。它包括形象意识、公众意识、传播意识、互惠意识等。

形象意识是最核心的意识，它是旅游组织的无形财富，重视形象投资、形象管理、形象塑造才能在形象竞争中取胜。公众意识就是要把树立良好形象的意识直接表现为对公众利益的关注和满足，将了解公众、满足公众、服务公众作为旅游组织的重要经营管理原则。传播意识表现为重视信息的双向沟通，主动地运用各种传播媒介和沟通方式去建立相互之间的了解、理解、信任与合作，为组织的发展创造良好的"人和"气氛。旅游组织与公众的关系是在沟通协调中建立起来的。互惠意识就是在处理双方关系和利益时，既要强调组织的自身利益，又要保持与公众利益的平衡协调，达到共同获益、共同发展的目的。

二、旅游公共关系的构成要素

旅游公共关系由三个基本要素构成，即旅游公共关系的主体——旅游组织；旅游公共关系的客体——公众；以及旅游公共关系的手段——传播。三者相互依存、缺一不可。

1. 旅游组织

对旅游公共关系主体的研究是为了充分发挥公共关系在旅游组织中的作用。旅游公共关系是通过旅游组织来开展的，是为了实现组织目标而实施的，公共关系的主体就是公共关系的操作者。细致地讲，旅游公共关系的行为主体以旅行社、饭店、旅游交通为主，还有一些其他直接或间接的旅游组织。

（1）旅行社。自1841年世界上第一家旅行社——托马斯·库克旅行社诞生之日起，旅游逐渐发展成了世界性的社会活动。在旅游行业结构中，旅行社一直是旅游业的龙头，它对行业中的其他行业组织起着强烈的带动或制约作用。旅行社的主要功能就是组合和销售旅游产品，即设计和出售旅游线路。旅游者在旅游过程中的食、住、行、游、购、娱等活动多由旅行社进行组织和安排，从而使其他相关行业的旅游组织所提供的产品和服务为旅游者所消费。

（2）饭店。饭店是旅游行业中的重要组成部分，其主要功能是为餐饮、住宿、娱乐和社会交往等提供条件，既满足旅游者物质上的需求，也能满足社会公众广泛的精神上的需求。旅游者在旅游活动中的一部分时间是在饭店度过的，饭店还是社会各界经营活动和社交活动的主要场所之一。

（3）旅游交通。从事旅游交通业的旅游组织较多，有航空、火车、轮船、汽车等行业组织。旅游交通客运是旅行和游览的必备条件，贯穿于旅游活动的始终。旅游者出游时，首先要借助各种交通工具，到达旅游目的地后，也需要短途运输予以配合；离开旅游目的地还需要交通工具实现其空间转移。旅游交通运输的重要功能是为旅游者的聚散和空间位移提供手段和工具。

（4）游览风景点（区）。景观是旅游者旅行的对象，旅游景观包括自然景观和人文景观。旅游景观的数量、特色和知名度是发展旅游业的重要条件。现代博物馆、展览馆是重要的人文景观部分。

2．公众

公众是旅游组织公共关系的对象。旅游公共关系中的公众是指对旅游组织的目标和发展具有潜在的或现实影响的利益关系或有影响力的群体、组织和个人。从理论上讲，任何组织所面临的公众都不是单一的，而是由与组织有某种利害关系的各方面的公众所组成。公众的范围、态度是随时间和问题的解决而不断变化的。因此，科学地对组织所面临的公众进行分类，不仅有助于我们清楚地认识公众，而且有助于组织确定公共关系目标，制定公共关系计划，开展公共关系活动。

3．传播

公共关系传播是连接主客体的桥梁，是旅游组织与公众之间的一种信息传播活动和信息交流的过程。任何公共关系活动都离不开传播环节，只有通过传播手段，才能将旅游组织的经营理念、经营方针、新产品和服务等传达给旅游者，旅游者也才能更加了解旅游组织，这样公共关系才能真正对旅游组织的发展产生影响。

第三节　旅游公共关系的特征及基本原则

一、旅游公共关系的特征

1．复杂性

旅游业是一种具有高度依托性的行业，发展过程离不开工业、农业、商业、运输业、邮电业等的全力支持。其复杂性表现在两个方面：

（1）从供给者角度看。供给方为旅游者提供的食、住、行、游、购、娱等服务离不开上述各行业的支持与配合，特别是旅游产品生产和消费的同一性，使旅游产品供应商在整个旅游产品中占据重要地位，供给者只有与各类供应商建立良好的合作关系，才能保证旅游消费的正常进行。因此，公共关系的内容涉及与其合作的方方面面，呈现出复杂性的特点。

（2）从公众角度看。旅游者的构成人员复杂多样，不同国家和地区的组织、个人，在思维方式、行为方式、价值观念、风俗习惯、宗教信仰等方面的差异很大，在旅游接待和服务中会出现各种复杂的情况。从这个意义上讲，旅游公共关系具有复杂性的特点。

2．应变性

旅游业是十分敏感的行业。从内部来说，食、住、行、游、购、娱所涉及的各个组成部门之间都要协调运作，任何一个环节出现脱节，都会造成整个旅游供给失调，影响整个旅游质量和旅游效益；从外部来说，各种自然、政治、经济、军事和社会因素的影响，都可能对旅游业产生一定的甚至是致命性的影响，如自然因素中的地震、恶劣天气、疾病流行，经济因素中的经济危机，政治因素中的国际关系恶化、政治动乱、政变以及恐怖活动、战争等。所有这些都会导致一个国家或地区的旅游减少或停滞。再者，旅游是属于高层次的感性消费而不是基本生活需求，任何一种内在或外在原因都可能取消原定旅游计划。旅游业的敏感性特征决定了旅游公共关系要有超常的应变性，特别应加强旅游危机预测意识，强化旅游危机管理能力，以应对各种突发事件。

3. 情感性

众所周知，旅游产品的价值实现，是通过旅游从业人员向旅游者提供服务来最终实现的。情感性这一特点也是由旅游产品的特点所决定。从旅游的六大要素来看，每一环节都离不开面对面的交流。人际交流在旅游公共关系中的比例较大，是旅游公共关系中最独特的方面。旅游公关人员在提供服务、传播信息的同时也在传播情感、交流感情，通过彼此的沟通交流建立良好的关系，获得公众对旅游组织的了解、理解和支持。旅游业作为一种人对人服务的、以精神消费为主的产业，旅游公共关系情感效应就更加突出。

4. 全员性

旅游业是服务性行业，旅游服务是通过员工直接向旅游者提供的，其产品的生产、销售和消费往往是在同时同地发生，同时同地结束，是员工与旅游者同时参与才能完成的。因此，旅游组织中的大多数成员都是组织对外交往的触角，处在与旅游消费者或其他外部公众直接接触的第一线，提供各种接触性服务。他们就是组织形象的代言人，其言行举止、仪容仪表、外貌风度等都会影响公众对组织印象的好坏和评价的优劣。因此，旅游业的全员公共关系最为突出，上至最高领导，下至普通服务员、导游员、景区管理员等，都必须强化旅游公共关系意识，提高旅游公共关系沟通技能。

二、旅游公共关系的基本原则

旅游公共关系是现代社会旅游经济活动迅速发展的必然产物，是商品交换、市场竞争的客观要求，也是旅游营销活动中的一个必要环节。竞争的有序化需要必要规则，旅游公共关系活动同样需要一些必须共同遵循的基本原则。旅游公共关系的基本原则是旅游组织开展公共关系活动时所应遵循的行为准则和工作规范，是旅游公共关系观念的具体化和条例化。主要有以下几个方面。

1. 以客观事实为基础，诚实无欺

实事求是，一切从实际出发，对于旅游公共关系具有重要的指导意义。旅游公共关系以传播为手段，使旅游组织与社会公众相互了解、相互适应。公共关系传播中需要借艺术和技巧来树立形象、争取公众。有人错误地认为，公共关系只是一种传播艺术和宣传技巧的行当。而事实上，旅游公共关系的传播艺术和技巧绝不是空穴来风，它们要建立在客观事实的基础上。经过对事实的准确把握，加上合理技巧，才能取得预期的效果。

（1）旅游组织向公众发布信息要实事求是。首先，要客观评估自己的公共关系状态，错误的评估将使组织失去公共关系开展的最佳时机；其次，要实事求是地向公众介绍组织的产品、服务和观念，传播缺乏真实性的信息会失去公众的信赖；再次，要了解组织面对的公众的各种属性，否则将空耗人力、财力，达不到预期的目的。

（2）公共关系人员反馈公众信息要客观、全面。首先，旅游组织的决策层在市场

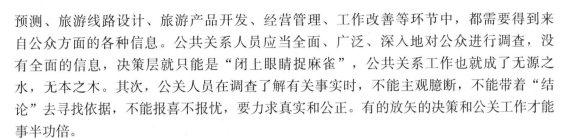

预测、旅游线路设计、旅游产品开发、经营管理、工作改善等环节中，都需要得到来自公众方面的各种信息。公共关系人员应当全面、广泛、深入地对公众进行调查，没有全面的信息，决策层就只能是"闭上眼睛捉麻雀"，公共关系工作也就成了无源之水，无本之木。其次，公关人员在调查了解有关事实时，不能主观臆断，不能带着"结论"去寻找依据，不能报喜不报忧，要力求真实和公正。有的放矢的决策和公关工作才能事半功倍。

2. 以公众利益为起点，服务社会

以公众利益为起点，就是把旅游公众看做是旅游组织一切工作的根本，把旅游公众视为上帝，充分尊重公众的人格，主动满足公众的各种需求。人的需求是多种多样的，既有物质方面的，也有精神方面的。随着环境及自身情况的改变，人的需求也会不断发生变化。从旅游公共关系的角度看，主要需要满足旅游公众求知求新的心理需求、独立自主和受到尊重的人格需求以及不断转移和升华的精神需求。

把旅游公众视为上帝，就要平等地、一视同仁地对待旅游公众。接待旅游公众时要注意礼仪，尊重旅游公众的人格及风俗习惯，绝不能因为旅游公众肤色的不同、金钱的多寡、权力的大小以及国籍的不同而有高低贵贱之分。这方面的典型事例很多，如美籍华人、美国少数民族事务委员会主席陈香梅女士，就因为在北京某商店购物受到售货员的不礼貌对待而感到受辱，一气之下，愤然投书我国最高领导机关。另一位在上海某名牌大学留学的美籍华人，也因在上海某些涉外宾馆、机构常常被人误认为是国内人而受到不公正对待，因而提前肄业，愤然回国。这些事例一经公之于众，不但会使组织的形象声名狼藉，其经济效益也必然一落千丈，其中的教训值得每一位旅游从业人员深刻反思。

服务社会，就是要以社会效益为依据，把社会效益放在首位，努力为社会服务。所谓社会效益，是立足于整个社会而言的，它是旅游组织利益、社会利益和公众利益的总和。以社会效益为依据，并不是排斥任何单方面的利益，但它只能以符合社会利益为前提。因为社会效益是所有社会组织和公众利益的积累和综合，如果损害了全社会的利益，必然受到全社会的抵制，社会舆论和管理机关也要进行干涉。一味追求自身利益，甚至损人利己，终将为社会所不容。

3. 平等互利，共同获益

这是指将组织的发展与满足公众的需求结合起来，争取双方共同获益。

旅游组织的一切经营活动必然有着自身的经济利益，但是，旅游公共关系追求的绝不仅仅是旅游组织单方面的利益，而是一种旅游组织、旅游公众和全社会双赢以至多赢的结果。如果不顾公众利益和国家利益，不顾全社会的整体利益而盲目追求利润，必然会导致失败。因为旅游组织是整个社会机体的一个组成部分，损害社会机体必然反过来危害组织自身的生存和发展。

公众的支持和合作，是企业生存、发展的基础，损害公众利益，必然会失去公众，从而从根本上危及组织的生存。因此旅游组织在追求自身利润的同时，一定要注意到旅游公众的利益和全社会的公共利益，处理好三者之间的关系。

4. 着眼长远，防患未然

旅游组织开展公共关系工作的目的不是为了追求组织的眼前利益，不能计较于一时一地的得失，而是追求组织的长远利益和长远目标。因此公共关系工作要着眼未来，不能急功近利。

旅游公共关系追求的是一种长期稳定的战略目标和组织与公众利益的自觉协调，这是一种必须经过长期艰苦努力才能达到的境界，不能轻易收到立竿见影的效果，而要经过日积月累、长期不懈的努力。只有持之以恒，随时监控、积极协调旅游组织与旅游公众、社会环境的关系，才能防患于未然。因此，旅游公共关系必须立足现实，把握全局，把组织的长远目标与平时的细致工作结合起来，既放眼未来、长期不懈，又按部就班、脚踏实地，才有可能建立长期稳定的良好的公共关系。目光短浅、急功近利是旅游公共关系工作的大忌。

旅游公共关系的基本原则不仅是专业的公共关系人员所必须遵守的，而且是旅游组织中每一个管理者和员工都不可缺少的公共关系意识。要自觉地运用这些公共关系意识来指导实践，使之成为旅游组织全体成员自觉的职业规范和行为准则。

第四节　旅游公共关系的职能

旅游公共关系以建立旅游组织的良好形象为目标，围绕这个目标所开展的具体活动和工作便形成了它的职能范围。了解旅游公共关系的职能和作用，对公共关系活动正常而有效的开展是十分重要的。全面系统地阐明公共关系的职能，有利于旅游组织积极、主动地开展公共关系工作。

旅游公共关系职能是指围绕塑造旅游组织良好形象开展的具体活动和工作，也就是旅游公共关系的具体职责和任务。旅游公共关系的职能可以从不同的角度来概括和阐述，一般认为应当包括以下几种。

一、信息管理

目前，我们处在一个社会信息剧增、大众传播飞速发展的信息时代。昔日偌大的世界变成了"天涯若比邻"的"地球村"。信息的生成发展，势如潮涌，浩如烟海。如何从纷繁错杂的信息堆中采集对旅游组织有用的信息，并及时进行加工整理以供组织利用，就成为旅游公共关系经常性的工作职能之一。旅游公共关系首先要发挥搜集信息、监测环境的作用。通过采集信息，使旅游组织对复杂多变的环境保持高度的敏感性，发挥监测环境、预测趋势、评估效果的职责。

从旅游行业公共关系职能的角度看，有四类信息是首先应当被注意采集的，这就是旅游组织形象信息、旅游组织产品信息、旅游组织运行状态及其发展趋势信息和公众信息。

1. 旅游组织形象信息

旅游组织形象信息是旅游公众对旅游组织在运行中所显示的行为特征和精神风貌的反应，其主要内容包括：

（1）公众对旅游组织机构的评价。如旅游组织机构设置是否合理、是否优化、是否精简以及办事效率是否高等。

（2）公众对旅游组织管理水平的评价。旅游组织的管理水平是一个综合指标，包括组织决策方向是否合理、决策方案是否有创新、目标市场选择是否准确、产品服务是否有特色、经营管理是否高效、人事制度是否科学等。公众对这些方面的评价反映他们对旅游组织是否信赖和有信心。

（3）公众对旅游组织成员素质的评价。旅游组织成员的品德修养、职业道德、业务能力、工作作风、创新意识、合作精神等，将直接影响组织的管理形象。

（4）公众对旅游组织服务质量的评价。例如服务态度是否诚恳、服务项目是否完善、服务设施是否先进、服务手段是否科学等，这是旅游服务行业职业水准的体现。

公共关系工作的目标是塑造良好的组织形象，因此，了解旅游组织在旅游公众中的形象就是旅游公共关系活动的基本职能之一。应当注意的是，这里所说的公众，应该包括旅游组织外部和内部的公众。

2. 旅游组织产品信息

旅游组织产品信息一般包括相关公众对旅游产品的价格、服务、质量和用途等主要指标的反映，同时包括对产品的优点和缺点两个方面的反映和建议。

旅游企业、组织是通过服务或产品与广大旅游者发生关系的，只有产品或服务被接受、受欢迎，旅游企业或组织的存在价值才能得到社会的认可，企业经营的利益所求也才能实现。因此，旅游组织要十分了解本企业组织的产品或服务形象，特别是在广大旅游者心目中的形象，旅游公共关系人员要通过与公众的频繁接触和交往，自觉主动地听取和搜集旅游者及其他相关公众对组织产品或服务的各种反映和评价，以不断完善和改进其产品或服务。

3. 旅游组织运行状态及其发展趋势信息

旅游组织运行状态及其发展趋势信息包括旅游组织自身运行情况与预定目标的距离，以及整个旅游行业发展形势及其对组织可能产生的影响。这类信息对组织及时调整运行机制、制定中长期发展规划极为重要，也应该重点收集。信息的管理首先要通过各种传媒和多种渠道采集信息，尤其要重视消费公众的反映评价和新闻传媒的社会舆论。其次，政府部门、上级主管和同行的意见、内部员工的反映也要认真听取。既要听取赞扬的意见，更要听取和重视批评的意见。信息搜集后，要及时分析整理、分类编码、传播和反馈。一般的信息处理，也许只是收集、归类、加工，而旅游公共关系的信息处理，目的却在于信息的传播。旅游公共关系信息如果不被迅速传播，就失去了其存在的价值。信息的收集、处理和传播，是旅游公关人员的基本专业技能，是旅游公共关系活动的基础，因此，也是旅游公共关系最基本的职能。

4. 公众信息

了解旅游公众的各种动态和信息，是旅游公共关系工作的必要前提。公众信息范围很广，既包括内部公众信息，也包括外部公众信息。

内部公众信息必须认真对待，管理者只有通过员工的行动才能实现自己的愿望，因此，要经常了解员工在想些什么，对组织领导层有些什么看法，对组织的前途是否有信心，对组织及其产品服务有什么建议，等等。

外部公众信息是多层次的。如旅游消费者或顾客需求变化信息属于顾客利益和兴趣的具体体现，同时也是组织生存发展的动力和依据，旅游公众未来的潜在需求正是旅游组织开发新产品、提供新服务、增加竞争力的可靠信息来源；同行竞争对手的信息可以使旅游组织取人之长、补己之短，把握发展动向，确立自己的竞争对策；经营协作伙伴的态度信息也很重要，有利于相互协调，不断发展和加强彼此之间的合作关系；新闻界的舆论信息，有助于旅游组织及时把握自身的公共关系现状，有效改善组织形象；此外，投资者的投资意向及各种广告信息等都是重要的公众信息来源。常言道："踏破铁鞋无觅处，得来全不费工夫。"一些动向、一些机会可能就蕴含在某条信息之中，公共关系人员有效的信息输入，有时会给旅游企业组织带来意想不到的成功。

二、沟通协调

旅游组织处在一张巨大而又复杂的关系网中，如组织内部的员工关系、股东关系，组织外部的同行关系、顾客关系、媒介关系、社区关系、政府关系等。协调旅游组织与各种公众之间的关系，争取公众对旅游组织的了解、理解、信任与合作，使双方关系处于一种和谐的状态，为旅游组织创造一个"人和"的环境，成为旅游公共关系的一项重要职能。

1. 内部的沟通协调

内部的沟通协调包括人员之间的沟通协调和部门之间的沟通协调。对于一个旅游组织来说，不论是管理者与全体员工的关系，还是员工之间的关系都是旅游组织赖以生存和发展的基础。他们的态度和行为，他们的团结和协作，直接关系到旅游组织的方针政策和目标效益的实现。员工由于地位上的差别、认识上的差异、利益上的冲突、信息沟通上的障碍等因素，彼此之间不可避免地会产生矛盾和纠纷。

同理，旅游组织内部各个职能部门之间的关系，也必须保持和谐的状态。只有这样，才能产生有效的协同和最佳的管理效果，才能提高组织在竞争中的生存发展能力。公关部要对各部门的关系进行润滑、协调，通过旅游组织定期评选最佳职工、筹办员工生日庆祝等活动，增进感情、互相理解。通过内部报纸或刊物将旅游组织现状和动态通报给员工，使其了解和关心旅游组织，在自己的岗位上参与旅游组织的管理与营销。

2. 外部的沟通协调

与内部相比，外部的沟通协调要宽泛得多。旅游组织的生存发展离不开各类外部公众，离不开社会各方面的配合与支持。随着现代社会信息化、经济活动全球一体化的发展，旅游组织对外部环境的依赖性越来越强，这种相互需要、相互依赖的关系，更要求旅游公共关系把外部关系的协调作为重点。公关人员应通过各种交际手段和沟通方式的运用，协调彼此间的关系，消除彼此间的误会和矛盾，巩固已有的合作关系，创造和谐的外部环境，从而使旅游组织获得更加良好的生存发展空间。外部环境的沟通协调主要包括以下三个方面。

（1）制造舆论，告知公众。当公众对旅游组织缺乏认识和了解时，旅游组织就需要主动地传播自己，介绍自己，向公众说明和解释组织的政策、理念，介绍产品，促进公众的认知与了解。让公众知道并正确地了解旅游组织是建立良好公众形象的基本前提。例如，在本书第三章提到的长城饭店承办里根总统访华答谢宴会就是典型的一例。

（2）强化舆论，扩大影响。运用各种现代媒介，加强公众对组织的印象，深化公众对组织的了解，提高组织的知名度和美誉度，为组织推广形象、扩大影响是公共关系的重要职责之一。当一个组织和产品在公众中有了基本印象后，还需要坚持不懈地做宣传和推广，不断维持、完善已经享有的知名度和美誉度，强化良好的公众舆论，加深公众对旅游组织的良好印象。相反，忽略传播，公众则会对旅游组织反应淡漠，良好的形象会因为传播失误而受损。公共关系传播是一项持之以恒、长期渗透积累的过程，不能只造一时的舆论。

（3）引导舆论，控制形象。公共关系的传播沟通还有一个重要的方面就是引导公众舆论向积极、有利的方向发展。特别是当公众舆论对组织不利时，此项作用要及时发挥威力，尽量减小不利舆论的影响，向有利于组织发展的方向引导，控制组织形象，保证其不受损害。

三、咨询建议，参与决策

咨询建议是旅游公共关系工作的重要职能，即旅游公共关系人员向组织决策层和各职能部门提供公共关系方面的情况和建议，起到组织决策的参谋作用。

所谓决策，简单地说就是对企业组织未来行动方向的选择和决定。但目前，旅游组织面临的环境错综复杂，涉及多种因素，单凭决策者个人的经验而主观决断难以适应社会发展，需要借助各方面的专业人员来提供各种咨询建议，以实现决策的科学性和民主化。

鉴于社会关系对旅游发展日益显著的影响，社会关系问题的公共关系咨询则必不可少，旅游公共关系人员无疑是旅游组织宏观决策社会关系问题的参谋和顾问。而旅游组织的各职能部门在作出部门决策和计划时，也要了解公共关系方面的情况，以使各自的工作适应相关公众的需要，产生良好的实施效果。因此，旅游公共关系工作的一项重要任务就是向决策层及各职能部门提供公共关系的咨询建议，充当组织决策的参谋。

为了完成咨询建议的任务，旅游公共关系部门必须在采集信息的基础上，对信息进行整理、选择、分类、归档，建立信息库，这样在咨询建议时才能做到准确无误、简明扼要。旅游公共关系经常性的咨询建议有以下类型。

1. 旅游公众的一般情况咨询

主要提供旅游组织与旅游公众关系状态的一般情况，如内部员工的归属感、旅游公众和社会舆论对旅游组织形象的反映、主管部门和同行对本组织的评价等。这类咨询是让本组织的领导及时了解和掌握公众的一般情况，以便适时调节本组织的运行机制，为实现组织的既定目标创造有利条件。

2. 旅游公众的专门情况咨询

当旅游组织准备举办某个专门活动时，提供与该活动直接有关的情况说明和意见，以使活动更有效地开展。例如，组织拟举办新闻发布会或旅游展销会，旅游公关部门就应该提供新闻媒介的近期宣传动向、新闻界和旅游公众对本组织的了解程度等情况，并建议邀请与会者名单、会场布置、材料准备等情况。

3. 旅游公众的变化趋势咨询

这类咨询是将在长期观察和积累的基础上形成的对旅游公众变化趋势的分析意见，结合旅游组织的中长期规划，向决策层所作的通报。由于社会环境的变化，旅游公众的心理状态、兴趣爱好、行为方式会发生变化，旅游行业的发展趋势也将随之变化。这种变化对旅游组织的运行影响极大，如果不及时调整旅游组织的运行机制，就会破坏组织与旅游公众的协调关系。但是，这些变化总是有征兆、有规律的，旅游公关部门必须对旅游公众和旅游行业的变化趋势进行及时分析并作出预测，以便组织未雨绸缪，防患于未然，为组织的中长期战略规划的制定和改变提供可靠的依据。

4. 关于社会环境变动趋势的咨询

旅游组织的生存和发展必定要受社会环境的制约和影响，旅游组织的决策和计划只有与社会环境相适应，组织与环境才能达成动态平衡，得到和谐的发展。然而，环境是不断变化的，旅游公共关系人员作为环境趋势的监测者，应像哨兵一样密切注视社会环境的变化动态，准确预测，及时为旅游组织决策层及有关职能部门提供环境变化趋势的咨询。"凡事预则立，不预则废"，把握社会环境大气候的变化趋势，对旅游组织的长远发展、战略决策具有至关重要的意义。

5. 关于公众需求心理预测的咨询

对于旅游企业组织来说，其生存也好，发展也好，都在于拥有公众和广大旅游者。能否赢得公众和广大旅游者，取决于旅游企业组织对公众或旅游者需求的了解和把握。组织的各项目标也只有同公众或旅游者的需求保持一致才能顺利实施。旅游公共关系人员正是以旅游组织的特定公众为工作对象，在与公众的接触交往过程中，可以充分了解公众的态度和意向，特别是把握公众或旅游者的心理需求，并对其进行分析、研究，对其变化趋势作出预测，这方面的结果对旅游企业组织的经营管理决策具有重要参考价值，可以敦促旅游企业组织从公众或旅游者需求的角度发现决策问题。

6. 关于旅游组织方针、政策、计划的咨询

旅游组织决策层及各职能部门在制定相应的方针、政策和计划时，往往对本组织、本部门的情况考虑较多，容易从自身利益角度作出决策、实施计划，而往往忽视了公众的利益和需求，其结果不仅有损公众利益，而且往往最终导致决策、计划本身实施的失败。因此，旅游组织的任何方针、政策和计划除要考虑组织自身的发展外，还要符合公众的利益和需求。旅游公共关系人员从组织长远利益出发，有义务站在公众利益角度对旅游组织的决策和计划进行综合评价、预测，并及时向组织决策层及有关职能部门提出建议和咨询，督促其从公共关系角度、从公众利益需求角度修正那些可能导致不良社会后果的决策、计划，从而制定出能获得公众信任和拥护的实施方案。此外，当决策计划方案实施后，旅游公共关系人员还可以利用自己的公众网络和内外信息渠道对正在实施的决策方案进行观察、分析，追踪监测，评价其实施效果，或为新的决策提供信息服务。

总之，现代管理活动中的决策越来越规范化、科学化，已不是过去经验管理模式中的"一人拍板""一锤定音"，而要根据一定的科学程序，占有十分丰富的信息资源，运用现代科学方法和技术进行决策。由于现代社会关系的复杂多变，决策依靠公共关系人员的咨询建议就显得十分必要。咨询建议、参与决策可以说是公共关系职能的最高层次，因为它体现在高层管理活动中，对旅游组织生存发展的全局会产生深刻影响。

四、组织专题活动

组织旅游公共关系专题活动，既是旅游公共关系的职能，也是公共关系的日常业务。在旅游组织运行过程中，经常会出现某些非日常事务的专门活动需要组织来安排，例如展览与展销、信息发布、庆典联谊活动等，公共关系学中称这类活动为专题活动，它们的共同特点是属于高度集中的信息传播。这时候，旅游公关部门要提前安排好活动程序，参与组织活动的全过程，如布置会场、准备发言稿和新闻稿、拟定出席者名单、安排接待礼仪、收集反馈信息等。

现代旅游组织要想生存、发展，不与外界进行交往是不可想象的。而通过组织各类活动与外界建立联系、扩大知名度则是一种有效的手段，这也说明公共关系活动在旅游组织中的地位和重要性。

五、教育引导

旅游组织良好的公共关系状态，是其组织外部公共关系工作及内部公共关系工作共同作用的结果，而内部公共关系工作更是组织全方位公共关系工作的基础。但良好的内部公共关系状态并不是自然而然形成的，而是需要旅游公共关系人员、组织管理者乃至每位员工的共同努力。旅游公共关系人员不仅是公共关系活动的策划者和实施者，而且是公共关系活动的组织者，即不仅自身要致力于旅游组织形象的塑造工作，而且要行使其重要的教育引导职能，调动广大员工共同参与，做好旅游公共关系工作。教育引导全员公共关系，旅游组织才能具有良好的公共关系竞争力。

1. 全员公共关系意识的教育培训
旅游公共关系培训要教育引导每位员工都重视本组织的形象和声誉。旅游组织的良好形象不是仅靠专职公共关系人员的工作就能树立的，而是与每位成员，无论是管理者还是普通员工，都有着密切的联系。特别是处在旅游企业对外关系第一线上的成员，往往都是普通员工，而非专职公共关系人员，如旅行社的导游人员、宾馆饭店的服务人员、旅游景区的管理人员、旅游交通中的司机和乘务人员、办公室的接待人员、电话总机的接线员等，他们都是旅游组织与外部公众联系的重要触角，其一言一行都会给公众留下深刻的印象，而这种印象的良好与否，会直接影响到整个企业组织形象的优劣。即使是那些在各自岗位上工作而不与公众直接接触的员工，如餐厅的厨师、宾馆采购人员、旅行社的计调人员、景区规划设计人员等，也会通过其经手的产品或服务与公众间接发生关系，甚至员工日常生活中对所在组织不经意的评价和行为都会影响组织的形象和效益。因此，公共关系人人皆应为之。但公共关系毕竟不是人们与生俱来的本领和意识，并非不学就懂的东西。如何形成全员公共关系意识，这需要旅游组织有意识、有计划地进行公共关系培训，教育引导组织的每位成员都重视本组织的形象和声誉，在本职工作中处处体现公共关系意识。

作为管理者，在其每一项决策方案中，均应从公共关系角度顾及公众的利益和需求；作为服务岗位的每位员工，要有"质量第一，顾客至上"的意识，把好服务各环节的质量关，以优质服务面对每一位顾客。总之，具备全员公共关系意识和全员公共关系行为才能创造理想的公共关系状态。

公共关系人员最根本的工作就是设法培养和激发员工的主人翁意识，使员工对所在组织产生强烈的归属感和责任感。这首先需要尊重员工、珍视员工，满足员工物质利益和精神利益上的需求，以产生激励效能，形成员工的归属感；其次，要营造员工统一的价值观念，以维系员工、调动员工、培养员工的责任感。通过这两方面的努力，才能使员工真正把自己看作组织大家庭的一名成员，自觉关心组织的前途和命运，维护和珍惜组织的形象和信誉。

2. 全员公共关系技能的教育培训

公共关系的教育引导职能不仅要使员工们产生搞好旅游公共关系的良好愿望，还应当使他们掌握建立良好公共关系的各种实际本领。旅游员工的业务技能直接涉及企业组织的经营效率、产品质量或服务水准。因此，它是组织对外产生吸引力的重要因素，是组织形象的重要组成部分。所以，旅游公共关系部门应当配合组织领导及其他有关部门，开展公共关系技术和业务技能方面的教育培训工作，增强员工的公共关系实务技能，以提高旅游组织公共关系工作的群体实力。

六、预防和解决纠纷

旅游组织所面临的社会环境是复杂多变的，有许多因素是旅游组织无法预见和控制的，因此，纠纷甚至危机对组织来说难以完全避免。

组织内部，如干群之间、部门之间、员工之间、上下级之间常常会产生各种矛盾和纠纷。这些纠纷往往是彼此在工作、交往、利益关系处理中，由于看法不同、态度不同、行为不同而造成的，或是由于思想、感情、性格上的冲突而形成的。

再如组织外部，旅游消费者关系、企业关系、政府关系、媒体关系、社区关系等处理不当，均可能产生问题、纠纷或冲突。旅游消费者关系纠纷是最常见的一种旅游公共关系纠纷，由于旅游商品质次价高、旅游实际线路不符合合同要求、虚假广告引诱旅游者上当受骗、酒店服务质量低劣、景区"宰客"现象严重、旅行社出现"甩团"现象等，导致游客利益受损而向旅游质管部门或媒体投诉所引发。

企业关系纠纷是发生在旅行社、宾馆、旅游交通部门、旅游景区、旅游商品专卖店等相关旅游机构之间的协作利益关系纠纷或竞争冲突纠纷。

政府关系纠纷是旅游组织或企业与政府关系处理不当而引起的纠纷。当政府部门认为旅游企业组织有违反政策或违章违纪情况，提出处理意见，旅游企业组织不能正确对待而加以拒绝时就会引起矛盾。例如，饭店违反食品卫生条例、防火安全条例、环保排污条例；景区违章设点销售；旅行社违章组团出境等，被有关部门勒令停业整顿，均属此类公共关系纠纷。

社区关系纠纷容易发生在旅游地或旅游景区与当地居民之间，由于旅游发展剥夺了当地居民原有的生活状态，如物价上涨、交通拥挤、环境恶化等，严重影响了当地居民的生活质量，要求旅游部门给予相应的经济补偿而出现的纠纷。

新闻媒介关系纠纷也是常见的一类外部公共关系纠纷，旅游组织对某一新闻报道不满，发生矛盾、冲突，甚至出现殴打记者、损坏摄像器材等严重事件。

纠纷和危机会直接影响到旅游组织的整体形象，甚至危害公众和社会，应当引起旅游公共关系工作的高度重视。一般来说，解决旅游公共关系纠纷应当采取以下四个步骤。

（1）听取意见。当旅游公共关系纠纷产生后，无论公众采取何种方式（或投诉，或来访、或利用新闻媒介）对组织提出批评意见，也不管这种批评是如何尖锐，甚至存有偏见，旅游公共关系人员均要代表旅游组织耐心地听取意见。多听少说是了解实际情况、缓解公众敌对情绪的有效手段。

（2）查清事实。任何矛盾、纠纷总是由某种事实所引起的，因此查清事实是解决旅游公共关系纠纷的关键。当公众与旅游组织冲突而对立情绪严重时，往往难以接受组织方面的调查结果，这时最好委托第三方进行调查。在调查事实的过程中，旅游公共关系人员只有实事求是，才不至于主观臆断、偏听偏信，才可能找到矛盾、纠纷形成的真正原因，这是旅游公共关系人员处理矛盾、纠纷的基本态度。

（3）妥善处理。在查清事实的基础上，旅游组织与公众要充分交流意见，分清责任，求大同存小异，争取理解，达成谅解，采取有效的措施，化解矛盾和纠纷。具体处理纠纷的方式，可双方或多方面对面进行协商，交换意见，共同拿出解决问题的统一方案；也可通过新闻媒介进行；若双方冲突尖锐，还可请第三方主持或寻求法律解决。旅游公共关系人员在处理纠纷的过程中应注意两个问题：一要积极行动，以求问题的及时解决；二要具有超然事外的公正态度，绝不能只站在组织自身利益的角度处理问题而激化矛盾，应以公众利益为重才有利于缓和公众的对立情绪，从而提出公正的可被公众接受的问题解决方案。

（4）了解反映。当纠纷双方达成谅解，或纠纷的解决告一段落时，旅游公共关系人员应通过适当方式，如座谈会、问询或民意测验等，全面了解公众对纠纷处理的看法及对组织的评价和意见，总结经验，吸取教训，以便进一步改进旅游组织的公共关系工作。

总之，旅游公共关系要充分发挥预防和解决纠纷甚至危机的职能，利用自身信息监测的特长，预防和避免纠纷的发生。在纠纷发生以后，要及时运用信息交流的手段，与公众达成谅解，化解矛盾，使旅游组织与旅游公众的关系始终处于良好状态。

知识链接　玉泉酒家——泉城白天鹅

济南市有一家饭店，名叫"玉泉酒家"，位于泉城路省府前街。在这条街上，饭店云集，东有燕喜堂，西有汇泉楼，路口对面还有康乐饭店和青年饭店，因而竞争十分激烈。为了在这饭店林立之地站稳脚跟并谋求大发展，玉泉酒家抛弃了"酒香不怕巷子深"的传统观念，广交体育界的朋友，在饮食服务业率先闯出一条以体育促进组织发展的新路子。

1987年8月，玉泉酒家获悉济南市体委有举办一次乒乓球比赛的意向，便主动与市体委联系，联合举办了济南市"玉泉杯"乒乓球大赛。这次比赛由于玉泉酒家参与主办，其规模之大，场地之好，奖金之高，是新中国成立以来济南市前所未有的。两家主办单位还于8月15日专门举行了新闻发布会。大众日报、工人日报、济南日报等诸家报纸和省、市电视台以及广播电台都作了报道，对企业参与筹办体育比赛大加赞扬。一时间，玉泉酒家成了济南人交谈的重要话题，知名度大大提高。

玉泉酒家通过主办这次乒乓球比赛，尝到了甜头，热情高涨，又在1987年年底与国家青年乒乓球队签订合同，由玉泉酒家赞助青年队4万元，青年队则在国内比赛中代表玉泉酒家参赛。国家青年乒乓球队首次参加全国比赛就战果辉煌，击败了国家队、八一队等强队，取得了女子团体冠军和男子第5名的好成绩。对此，体育报、北京日报、济南日报等均作了报道。玉泉酒家的名字又一次传遍全城，引起了各级领导和新闻界的重视。

1988年，全国首届城市运动会在济南举行，玉泉酒家又紧紧抓住这个机会大作公关文章。在城运会期间，玉泉酒家派出最精干的队伍，热情周到地为城运会服务，得到了全国各地运动员和新闻记者的赞扬。许多人称赞玉泉酒家是"泉城白天鹅"。

玉泉酒家通过多次参与举办体育比赛和赞助比赛，大大提高了知名度和美誉度，以较少的经济代价，获得了较高的社会效益，并吸引了众多的顾客。

这个案例是一个非常成功的公共关系活动。玉泉酒家借助体育赞助的专题活动，提高了饭店的知名度和美誉度。由此看来，精彩的公共关系活动是旅游组织扩大知名度、提高美誉度的好方法。

总之，旅游组织通过丰富多彩的公关活动，可以把公共关系工作的计划性、针对性充分体现出来。旅游组织公关部通过组织各种形式的大型活动，扩大旅游组织的影响，提高旅游组织的知名度，获得公众的好感，赢得公众的好评。

课堂讨论

试结合一个公共关系案例来阐述旅游公共关系的某一项重要职能。

技能操作

委托一家旅游公司组织一次班级团队旅游活动，然后就旅游工作的复杂性、应变性、情感性、全员性等特征，同该公司导游进行座谈，并总结活动感想。

课后习题

一、名词解释

旅游公共关系意识　旅游组织产品信息　旅游公共关系职能

二、简答题

1．简述我国旅游公共关系产生的背景。

2．如何全面理解旅游公共关系的含义？

3．结合一个实例说明旅游公共关系的构成。

4．旅游公共关系具有哪些重要职能？

5．简述旅游公共关系的基本原则。

第三章 旅游公共关系的主体与客体

← ← ≦

本章导读

🔘 旅游公共关系的主体是特定的从事旅游活动的社会组织。常见的旅游组织有旅游企业、旅游行政管理部门和旅游行业组织等。旅游组织内部公共关系是指旅游组织的纵横关系的总和，其内容主要是员工关系、股东关系、部门关系。旅游组织的生存发展、经营管理状况直接与员工、股东、部门密切相关，因此搞好旅游组织内部公共关系，做好员工之间、部门之间、上下级之间的协调工作，减少内耗，降低消极因素对旅游组织的影响，提高员工士气，增强旅游组织的凝聚力，是旅游组织不断发展壮大的必由之路。在现代社会中，旅游组织的生存与发展越来越依赖于外部环境。旅游组织外部公共关系是指旅游组织在市场经济活动中，自主地与外部相关组织或社会公众形成的一种相互依赖、相互影响的关系。旅游组织要处理的外部公共关系包括与顾客的关系、与新闻媒介的关系、与竞争者的关系、与社区的关系及其与政府部门的关系。旅游组织外部公共关系具有广泛性、目的性、普遍性、特殊性、复杂性、制约性等特点，而且内容广泛复杂，因此旅游组织公共关系人员必须从实际出发，遵循外部公共关系的处理原则，最终实现良好的旅游组织外部公共关系的目标。

学习目标

🔘 熟悉旅游公共关系主体的构成及工作的特点。
🔘 掌握旅游公共关系的客体分类及确定目标公众的作用。
🔘 掌握旅游组织外部公共关系中旅游组织与各类关系的内容。
🔘 了解旅游组织内部公共关系的类型、特点与处理原则。

章前案例

刚柔相济 宽严互补——松下电器的成功之道

松下公司的电器产品在世界市场上早就闻名遐迩，被企业界誉为"经营之神"的公司创始人松下幸之助，也因畅销书《松下的秘密》而名扬全球、备受崇拜。现在，松下电器公司已被列入世界50家最大公司的排名之中。1990年，由日本1 500多名专家组织评选的该年度日本"综合经营管理最佳"的15个公司中，松下电器公司名列榜首。

松下电器公司获得成功的一个重要因素是"精神价值观"。松下幸之助规定的公司活动原则是："认清实业家的责任，鼓励进步，促进全社会的福利，致力于世界文化的繁荣发展。"松下先生给全体员工规定的经营信条是："进步和发展只能通过公司每个人的共同努力和协力合作才能实现。"松下幸之助还进一步提出了由"产业报国、光明正大、友善一致、奋斗向上、礼节谦让、顺应同化、感激报恩"七方面内容构成的"松下精神"。

在日常管理活动中，公司非常重视对广大员工进行"松下精神"的宣传教育。每天上午8点，松下公司遍布各地的87 000多名职工都在背诵企业的信条，放声高唱《松下之歌》。松下电器公司是日本第一家有精神价值观和公司之歌的企业。

在解释"松下精神"时，松下幸之助有一句名言："如果你犯了一个诚实的错误，公司是会宽恕你的，把它作为一笔学费；而你背离了公司的价值规范，就会受到严厉的批评，直至解雇。"正是这种精神价值观的作用，使得松下公司这样一个机构繁杂、人员众多的企业产生了强大的内聚力和向心力。

松下幸之助经过常年观察研究后发现：按时计酬的职员仅能发挥工作效能的20%～30%，而如果受到充分刺激则可发挥80%～90%。松下先生十分强调"人情味管理"，通过合理的"感情投资"和"感情激励"，如拍肩膀、送红包、请吃饭等来凝聚员工的向心力。

值得一提的是他们的"送红包"原则。当你完成一项重大技术革新，或者某一条建议为企业带来重大效益的时候，老板会不惜代价地重赏你。他们习惯于用信封装上钱款，个别而不是当众送给你。对员工来说，这样做可以避免别人，尤其是一些"多事之徒"不必要的斤斤计较，减少因奖金多寡而滋事的可能。

至于逢年过节，或是厂庆、职工婚嫁，厂长经理们会慷慨解囊，请员工赴宴或上门贺喜、慰问。在餐桌上，上级和下属可以尽情唠家常，谈时事，提建议，气氛和谐融洽，它的效果远比站在讲台上向员工发号施令好得多。

为了消除内耗，减轻员工的精神压力，松下公司公共关系部门还专门开辟了一间"出气室"，里面摆着公司大大小小行政人员与管理人员的橡皮塑像，旁边还放上几根木棍、铁棍。假如哪位职工对自己的某位主管不满，心有怨气，他可以随时来到这里，对着主管的塑像拳脚相加、棒打一顿，以解心中积郁的闷气。过后，有关人员还会找他谈心聊天，沟通思想。久而久之，在松下公司就形成了上下一心、和谐融洽的"家庭式"气氛。

问题

松下公司在搞好组织内部公共关系方面有哪些经验值得借鉴？

案例分析

这是一个很好的组织内部公关案例。松下幸之助通过他的"人情味管理"，极好地处理了企业与员工的关系，从而在企业内部产生了强大的向心力和凝聚力，为企业赢得良好的市场美誉。此案例很突出地表明，员工关系的处理是企业成功的一个不可忽视的层面。

而在处理企业与员工的关系过程中，要十分注重情感因素与激励因素，只有尊重员工的个人价值，与员工进行有效的信息交流，才能在企业内部形成和谐良好的氛围。

第一节　旅游公共关系的主体——旅游组织

一、旅游公共关系的主体构成及工作的特点

（一）旅游公共关系主体的构成

旅游公共关系的主体是特定的从事旅游活动的社会组织。旅游公共关系活动的基本目的是使旅游组织与公众互相了解和理解，使旅游组织获得公众的信任、合作与支持，得以在良好的社会环境中生存和发展。旅游公共关系活动主体具体包括以下几方面。

1. 各类旅游组织

各类旅游组织主要包括旅游行业和行政管理部门（旅游局、旅游协会、旅游派出机构、旅游开发区和度假区等）、旅游相关部门（园林局、文化局、建设委员会、交通局、民族宗教局、商业局、涉外事务管理机关等）、旅游企业（旅行社、饭店、旅游交通企业、景区、旅游商店、旅游主题公园等）及旅游社会团体等。

2. 旅游组织内的全体成员

旅游公共关系是一种全员式公共关系，从旅游组织的高级管理层，到旅行社的导游、饭店的服务员、旅游汽车公司的司机及其他工作人员等，都随时可能要和旅游者接触，他们在工作中所表现出的形象并不只是个人的形象，与社会公众的关系也不仅仅是个人之间的关系。旅游组织全体成员的日常工作都带有公共关系的性质，关系到整个组织的整体形象和声誉。

3. 专门从事公共关系工作的组织

这类组织可分为两大类：一是旅游组织内部的公共关系部门，如旅行社、旅游饭店的公共关系部。有些旅游企业的销售部、市场开发部也承担公共关系部的工作。旅游企业内设的公共关系部门有熟悉内部情况、有便利的内部沟通渠道便于协商、能及时向企业领导层和决策层提出建议、成本较低等许多优势，但也有受内部人事关系的制约、在本企业与公众发生冲突时较难得到公众信任、内部组成人员的专业性程度有一定局限等不利因素。因此，旅游企业或组织内部的公共关系部门除了要加强服务性、专业性，还应具备一定的超然性或者中介性，以保证公共关系工作的客观和公正。二是相对独立的、不从属于任何企业，往往见于跨地区、跨行业的旅游经营管理组织中的公共关系机构。独立于旅游组织以外的公共关系公司与组织内部的公共关系部比较，更能保持客观超脱的眼光，开展工作时感情色彩较少，工作具有客观公正性和自主灵活性，人员的专业化水平较高，工作经验和技术力量相对较强，在社会公众中有一定的知名度和可信度。主要的不足是，不能像内部公共关系机构那样与其他部门有广泛的联系，能接触的

也是旅游组织中的少数人，可能会对具体情况和要求不够熟悉。另外由于收费的限制，不可能全天服务及进行大量的调研；或者由于同时服务于较多的客户，人力资源的质量得不到全程保证。所以旅游组织在选择外部公共关系公司时，应考察其声望、信誉、权威性、专业性和财务状况等。

4. 专门的公共关系人员

这类人员运用专门的技术和工具去开展专门性的公共关系活动，从属于一定的公共关系组织，具体包括公共关系专家、公共关系计划编制者、公共关系传播人员和公共关系专门技术人员等。

知识链接　中国旅游协会

中国旅游协会是由中国旅游行业的有关社团组织和企事业单位在平等自愿基础上组成的全国综合性旅游行业协会，具有独立的社团法人资格。它是1986年1月30日经国务院批准正式宣布成立的第一个旅游全行业组织，1999年3月24日经民政部核准重新登记。协会接受国家旅游局的领导、民政部的业务指导和监督管理。其英文名称为China Tourism Association（CTA）。

中国旅游协会自成立以来，根据章程规定的任务，积极开展了有关旅游体制改革、加强旅游行业管理、提高旅游经济效益和服务质量等方面的调研工作；支持地方建立了旅游行业组织，提供咨询服务；与一些国家和地区的旅游行业机构建立了友好关系，同时还先后加入了世界旅行社协会联合会（UFTAA）及其所属亚太地区联盟（UAPA）、美国旅行商协会（ASTA），发展与国际民间旅游组织的联系与合作，扩大了对外影响；编辑出版了不少旅游书刊，满足国内外旅游者之需。

（二）旅游组织公共关系工作的特点

1. 旅游行政管理机构公共关系的特点

旅游行政管理机构包括各级政府中的旅游事业管理委员会、旅游局等，是国家和地方政府负责旅游事业发展领导和具体行使旅游行业管理的职能部门，具有对旅游业实施指导、管理、计划、监督、协调和服务等职能。这些机构的公共关系工作主要是：沟通政府部门与旅游企业和旅游者的关系、开展市场调研和对外宣传促销、开展国际性的旅游公共关系活动、协调区域内外各方面的关系。

2. 旅游企业公共关系的特点

旅游企业包括旅行社、饭店、旅游车船公司、旅游商店、旅游主题公园等。旅游企业公共关系工作的重点是依靠沟通信息、协调关系、决策咨询等来塑造自己的形象，提高企业的市场适应性，以产品或服务赢得旅游者，求得生存和发展。旅游企业的公共关系活动主要是通过具体的服务来体现，所以这种公共关系模式亦称为"服务性公共关系"。旅游企业的服务工作多落实在具体的服务人员身上，他们直接面对旅游者或企业公众，往往作为企业公共关系主体的具体代表，因而是一种"全员公共关系"。此外，旅游企业之间还必须开展正常的公共关系活动，诸如及时交换信息、相互做好预告、协调好必要的联合活动；相互监测服务质量，共同做好客源商和旅游传媒的工作，通过他们宣传旅游企业的形象；组织或配合对产品的联合促销、展销；解决业务中涉及双方或多方的难点，对出现的事故要积极协调，主动配合，妥善解决等。

3. 旅游社会团体公共关系工作的特点

旅游社会团体主要是各种民间旅游组织，由于其本身是政府与企业的桥梁或者是部门的联合体，公共关系工作即成为活动的重要的、经常的手段。旅游社会团体公共关系的主要环节在于：在政府、主管部门和企业间沟通，组织旅游系统内或专业范围内的机构、企业、教育单位的相互交流沟通；积极开展国内外和各行业之间的交往活动，互通信息、相互协调，通过广泛的公众工作来配合旅游业开拓市场，以起到旅游经营和管理组织所难以起到的作用。

二、旅游公共关系主体间的关系

（一）系统性和目标的一致性

旅游公共关系的系统性，是由于旅游业具有很强的综合性和整体性而形成的。这种综合性和整体性不仅是指旅游组织的多层次和多类型，而且包括其功能和隶属关系的多面性和多元化。从层次上，旅游组织可以分为中央（国家）的和地方的，中央的又可分为国家旅游局直属和各部门所属的；地方的则可分为省、市、县各级或跨省市的区域性组织。从性质上，旅游组织可以分为行政机构、事业单位、企业、社会团体等。从功能上，旅游组织可以分为旅行社、宾馆饭店、旅游交通、景区景点、旅游商店、旅游行政管理、旅游教育科研等多种类型。在这些类型中，有的是直接、单纯为旅游者服务的组织；有的则同时为不同的对象服务，具有多种功能。积极开展公共关系活动，可以使各个旅游组织之间加强沟通、得到协调，树立起旅游行业良好的整体形象，加深社会公众对发展旅游业的了解和理解，从而为实现旅游业自身和公众的利益的集合，创造一种最佳的环境。旅游公共关系的系统性决定了旅游公共关系活动的最终目标的一致性。这种一致性，不仅由于上述理由，还因为它植根于旅游产品的生产之中。旅游产品是一种组合产品，旅游者在旅游过程中具有多方面的需求，包括吃、住、行、游、购、娱等方面。要满足旅游者的多种需求，分工不同的旅游组织就必须共同努力，相互配合，提高生产的社会化程度，生产出高质量的旅游产品，使旅游者的需求目标得以圆满实现。

（二）旅游公共关系的多方位性与协作性

旅游是一种包括多种需求的综合性活动，旅游活动的完成不仅需要有旅游企业的经营管理，而且需要社会其他行业和事业的支持。例如，民航、铁路、商业等行业直接为旅游提供了服务；建筑、电力、石化等行业为满足旅游者的基本需要创造了条件；环保、公安、教育、文化等部门则在社会范围内为旅游者创造了一个良好的旅游环境，等等。旅游公共关系的对象具有多方位性，作为旅游公共关系主体的各类旅游组织，不仅要加强相互之间的沟通与了解，而且要与社会其他行业和部门加强联系，与上下左右相互沟通。

　　旅游公共关系所表现的多方位，还因为旅游客源具有广泛性和复杂性。客源市场不是单一的，从国家、民族、地域、政治、经济、文化等不同的角度，可以划分不同的市场类型。因此，旅游组织的公共关系活动必须根据不同的市场类型，采取不同的工作模式和方法。旅游供求两方面的情况都决定了旅游公共关系的多方位性。旅游公共关系的目的，是通过多方位的公共关系活动，实现与各方的协作，达到与各方面关系的协调。由于旅游过程是一个综合性的过程，旅游产品是一种组合性的产品，所以加强旅游公共关系的协作性，做到与各行业、各部门、各类旅游者的协调统一，是旅游活动正常进行的根本保证。

第二节　旅游组织内部公共关系

　　旅游组织的生存发展、经营管理状况直接与员工、股东、各部门密切相关，搞好旅游组织内部公共关系，做好员工之间、部门之间、上下级之间的协调工作，减少内耗，降低消极因素对旅游组织的影响，提高员工士气，增强旅游组织的凝聚力，是旅游组织不断发展壮大的必由之路。

一、旅游组织内部公共关系的类型

　　按旅游组织公共关系的对象设置划分，旅游组织公共关系可分为外部公共关系和内部公共关系。要做好旅游组织的公共关系工作，首先应了解构成旅游组织的公共关系对象。旅游组织公共关系对象分为内部对象和外部对象。内部对象包括与旅游组织存在着归属关系的内部公众，如员工、家属、股东、董事和顾问等；外部对象是与旅游组织不存在归属关系的外部公众，包括游客、媒体、社区、政府、协作单位等。与此相对应，旅游组织公共关系也可以概括为员工关系、股东关系、游客关系、社区关系等，如图3-1所示。

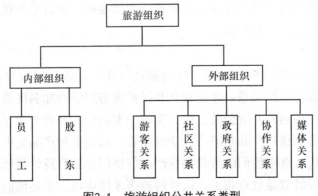

图3-1　旅游组织公共关系类型

每一个旅游组织都有其内部公众，旅游组织的性质、类型不同，目标公众和内部公共关系也不同。旅游组织公共关系是指其旅游组织的纵横关系的总和。对旅游组织来说，其内部公共关系可以概括为员工关系、股东关系两大类，同时从整体来看还包括部门之间的关系。

旅游组织内部公共关系的目的，在于协调和改善组织内部的人际关系，促使内部公众在目标一致、利益一致的基础上实现信息的自由交流，达到相互间的理解、信任、支持，不断改善组织内部的公共关系状态，充分调动内部公众的积极性、主动性和创造性，从而提高工作效率，实现组织的目标。因此，要正确、及时地处理好员工、股东和各部门间的关系，使内外、上下、左右相互沟通融洽，创造一个良好的内部系统环境。

1. 员工关系

旅游组织内部的员工关系是社会组织在管理过程中形成的人事关系，它包括旅游组织机构纵向的上下级关系，横向的各部门、科室、班组之间的关系，以及员工之间的关系。它是旅游组织公共关系需要协调的最重要的关系之一。

员工是旅游组织的主人，是旅游组织形象的设计师和创造者。只有充分调动广大员工的积极性、主动性和创造性，获得员工的真诚理解和合作，才能树立和维护旅游组织的良好形象。因此，员工在维持组织生存、促进组织发展、树立组织形象方面有着举足轻重的作用。旅游组织如果希望其成员能够时刻处处自觉维护组织的形象，就应该时刻处处善待和尊重自己的员工。既把他们看作重要的公共关系主体，又将他们视为重要的公共关系对象，认真处理好员工关系，努力培养他们对组织的认同感、归属感，增强他们对组织的向心力、凝聚力。这是内部公关的首要目标。

知识链接 现代公关

美国著名公关专家亨得利·拉尔特指出："公共关系90％靠自己做，10％才靠宣传。"

在欧美各国，专家们曾给公共关系下了这样通俗的定义："PR（公共关系）＝Do good（自己做好）＋Tell them（告诉人们）"。

由此可见，现代公关首先是促使组织把自身的工作做好，然后才是对外的沟通和传播，那种把公关看做是"对外交际"的说法是不妥的，因为它忽视了内部关系，从而使公关成了无源之水、无本之木。

健全的组织、高效的机构、协调一致的密切合作，是旅游组织具备竞争力的首要条件。只有处理好内部员工的关系，才能建立和维护旅游组织的知名度及美誉度，缩小"形象误差"，顺利地由内向外开展公关工作。美国一家酒店的经营哲学是："员工第一"。他们认为，优质服务和优质产品是酒店成功的要素，而服务和产品是由员工来创造的。只有把员工放在第一位，尊重他们的劳动和尊严，使他们感到自身价值所在，酒店的荣辱与他们的工作形象和经济效益息息相关，这样的酒店才能成功。于是他们规定，每月固定一

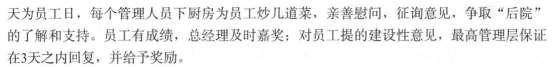

天为员工日，每个管理人员下厨房为员工炒几道菜，亲善慰问，征询意见，争取"后院"的了解和支持。员工有成绩，总经理及时嘉奖；对员工提的建设性意见，最高管理层保证在3天之内回复，并给予奖励。

2. 股东关系

股东关系又称为投资者关系或财务界关系，是旅游组织与投资者之间发生的种种关系。它涉及组织的财源即投资来源，因此也是一种重要的内部公共关系。

在现代旅游组织中，尤其是在经济发达的西方国家，持有股票的人数在急剧增长，同时许多旅游企业鼓励员工购买自己的股票，以此作为增加员工责任心与合作精神的激励手段。在我国，股份制投资像大潮一样涌入，股票热、证券热这种新的合作形式为不少旅游组织增添了活力，开辟了新的财源。由于众多股份制企业的兴办，股东也随之成为股份制企业内部的重要关系。

在我国，股东公众主要有以下四类：

（1）持有可转让、买卖的股票形式的个人股东。他们分散在社会的各个阶层，不直接参与经营，但关心组织的决策与发展，关心组织的盈亏变化。

（2）购买本旅游组织股票的员工。

（3）以组织为单位开展多种经济联合或集资入股而产生的集体股份。

（4）中外合资企业、中外合营企业中的国家股东、集体股东和个人股东。

股东拥有部分股票债权资本，他们的利益与企业的利益息息相关。他们既是企业的支柱、财源和经济基础，又是企业活动最热心、最积极的关心者和赞助者，甚至是顾客。因此，如何改善与维护旅游企业与股东的良好关系，对于企业的成败具有极大的影响。旅游企业公关部门的任务，就是要想方设法树立企业在股东心目中的良好形象，积极促进企业与股东之间的信息交流，鼓励股东关心企业的经营活动，积极投身到企业活动中来，宣传企业，并为组织的建设和发展出谋划策，而不是袖手旁观，坐分红利。

3. 部门关系

在旅游组织的经营活动中，各部门是根据客观需要而设置的，是旅游组织整体的有机组成部分。各部门分工不同、职能不同，但却是互为依存的，目标和利益也是一致的。可是在实际工作中，会经常发生冲突和摩擦，影响组织的整体工作效率。因此，处理好旅游组织部门之间的关系，也是内部公共关系工作的一项重要任务。部门关系包括上下级关系、平行职能部门关系、公共关系部门与各职能部门关系、行政业务部门与党政工团群体组织的关系等。

二、旅游组织内部公共关系的特点

旅游组织在生产经营活动中，通过宣传、组织与沟通，与组织内部对象建立起相互联系、相互依存的关系，是旅游组织内部公共关系的基础。这种长期以来建立起来的关系，形成了旅游组织内部公共关系的以下特点。

1. 双重性与密切性

旅游组织内部公众的身份具有双重性，员工、股东、家属等内部公众，既是组织内部公共关系工作的对象，对外部公众来说又是旅游组织主体的一部分。他们与旅游组织有着共同的利益，与旅游组织有着"一荣俱荣，一损俱损"的利害关系。内部成员的利益密切相关，有着共同的归属感和责任感，相互之间信息传递的效率较高，彼此关系也比较密切，较易形成倾向性的舆论。

2. 稳定性与可控性

在一定的时间和条件下，旅游组织内部公共关系对象具有相对稳定性。如果旅游组织关心、爱护、尊重内部公众，满足他们的需求，维护他们的利益，内部关系就会保持稳定。

在稳定的公共关系状态中，组织可以利用信息的交流、利益的权衡、规章制度的约束、行政手段的调节以及内部公众的自控能力，来控制和调节内部公共关系，使之朝着有序、和谐的方向发展。相反，如果内部公众与组织的关系疏远、动荡不安，或者众叛亲离、人心思迁，内部关系就会失控而走向混乱。

3. 层次性与全员性

由于现代化管理的实施，按工作性质分工，旅游组织内部人员关系通常可分为管理岗位员工、生产岗位员工、业务岗位员工、后勤保障岗位员工。在开展工作的过程中，要根据实际需要，有针对性地对不同层次的员工进行管理和激励，营造一个团结向上的内部环境。

同时应当注意，旅游组织的公共关系活动，不是仅仅依靠旅游组织内部某几个人或某几个部门人员就能够完成的，必须依靠旅游组织内部每一位员工的努力和与之形成的合力才能完成。在各个具体的活动中，他们的一言一行都代表着旅游组织在公众中的形象，对社会公众和相关组织都将起到一定的影响作用。为此，每个员工都必须明确自身的责任，树立起全员公共关系的思想，立足于自身的岗位，积极为旅游组织公共关系活动的开展创造条件。

知识链接

希尔顿的微
笑服务

三、旅游组织内部公共关系的处理原则

（一）员工关系的处理原则

一般来说，员工与旅游组织的利益是一致的。在生产、管理领域，员工是旅游组织的主人，享有参与管理的权利。在管理过程中，有时由于某些体制上的问题，按劳取酬、多劳多得的原则不能兑现，分配制度还不够合理，管理水平不高，旅游组织在人才配置上、利益分配上，往往出现一些矛盾和冲突，不能被很好地化解。同时，某些旅游组织领导者作风不民主，官僚主义严重，听不进员工的建议和意见，不能很好地激发员工的积极性，致使员工产生怨气、失落感，有些矛盾比较尖锐和突出。

上述问题都需要用公关手段来协调员工之间的关系。那么，如何有效地处理员工关系

呢？我们需要从了解员工关系的影响因素着手，之后进行有针对性的控制，从而实现协调的目标。

1. 影响员工关系的因素

影响员工关系的因素是多方面的，但主要是物质利益、精神需求、民主管理三大因素。

（1）物质利益。首先是工资、奖金方面。目前，我国旅游组织员工的工资、奖金还很低，与国外员工工资的差距还较大，与国际薪酬管理制度接轨还有段距离。而且在工资、奖金待遇上，采用平均主义，苦乐不均。虽然大家都痛恨不劳者多获酬、多劳者少获酬的平均主义弊端，可是又拿不出一套有效的较为合理的分配方案，从而极大地制约了员工的积极性和创造性。

其次是福利方面。福利待遇是员工物质利益的又一重要组成部分。福利待遇完备，不仅可免除员工的后顾之忧，还可增进旅游组织的感情和向心力。例如，公关人员得知员工生活有困难，如住房问题、子女入学问题及疾病治疗问题等而及时向旅游组织领导层反映，帮助解决一些困难。

（2）精神需求。员工不但应得到合理的报酬和待遇，还应得到精神要求的满足，正如有的人不重金钱而重荣誉，有的人则不重荣誉而重感情，因此，应区别对待，不可千篇一律。每位员工都有自己的个性和人生价值，他们的第一要求是受到领导的信任和尊重，尤其在现代旅游组织中以青年员工居多，文化程度较高，精力充沛，精神需求尤为强烈，希望自己的人生价值能得到旅游组织和社会的认可。

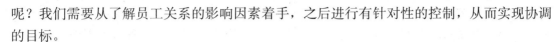

知识链接

希尔顿的用
人之道

尊重员工不但是一种美德，也是一种美感、一种修养。据社会心理学家调查，几乎所有员工都有受到尊重、得到领导认可和赏识、体现个人价值的需要。奖给他们金钱和物质不如奖给他们一个发挥才能的机会，使他们能实现自我的人生价值，这样对社会、对企业、对个人都是有好处的。

（3）民主管理。旅游组织与员工的良好关系和民主化管理密切相关。如果旅游组织领导不尊重员工的人格和价值，其关系是不会融洽的。因为员工是人，不是机器，员工有思维、有智慧、有想象力，绝不是推一下动一下的机械人，他们希望旅游组织多一点协商式、启发式，少一些家长式、独裁式的领导。

现代的领导是一种情感领导，而情感领导是一种平易近人的领导，要以理服人，以情感人，情境交融，上下默契，才是成功的。反之，领导与下级关系如果紧张或者很僵，员工在心理上承受了一种压力，就不会有心思去做好工作，只会集中精力去应付领导。倘若旅游组织内部民主管理气氛浓，员工向旅游组织反映的各种要求意见被处理得比较顺畅，则旅游组织的向心力、凝聚力就比较强。

2. 员工关系的具体处理原则

基于以上几点因素，在处理员工关系时应当遵循以下原则：

（1）保证员工的物质利益。物质利益的满足是良好员工关系的基础，员工在付出劳动之后领取合理的报酬，享受应有的福利待遇是需要得到保证的。在保证组织发展的前提下，应该适当提高员工的工资收入，完善工资制度和奖金制度，改善员工工作、住房、医疗等方面的条件，帮助员工解决子女上学、就业等方面的困难，创造融洽的"家庭气氛"，这样才能培养员工的忠诚，使他们产生一种归属感和向心力，保持旺盛的工作热情。

（2）尊重员工的个人价值。尊重员工的精神需求与保证员工的物质利益有同等重要的意义。物质利益不是员工追求的全部，要给员工以实现个人价值的机会和条件，使他们自觉地将自己的利益与组织的利益结合起来，与组织同呼吸、共命运。要创造一个温暖、舒畅、和谐、安全的环境，使员工认识到自己在组织中有地位、有价值、有前途，因而心情舒畅，积极工作，充分发挥主动性和创造性。

（3）促进员工的信息交流。旅游公共关系也是一种传播行为，这就要充分利用信息来取得组织和员工之间的理解与合作。信息的共享是建立良好员工关系的关键，了解是谅解和合作的基础。因此，组织要通过员工手册、内部出版物、墙报、闭路电视以及人际传播等各种传播方式，让员工随时了解组织的基本情况，包括组织的近期状况和动态、组织的人事变动、未来的设想和要求，只要不涉及机密，都应该让员工知道。同时，公关部门也要及时反映员工的意见，让员工参与组织的决策，使员工在信息分享中与组织融为一体，自觉地为实现组织的目标而工作。

（4）注重激励，鼓励员工参与竞争。旅游组织领导者通过对员工内在心理特征的把握和认识，在日常管理中应适当运用激励理论，把物质激励和精神激励结合起来，改变过去单纯依靠发放奖金、实物给予的物质刺激的方式，应特别注意发挥理想、信念、情感、竞争等精神激励的作用，其中鼓励员工参与竞争最为重要。

竞争对旅游组织来说是一种压力，如果用竞争意识激励员工，将压力变为动力，就会产生积极效应。公关人员应因势利导，通过各种手段宣传竞争的观念，使员工人人参与竞争，为竞争献计献策，公布竞争目标、竞争对象，使员工有一种危机感，使他们坚定信心，勇于竞争，在过程中创造出独具特色的成果来。

（5）重视感情投资，主动解决员工生活困难。工作与生活的协调是旅游组织内部人与人之间，特别是管理者与员工之间感情协调的主要基础。只关心工作而不关心人的"任务型"管理，必然造成旅游组织内部人际关系紧张，员工士气低落。因此，有效的管理者必须从细微之处关心员工，重视集体福利设施，尽可能地解决员工的工作、学习、生活诸方面的实际困难，如员工的住房、就餐、洗澡、学习、娱乐、子女入托和入学等问题，使员工感到处处受到关心和尊重。这样不仅有利于克服员工实际工作中的障碍，而且有利于克服员工的心理障碍，其自然会对旅游组织、对管理者产生信任感和亲切感。

（二）股东关系的处理原则

股东是旅游组织的财政支持者，为旅游组织的发展奠定经济基础。股东公共关系的基本目的就是稳定已有的股东队伍，吸引潜在的投资者。根据这一目的，在股东关系的处理上应注意以下几个方面。

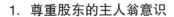

1. 尊重股东的主人翁意识

股东一旦投资于旅游组织，即意味着其利益与该组织休戚相关，会很自然地萌发出主人翁意识。在涉及股金运用和组织发展的问题上，应让股东享有决策层应该享有的知情权。平时也应建立高频率的信息通报关系，让股东充分了解、关注旅游组织的情况。

2. 保障股东的合法权益

要按照章程让股东了解企业的经营状况，及时发放股金红利；股东有权按照章程退还或转让股金，有权在企业解散时参与分配企业的剩余财产。

3. 激励股东参与旅游组织的经营活动

旅游组织要鼓励股东为企业的发展出谋划策，了解他们的意见和建议，采取有效措施保证股东参与讨论和制定企业方针政策的权利，并利用股东的社交影响，争取社会各界公众的广泛支持。

4. 加强与股东的信息沟通

旅游组织要重视加强与股东的密切联系，通过各种有效的信息传播渠道，将组织与股东联系起来，获得股东对旅游组织的了解、理解和合作。

（1）开好年度报告会。年末岁尾，旅游组织应将大股东或股东代表请来欢聚一堂，听取旅游组织负责人汇报全年的经营管理情况，如生产、销售、财务管理、盈利分红、人事劳资和一年来的重大活动等，让他们来进行审核，参与领导层的留任或卸任，判断旅游组织的信誉和形象。年度报告会开得是否成功，关系到旅游组织能否得到股东们的支持和投资，所以具有重要意义。

（2）编好年终报告。

1）年终报告要有可读性。要把股东感兴趣的新闻编排好，比如旅游组织负责人致股东函、盈亏统计表等应放在首位，而把一些统计图表、说明书等放在后面，中间可穿插一些新闻、新产品、新科技、新成就的图片，错落有致，增强可读性。

2）年终报告要早作准备。年终报告的统计资料，往往要到年末才能拿出，但报告的编写不能等到年末，应及早准备，可以先设计图表，拍好照片，编写好程序，这样写报告就会得心应手，呼之欲出。

3）写好致股东函。大多数年终报告都有一份致股东的信函。这实质上是在向股东报告旅游组织经营、发展状况，写作时应注意简明扼要，避免冗长、夸张，文字须流畅、亲切、鼓舞，防止枯燥、无诱惑力。

4）多用图表而少用文字。好的题材图片以一顶十，省时省力，比大段文字更有说服力。印制图表也应做到美观、大方、适当，不可追求过度精美而造成浪费。

5）及时寄发。年终报告具有很强的时效性，不可拖至年后寄发。在寄发时，应同时在当地报纸、广播、电视栏目里发布，以增强股东的自豪感和影响力。

5. 开好股东年会

一年一度的股东年会是不可缺少的，通过会议，旅游组织负责人应全面地汇报情况，直接与股东交换信息，征求和听取股东意见、建议，接受股东对旅游组织管理的审核，并对新一年计划进行讨论。除此之外，还可以组织股东参观、实地考察，增加对旅游组织的感性认识。

股东年会开得是否成功，直接关系到旅游组织的生存和发展。因此，要开好这个年会，必须注意以下几项内容：

（1）会议通知。会议通知书或邀请书的语言文字必须热情恳切，郑重其事，印刷要精美。通知书或邀请书至少要在会议召开前两周内送到股东手上，以便他们合理安排时间和做好准备。召开会议的信息，最好在合适的传播媒介上发出，以示慎重。

（2）会场选择。会场应选在股东集中的地方，既要考虑交通便利，又要考虑会场的档次。会场应尽可能高雅、舒适、设备完好。有的股东年会设在风景旅游名胜的地方，同时给股东以精神上的享受。

（3）议程安排。会议议程安排要合理，内容要充实，切忌摆阔气、走过场。主持人必须掌握好时间，使会议开得紧凑而有效果，使股东认识到他们是会议的主人，重大问题将由他们决策。这样既能解决问题，又可使股东们心情舒畅。

（4）会议设施。会前要做好一切准备，如会标、标语、口号及展览厅的布置，特别是会标要庄重、准确，会议设施都要准备妥当，以免出现故障。

（5）饮食住宿。会议安排应妥善、合理、适度，不可讲排场、摆阔气、挥霍浪费，尽量安排便宴、聚餐、点心，住宿不宜豪华、奢侈，以免招致员工的不满，也不宜过于小气，引起股东们的反感。

（6）新闻媒介。召开股东年会，如有重大内容可请新闻单位参加。记者席一般采用自由入座式，切勿按大小报社的身份、级别入座，应一视同仁，不要厚此薄彼，冷落他人。如向新闻单位赠送礼品，最好也赠给有关新闻负责人、编辑及有关制作人员，这样可使企业的新闻渠道更加通畅，富有人情味。

（7）善后处理。大会议程、股东发言、会议纪要须迅速整理好，争取在股东未离开之前分发到他们手中，对未参加会议的股东必须把简报发至他们手中，使之了解会议成果。

（三）部门关系的处理原则

旅游组织部门关系的协调，主要是解决部门之间的信任、支持、职权界限和互相帮助的问题。

旅游组织部门之间没有法定的领导关系，他们既是"天然盟友"，又是潜在的"竞争对手"，他们渴望相互协作、理解、同情、支持，但又怕对方超过自己，因此常怀警戒心理，这种关系比较复杂而微妙。如何消除部门之间的戒备心理，建立起相互信任支持的合作关系，是公共关系人员处理好部门之间关系的重点。

1. 培养信任感

（1）消除戒备心理，融洽感情，在工作交往中讲究"诚""信"。部门之间各自为了本部门的地位和利益，常会筑起一道自我防卫的心理藩篱，去掉它的最好方法就是"诚"与"信"。"精诚所至，金石为开。""诚"就是真，就是情，指在部门之间的信息沟通的真实性、准确性要高，开诚布公，将真实情况及时准确地传递给其他部门，增加相互间的了解，把误会和摩擦消灭在萌芽状态；"信"就是正直和信用，指在工作中光明磊落，

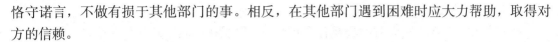

恪守诺言，不做有损于其他部门的事。相反，在其他部门遇到困难时应大力帮助，取得对方的信赖。

（2）在态度上要和蔼可亲，礼貌待人。对其他部门同事的态度应像对朋友一般，须亲切、自然，要有"吾为友之忧而泣，为友之喜而舞"的心情；对他人的困难表示真诚的关切，原谅他人的过失。

（3）在方式上要宽以待人，严于律己。工作中难免发生各种不同看法和矛盾，甚至还有口舌之争，因此不能斤斤计较，而应相互谅解，取人之长，补己之短。一方面要真心欣赏对方的优点，不吹毛求疵，不多加指责，原谅对方的过错，宽厚体谅别人，使人有安全感；另一方面要尊重对方的工作习惯，当其他部门取得成绩时，要表示真诚的祝贺。

2. 分清职权界限

部门之间的工作职权界限应尽量分清，防止相互推诿、拖沓，具体行事要掌握分寸。

（1）在职责上要划清界限。部门之间相处贵在职责清楚，这既可避免办事拖拉、相互推诿，又利于部门充分发挥作用。属于本部门职权范围内的，应尽心尽力负责办好；属于其他部门职责范围的事，自己也不应干预。对于交叉工作事务，应积极主动，协商解决，切忌擅自做主，或推卸责任。对于工作中遇到的矛盾或问题冲突，在不违背原则的前提下，要采用灵活的方法，妥善解决。

（2）在关系上要突出重点。对于诸多部门之间的关系，应分清主次，权衡利弊，鉴别优劣，不要事无巨细，陷入事务圈子里不能自拔。应将同自己部门紧密联系的重点交往事项按ABC三级排列，这样做可以将有限的工作精力用到较大问题的解决上，收到事半功倍的效果。

（3）在配合上要讲究方法。部门之间的工作联系有一部分是有程序性的、约定俗成的；另一部分是非程序的、临时发生的。因此，对于需要配合的问题不能简单地否定对方，应采取折中的方法，或者缓解的方法、转移的方法（请第三者做工作）等来灵活处理，既照顾整体利益，又能在部门之间创造互相信任、支持与和谐的气氛，维持合作关系。

第三节　旅游公共关系的客体——旅游公众

一、旅游公共关系的客体分类及确定目标公众的作用

（一）旅游公共关系客体分类

旅游组织外部公共关系的对象是旅游公共，旅游公众是旅游公共关系的客体和工作对象。旅游公关工作如果没有目标公众，就是无的放矢。其结果不仅是公关对象不明确，而且所制定的公关策略、方法也会因缺乏针对性而影响公关工作的实际效果。因此，旅游公众的划分是开展旅游公关工作的前提和基础。旅游公众的构成是复杂的，在制定公关目标、策略和方法时，必须对旅游公众的构成进行分析，了解旅游公众分类标准和方法，从

而正确认识自己的旅游公众对象。

就一个组织而言，它面对的公众有不同类别。组织在开展公共关系活动时，首先就要按一定的标准和方法，确定和分析自己的公众。旅游公众可以根据不同标准分类。

1. 按照与旅游组织的归属关系分类

按照与旅游组织的归属关系，旅游公众可以分为内部公众和外部公众。

旅游组织的内部公众指归属于某个特定旅游组织并与其命运休戚相关的公众，具体指特定旅游组织的全体成员，包括旅游组织内部的经营者、各级管理者和基层工作者等所有从业人员。在股份制旅游组织中，内部公众还应包括董事会、全体股东等所有与该组织有某种归属关系的个人与群体。总之，员工关系、股东关系和部门之间的关系都属于内部公众关系的范畴。

内部公众是一切旅游组织赖以生存与发展的基石，是一个组织唯一具有能动性的生产要素，是组织最为宝贵的财富，他们在旅游组织生存与发展的过程中起着决定性的作用。旅游组织的生存离不开其内部公众，长远发展更有赖于内部公众的支持。同样，作为社会人，内部公众也无法脱离旅游组织而使自己的个人价值得以充分展现。内部公众与其组织的这种天然依存关系，使双方共处于同一命运共同体之中，彼此相互制约、相互影响。这一切都从根本上决定了内部公众作为旅游组织最先面对且最为重要的公众地位。

旅游组织的外部公众是指与旅游组织无归属关系，但相互之间却存在某种关系的公众群体，它是旅游组织外部公共关系的工作对象。一些外部公众和旅游组织之间虽然不一定存在直接的利害关系，但是以外部公众为重要构成的社会环境却始终影响并制约着旅游组织的生存与发展。

在现代社会中，旅游组织和其他性质的组织一样，都是经济社会不可或缺的重要组成部分。各组织虽然有其自身的特殊发展规律，然而任何一个组织都无法孤立于某一特定的社会环境之外而独立存在，并且还必须受制于所处的社会环境。因此，任何一个组织都必须重视与其外部公众关系的处理，以便广泛地争取外部公众的理解、信任与支持，为自身发展创造一个"人和"的环境。

就旅游组织而言，外部公众主要为旅游者公众、媒介公众、政府公众、社区公众、同业公众等，他们共同构成了旅游组织的外部社会环境。任何一个旅游组织自身都无法控制外部环境但又必须受制于它，因此，能否正确处理与其外部公众的关系，是衡量一个旅游组织自身素质的基本标准，也是旅游组织能否获得成功的先决条件。

2. 按照对旅游组织的重要性分类

从公众对旅游组织的重要性来看，旅游公众可以分为首要公众、次要公众、边缘公众。

首要公众是对旅游组织的生存和发展起着举足轻重的作用的公众。主要包括：旅游行业行政管理和业务主管部门、国内外旅游经销商等。旅游公关人员应大力加强改善旅游组织同这类公众之间的关系。

次要公众是指对旅游组织的生存和发展所起的作用仅次于首要公众的公众群体。这部分公众在一定条件下有可能加入到首要公众的行列。如在出现某一突发性、危机性问题时，解决的关键就在这些公众，主动权往往也掌握在他们手中，他们也将转化为暂时的或长久的首要公众。这就要求旅游公关人员平时工作要有远见，注意和这些公众保持发展良好的关系。

边缘公众是指对旅游组织的生存和发展影响最小，其影响在一定意义上可以忽略不计的公众。但公关人员要考虑到在一定条件下、一定时间范围内，他们也可能上升为次要公众或首要公众。从这个角度来说，旅游公共关系工作应该、也必须是"全方位"的。

3. 按照对旅游组织的态度分类

从公众对旅游组织的态度来看，可以分为顺意公众、逆意公众、中立公众。这种分类方法更适宜在旅游组织内部就组织的方针、政策、经营战略、目标和宗旨等决策性问题进行民意测验或民意调查。

顺意公众是指对组织的政策、行为持认同、赞赏和支持态度的公众。一般说来和旅游组织长期交往的客户均属顺意公众。顺意公众容易形成对旅游组织公关工作有利的环境。

逆意公众是指对旅游组织的政策和行为持反对态度的公众。公关人员应致力于减少逆意公众的存在，改变逆意公众的态度，做好使其向顺意公众转化的工作。

中立公众是指对旅游组织的政策和行为持中间态度或态度不明朗、不公开表态的公众。旅游公关人员对这类公众意志仍不能掉以轻心，要积极诱导他们支持旅游组织的工作，防止他们向逆意公众转化。

4. 按照旅游组织对公众的需要分类

依据旅游组织对公众的需要，可以把公众分为支撑性公众、功能性公众、横向同业公众。

支撑性公众是指与旅游组织有着受法律约束的管辖关系的公众，如政府部门、司法部门、工商管理部门、社区领导部门等。这些公众涉及旅游组织存在的法律依托、资金来源、经营管理的宏观决策等，如果旅游组织与之发生冲突，发展就会受到威胁。这类公众对旅游组织的影响是决定性的。旅游组织的公关人员要多与这些公众沟通，经常向其通报和传递组织的有关信息，加强其对旅游组织的认同和理解，争取他们的支持和帮助。

功能性公众是使旅游组织的功能得以充分发挥的公众，这些公众是旅游组织正常运行的基本保证，旅游组织的公关人员要把这些公众视为工作的基点。

横向同业公众是指与旅游组织经营同种业务、面临同类问题、属于同一系统或同一社会领域的公众。旅游组织与横向同业公众之间既有竞争，又有合作。这就要求旅游公关人员在大量的、频繁的信息传递中，协调相互间的关系。

5. 按照与旅游组织关系的稳定程度分类

依据公众与旅游组织关系的稳定程度，可将公众分为固定性公众、稳定性公众、临时性公众。

固定性公众是与旅游组织有固定或长期关系的公众，如与旅游组织有组织隶属关系的员工、国内外一些固定的客户、一些固定的景点饭店或接待基地等。

稳定性公众是指与旅游组织有相对持久的、稳定的、频繁的交往关系的公众，如旅游组织与旅游企业所在社区管理中的治安保卫、环境卫生、食品供应、医疗保健、教育、交通等方面的公众，国外经常往来的客户、代理商、中间商、经销商等。

临时性公众是指针对旅游组织的某一问题、某种行为、某项措施、某次活动等临时聚集起来的公众。临时性公众多半是第一次知晓旅游组织的公众，公关人员一定要妥善处理这些突发或偶发事件，抓住时机传递旅游组织的信息，给这些公众留下良好的第一印象，赢得他们的信任和支持。

6. 按照对旅游组织的了解程度分类

依据公众对旅游组织的了解程度，可将公众分为潜在性公众、知晓性公众、行动性公众。

潜在性公众指在旅游组织公众环境范围内，某个或某些社会群体已经面临由该组织行为所引起的共同问题时，他们自己却并没有意识到这一问题的存在或问题进一步发展所引起的后果，这些公众就是该组织的潜在性公众。潜在性公众在一定条件下很可能是将与组织发生利害关系的公众。

知晓性公众指那些由潜在性公众发展而来的公众，他们是认识到组织行为及其所引起的问题，并对这些问题有较全面的了解，但尚未采取行动的公众。知晓性公众有的是不愿意过问或不关心他们已经明了的问题，不想采取行动；有的可能未具备充分的条件而无法行动；有的是觉得实施起来难度太大，不易奏效，不敢贸然行动等。旅游公关人员要针对不同情况多做工作，促使知晓性公众行动起来成为支持旅游组织工作的重要力量。

行动性公众指由知晓性公众发展而来的公众。他们不仅意识到问题的存在，而且开始实施或已经采取行动解决他们和某一旅游组织间存在的问题。旅游公关人员对这种公众要善于因势利导，使他们产生有利于旅游组织的行为。

此外，旅游组织还有各种非公众。非公众是和某一企业不发生任何联系，既不影响企业，也不受企业影响的那些公众。非公众也不是绝对的、一成不变的，在一定的时期、一定的条件下可以转变为行动公众，其转化的递进过程是：

非公众→潜在公众→知晓公众→行动公众

旅游组织面临的公众是由组织的性质和经营目标决定的。对旅游组织来说，各种公众角色都不是单一的、始终不变的，而是互相交叉。比如旅游组织的内部员工既是首要公众，又是功能性公众和固定性公众。他们以什么公众角色出现，要看解决什么样的公关问题。公众的角色身份也可能变化不定，让次要公众变为首要公众、临时公众变为固定公众等也是常有的事。但非公众一旦转化为行动公众后，一般就不会再成为非公众而被排斥在旅游组织的公共关系工作范围之外了。

通过长期的研究，得出结论：根据旅游公众与旅游组织的归属关系来对旅游公众进行分类比较恰当。按照这种分类方式，可以将旅游公众分为内部公众和外部公众。内部公众就是处于旅游组织内部与其有归属关系的员工，同时还包括员工的家属和股东。他们与旅游组织联系最直接、最密切，是旅游公关协调中最基本、最主要的公众，与旅游组织是部

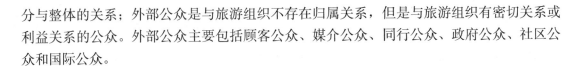

分与整体的关系；外部公众是与旅游组织不存在归属关系，但是与旅游组织有密切关系或利益关系的公众。外部公众主要包括顾客公众、媒介公众、同行公众、政府公众、社区公众和国际公众。

（二）确定目标公众的作用

1. 有助于确定旅游公关调研和形象评估的范围

旅游公共关系工作是从调查研究开始的。要正确评估旅游组织形象，确定公共关系问题，首先必须确定目标公众。只有这样才能避免因公众环境不清而造成旅游公关工作的盲目性和不必要的浪费。

2. 有助于制定正确的公关政策和设计成功的公关方案

正确的政策和成功的方案是旅游公关活动的灵魂。科学的决策和周密的策划是建立在对目标公众的了解和分析基础之上的。通过对目标公众的把握，可以为制定不同的政策、策划有针对性的方案提供依据并指明方向。

3. 有助于旅游公关活动的有效组织和正常运行

旅游公关工作的成功，要靠组织实际的公共关系活动来体现，传播沟通活动的许多环节都离不开对目标公众的认真研究和分析。

4. 有助于科学评价旅游公关工作的效果

只有确定目标公众，才能准确判断公关工作的针对性、适应性、有效性，才能正确收集公众的评价和反应，才能准确分析公共关系传播的效果。

二、旅游组织外部公共关系

（一）旅游组织与顾客的关系

1. 顾客关系的重要性

顾客，是指购买、试用或可能购买、试用旅游组织提供的产品或服务的个人、团体或组织。旅行社接待的旅游团，旅游饭店、宾馆的客人，旅游车船公司的乘客，旅游景点的游人，在旅游商店购物的顾客都属于旅游组织的外部公众之一的顾客。良好的顾客关系是旅游组织重点追求的目标。

良好的顾客关系体现出旅游组织拥有一批固定的消费者群体，并且这一群体会随着组织的发展而壮大，旅游组织在满足消费者需求的同时，组织自身的经营目标也能得以实现。

（1）良好的顾客关系，有助于形成良好的销售环境，为旅游组织带来效益。顾客是旅游组织人数最多的外部公众，他们构成了旅游组织的客源市场。而当今的市场环境，由于各企业激烈的竞争，产品的多样化，已经由卖方市场向买方市场转变，也就是说，消费者的需求引导着旅游组织产品的生产。一个旅游组织的经营目标能否实现，在很大程度上取决于其产品被顾客接受和欢迎的程度，而顾客对旅游组织产品的接受程度或消费量，则决定组织的效益。

（2）良好的顾客关系，有助于旅游组织树立正确的经营思想，完善改革机制。良好的顾客关系，其表现之一，即旅游组织拥有一批稳固并可能不断壮大的消费者群体。如上所述，在买方市场已经形成的前提下，旅游组织必须开发符合顾客公众需求的产品，才能拥有固定的消费者群，稳定市场。而要开发符合旅游顾客需求的产品，旅游组织首先就是要树立起顾客至上的经营思想，以顾客的利益和需求为导向来制定组织的政策，从而实现旅游组织和消费者公众的双赢。顾客至上的经营思想同时也决定了旅游组织必须不断改革自身的管理，不断创新，才能适应不断发展变化的顾客需求。

2. 影响组织与顾客关系的因素

顾客对于旅游组织的认知度的高低、评价的好坏，决定了组织的生存和发展。然而，在实践运作中存在着许多问题，导致二者之间关系紧张，甚至影响到二者之间的关系协调，使旅游组织最终失去其赖以生存的"衣食父母"的支持与认可。

（1）旅游组织的外部因素。

1）国家政策落实不到位。国家的有关旅游政策、法规、管理条例在执行过程中的"有章不循，有令不遵"，可能会造成管理力度不强，使弱势群体的利益得不到保障，从而放纵了违规者，影响到顾客关系。

2）顾客消费的习惯性。北京首旅建国酒店管理公司宣布，率先响应北京市旅游局提出的"饭店绿色行动"，公司旗下的所有饭店将取消为客人提供一次性"六小件"消耗品。但是此举一出就遭到了许多客人的强烈质疑和反对，甚至引起投诉，造成酒店经营管理上很被动。考虑到顾客的反映，许多宾馆不得不放弃取消一次性用品的决策，向市场需求低头，又将牙刷、拖鞋等"悄然"请回了客房。所以说顾客消费的习惯性会影响到组织与顾客之间的关系处理。

3）市场竞争的无序性。旅游业是"朝阳产业"，为地方经济的发展和解决劳动就业提供了广大的舞台，所以各地纷纷出现一哄而起搞旅游的"红火场面"，结果又出现"僧多粥少"的现象。许多旅游组织不得不以降低服务水平、减少资金投入等手段来求得生存，甚至出现旅游组织之间恶意中伤或互相拆台的局面，结果导致顾客利益受损，影响整体旅游服务的认可度。

（2）旅游组织的内部因素。

1）服务意识欠缺、摆不正位置。作为服务行业可能存在两方面的问题：一是唯我独尊，只考虑组织自己的利益，而忽视宾客的要求；二是认为服务行业地位低微，自轻自贱，服务中消极懈怠，影响宾客的消费心情或利益，从而造成与顾客的关系紧张。

2）信息沟通渠道不畅。市场调研不足，对于宾客的需求、意见、合理化建议不能随时掌握；对于旅游企业的政策调整、产品更新、问题处理没有及时告知公众，造成组织与客户之间信息沟通缺失，乃至双方隔阂的产生甚至扩大。

3）管理缺失、更新不足。宾客的需求日新月异，"忠诚度"也会有一定的局限性。由于旅游管理者的水平低、观念陈旧，或者

知识链接

浅谈微笑服务的重要性

管理不到位，忽视市场的变化与要求，不能随时推出适销对路的产品，或者更新完善服务迟滞，致使宾客放弃原来的买卖关系，使旅游组织失去老的消费群体。

4）服务人员素质低下。服务人员是旅游组织接待服务中的能动因素，他们素质的高低将直接影响到客人的满意程度。据统计，针对服务人员服务态度、服务方法、基本服务技能等方面的投诉，在客人消费投诉中占很大的比例。

3. 建立良好顾客关系的方法

（1）树立"顾客就是上帝"的指导思想。企业的一切政策和行为都必须是以顾客的利益和要求为导向。顾客是旅游组织生存的基础，与顾客的关系是旅游组织外部公共关系中最重要的关系，必须把顾客的利益和要求放在中心位置，用实际行动践行"顾客就是上帝"的信条。

（2）改善服务质量，向顾客提供高质量的产品和服务。服务质量是旅游产品的生命线，优质的旅游产品和服务能够满足客人的多种需求，在提供旅游服务的过程中，通过每一位从业人员良好的服务技能和技巧，很好地建立与顾客之间的关系，提高旅游组织或旅游企业的信誉，遵守行业规则和职业道德。

（3）诚信经营。因为旅游产品生产和消费的同步进行，使顾客不可能像购买实物产品那样货比三家，在购买前就能与产品直接接触。所以更需要我们的旅游组织遵守行业规则和职业道德，使产品宣传和实际体验相符，承诺与履行的服务一致，才能确保顾客的利益。

（4）加强信息沟通，增进旅游组织与顾客之间的相互了解。旅游组织在让顾客认识和了解本组织的产品、经营宗旨、组织精神的同时，也要不断认识和了解自己面对的顾客的需求、爱好、对组织及其产品的评价，以及不同条件下顾客态度的变化。只有加强信息沟通，旅游组织才能保持自身的活力，在竞争中立于不败之地。

（5）引导、培养顾客树立文明健康的消费观念。文明健康的消费观念，是指顾客具有能够凭借自觉与合理的消费需求、清醒的消费判断，选购自己所需而且质量好的商品，明确自己作为顾客所享有的权利，并且能够用合法手段有效维护自身权利的能力。引导、培养旅游组织产品的顾客树立文明健康的消费观念，可以为旅游组织赢得一个有利于自身发展的市场环境。要引导、培养顾客文明健康的消费观念，旅游组织可以多运用信息传播和情感交流的方法，定期向顾客推介自己的新产品和特色服务，设立消费信息反馈机制。

（6）重视并正确处理顾客投诉。随着消费者消费观念的成熟，维权意识的增强，消费者的投诉不可避免。处理顾客投诉是旅游组织公关工作的主要内容之一。面对顾客投诉，旅游组织首先要重视投诉，认真倾听，诚恳道歉，及时处理，妥善善后，还要记录下相关资料留存。要热情接受顾客投诉，周到地满足顾客的要求，畅通顾客投诉的渠道。

（7）提高从业人员的素质，提供个性化服务。旅游产品是由"硬件设施"和"软件服务"构成的，顾客感受、评价服务质量高低的重要标准主要是以"无形服务"的形式表现出来的。所以旅游组织可以通过增加投入来改善"硬件"设施、设备不足的状况，而更重要的是，注重对从业人员的素质教育，提高服务技能，开展礼貌服务活动，在遵守服务标准化的前提下，尽量依据客人的兴趣、爱好、个人情况提供个性化服务，从而提高服务产品的综合质量。

总之，与顾客的关系是旅游组织公共关系的重要组成部分，是旅游组织赖以生存的"衣食保障"。因此，旅游组织必须排除各种干扰因素，提高服务质量，树立组织形象，积极有效地开展各种形式的公共关系工作，协调好与顾客之间的关系。

知识链接

海南推出个性化产品和贴心服务促进旅游发展

（二）旅游组织与媒介的关系

1. 媒介关系的重要性

媒介关系也称"媒体关系"，行为媒介是专门向社会公众传播信息的社会机构。媒介传播主要是指人们在开展公共关系活动中，运用大众传播媒介，结合事件的内容要求所进行的社会实践活动。

由于新闻媒介具有信息传播功能，直接关系到旅游组织的信息扩散及旅游组织在公众中的形象，所以新闻媒介就自然而然地在旅游组织外部公共关系中占有很重要的地位。所以，旅游组织必须花费很大的精力争取新闻媒介这一"公众"的理解和支持。新闻媒介对旅游组织具有重要作用，同时，旅游组织也为新闻媒介提供了大量的新闻报道内容。旅游组织与新闻媒介是一种互相依存的关系。

（1）建立良好的媒介关系有利于塑造良好的旅游组织形象。旅游组织形象的塑造和维护要靠公众舆论来完成。在现代信息社会中，媒介公众是掌握、控制、引导公众舆论的权威机构。他们决定着哪些信息该中转、疏导、传播，哪些信息该中止、抑制、封闭，扮演着信息"把关人"的角色，大众传媒因此往往成为社会信息的"信度仪"。

（2）良好的媒介关系是运用大众传播手段的前提。

1）媒介拥有强大的影响力。新闻媒介不是旅游组织独家占用，广大公众都可利用传媒进行社会监督，它能左右舆论的作用，是旅游组织不能忽视的。媒介被视为对社会经济、政治的变动具有独特作用的一根支柱。任何组织、任何个人都不能轻视媒介的作用。

2）媒介拥有广泛的外部联系。媒介公众与社会各界有密切而广泛的联系，整理和传播来自各个方面的信息。旅游组织要想将自己的有关信息传播给广大公众并使之接受，必须依靠新闻的力量；旅游组织的有关信息是否为媒体所报道，报道的时机、频率、角度等一切均由新闻媒体所决定，组织本身是不可以左右的。因此，与媒介公众建立广泛、良好的关系，是实现与公众有效沟通的前提。

3）媒介拥有远距离传播的优势。现代大众传播媒介拥有现代印刷、电子等传播技术，可以大量、高速地复制信息，可以跨越时间和空间的限制，实现大范围、远距离的传播。旅游组织单单凭借自己的力量，很难实现大范围、远距离的信息传播，而且耗时、费力，效果并不理想。所以，旅游组织通过建立与媒介的关系，并借助于各种现代大众传播媒介，可以营造良好的运营环境。

2．媒体关系的处理方法

与新闻媒体建立良好关系的目的就是争取新闻媒体对本组织的了解、理解和支持，形成对本组织有利的舆论氛围，并通过新闻媒体实现与公众的广泛沟通，增强组织对整个社会的影响力。为此旅游组织应在以下几个方面做出努力。

（1）尊重新闻媒体的职业特点。旅游组织要想处理好媒体关系，公共关系人员就需要了解、尊重新闻界人士的职业性质和工作特点。在实际工作中，媒体公众和旅游组织是相互依赖、互为中介的。一方面，旅游组织需要通过媒体公众将组织信息传递给各类公众；另一方面，媒体公众需要通过旅游组织获取报道素材。而新闻界的职业特点是重视新闻报道的客观性、及时性和公正性，不受其他势力所左右。因此，对于同一个问题，媒体公众和旅游组织的态度可能是不一致的，甚至是相反的。对此，旅游组织要有所认识，尊重新闻媒体"独立性"的职业特点，设法缩小这种与媒体公众的思想认识差距，使媒体公众在积极的意义上为旅游组织所用。

（2）主动保持与媒体公众的联系，及时提供有价值的信息。在日常工作中，应本着互惠、互利的原则，保持与媒体公众的联系，通过定期寄送资料、通报信息、访谈等方式及时向媒体公众提供有价值的信息，支持、配合媒体公众做好新闻报道工作。另外，公共关系人员还可以通过"制造新闻"，努力争取引起新闻媒体的注意。所谓"制造新闻"，就是组织以健康正当的手段，有意识地采取既对自己有利，又使社会和公众受惠的行动，去引起社会公众和新闻媒体的关注。旅游组织还可以充分利用行业优势，主动创造机会与媒体公众保持经常性的友好交往，如联谊活动、配合在酒店进行的社会性活动报道等，以增进相互了解和友谊。

知识链接

长城饭店传总统
要闻声振海外

（3）正确对待媒体的正面宣传与批评报道。当媒体发表了有利于组织的消息时，应该主动表示感谢，将其作为自身继续发展的动力，保持谦虚、谨慎的态度；而对于媒体公众的批评报道，旅游组织应虚心接受，并积极采取补救措施，认真总结经验教训，请媒体公众对旅游组织的改进过程进行监督并跟踪报道。

（三）旅游组织与社区的关系

发展良好的社区关系，是为了争取社区公众对组织的了解、理解和支持，为组织创造一个稳定的生存环境；同时旅游组织要提高自身在社区中的地位，就要树立一个"合格公民"的形象，主动承担起必要的社会责任和义务，通过社区关系扩大组织的区域性影响，在社区的物质文明和精神文明建设方面发挥中坚作用，为社区造福，为社区公众多作贡献。

1．研究社区关系的重要性

旅游组织的活动直接受到社区公众的制约，社区关系直接影响着旅游组织其他各方面的关系，如员工家属关系、本地宾客关系、地方政府关系和媒体关系等。旅游组织与社区关系直接影响着组织的社会公众形象。

（1）社区是旅游组织赖以生存和发展的外部环境。旅游组织所在社区就是组织扎根的土壤，没有良好的社区关系，组织就会失去立足之地。社区为旅游组织提供一定数量的员工，他们熟知当地的风情和习俗、交通路线、景点特色，经过培训就会成为旅游组织的中坚力量。旅游组织的正常运转要依赖于社区提供的各种服务，如道路交通、供电供水、治安保卫、邮电通信等基础设施，旅游组织的职工及其家属的生活也必须依赖社区的商店、医院、学校等其他社会公益部门。社区的文化风尚、生活方式也会直接影响到旅游组织内部员工的文化气质、精神面貌。

（2）与社区公众的关系直接影响旅游组织的公众形象。旅游组织与社区公众处于同一地域，社区公众是旅游组织最可信赖的支撑性公众。与社区公众建立良好的关系，能够使旅游组织获得其好感与认同，形成社区内的良好口碑，扩大旅游组织的区域性社会影响。这种区域性社会影响一旦被媒体关注和报道，又会传播到外地，形成更大范围的影响，可为旅游组织谋求稳定、顺利的发展打下牢固基础。社区各类公众广泛接触，对于旅游组织的某一种评价和看法就极易相互传播，形成区域性影响，从而形成旅游组织的某一种公众形象。旅游组织与社区的关系直接影响着组织的社会公众形象，所以旅游组织必须主动承担社区建设和维护的责任与义务。

2. 社区关系的处理方法

（1）严格遵守地方的法律、法规，尊重当地的风俗习惯。当今的中国，旅游业在全国各地蓬勃发展。旅游组织开展各项活动，接待来自世界各地的旅游者，可能会给当地带来一些影响。所以旅游组织必须要求自己的员工，并告知旅游者要"入国而问俗，入门而问讳"，做到"入乡随俗"，尊重社区居民的风土人情，对于有关的宗教信仰更是要充分地尊重。

（2）增强社会责任感，主动承担必要的社会责任和义务。旅游组织存在于一定的社区之中，本身也是社区居民，有其自身应尽的社会责任和义务，要自觉维护社区的环境和谐。组织对于自身有损社区居民利益的行为要自查、自检，坚决杜绝。若漠视社区利益，最终只会导致四面楚歌，无立足之地。

（3）参与和支持社区的各项公益活动。谋求共同繁荣与发展。旅游组织与社区公众的利益是紧密联系在一起的，社区繁荣则旅游组织得益。积极参与和支持社区的各项公益活动，最能使社区公众从中受益，也能让旅游组织得到社会的赞赏和支持。因此，旅游组织要积极投身于社区的社会公益事业之中，为社区公众服务，以实际行动帮助社区公众排忧解难，如资助社区的文化事业、资助敬老院、设立残疾人基金会等各种福利机构。

（4）加强信息沟通，增进双方相互了解。良好的社区关系应建立在旅游组织与社区公众相互了解的基础上。加强与社区公众的双向沟通，增加组织工作的透明度，争取社区公众对组织的支持与合作。

总之，搞好社区关系的最好方式就是与社区公众打成一片，关心社区的公益事业，帮助解决实际困难，在社区公众心目中树立良好的形象，从而为组织的生存和发展创造宽松、优越的空间。

（四）旅游组织与竞争者的关系

竞争者关系，是指旅游组织（包括旅游饭店、旅行社、旅游交通、旅游景区、旅游购物商店等）之间为了取得对各自有利的条件而进行较量形成的关系。如果旅游组织将这一关系处理得好，同行之间进行经营交流，互相取经、相互帮助，组织就可以借助同行业的力量来发挥自己的优势，甚至变劣势为优势，给旅游组织的生存和发展带来机会。

1. 竞争者关系的重要性

旅游组织之间的竞争是长期存在的，也经常是激烈的。旅游组织之间的竞争既然时刻有，那么处理好与竞争者的关系就成为公关人员的一项重要任务。旅游组织与竞争者的关系主要表现在产品质量的竞争、服务态度的竞争和价格的竞争等方面。旅游组织之间为了赢得顾客，在产品质量、服务质量、价格等方面发挥自己的专业优势，开展平等的竞争是合情合理的、正常的。它们是伙伴关系，并非敌友关系。

可以想象，旅游组织与竞争者的关系，不仅仅是处理与竞争者关系本身，它涉及旅游组织内外关系的各个方面。只有提高旅游组织自身素质，提高产品质量，增强旅游组织的凝聚力，不断标新立异，旅游组织才能在激烈的竞争中立于不败之地。

盲目竞争不可取，最终只会损坏旅游组织本身的形象和声誉，损害企业的最终利益。任何一个旅游组织都不是十全十美的。同行之间如果能够进行密切合作，经常交流经验，互相帮助，从如何开发新产品，提高服务水平上下功夫，可以成为取长补短、携手共进的朋友，建立良好的合作关系，并推动旅游业的健康发展。

知识链接

旅游业亟待肃清行规 破除恶性竞争顽疾

2. 与竞争者竞争的方向

（1）质量竞争。质量竞争表现在旅游产品的功能、价值、用途等方面是否优于别人。正如麦尔斯指出，顾客购买产品，不是购买产品本身，而是要获得该产品所具有的功能。因此旅游产品质量的好坏是旅游组织赢得顾客的关键。

（2）价格竞争。价格竞争是指旅游企业运用价格手段，通过价格的提高、维持或降低，以及对竞争者定价或变价的灵活反应等，来与竞争者争夺市场份额的一种竞争方式。价格竞争的关键在于如何根据自身的资源以及所处的环境，采取有效的措施使自己在竞争中得以生存与发展。

（3）信息竞争。知己不知彼，买卖要吃亏。西方许多旅游组织对收集"商情"是相当重视的。他们认为收集信息是员工及管理人员的天职，也是旅游组织生存兴旺的源泉。投入这种不断升级的商情大战，金钱、时间的成本难以评估，而且是否能够回收也是未知数，但处于市场竞争的时代，忽视商情的结果可能是全盘皆输。

（4）服务竞争。旅游组织的生存一靠产品、二靠服务，没有优质的产品和优质的服务，没有好的旅游组织形象，再巧妙的公关手段也无法使其在竞争中获胜。

（5）信誉竞争。信誉对旅游组织来说十分重要，它不但是一种沟通因素，而且也是感情交流的因素。现在旅游组织与对手的竞争，不仅是质量、价格、服务、信息的竞争，更主要是体现在感情方面的竞争。所谓感情，就指的是信誉。如果一个人或一个组织，第一次表态不能实现，别人可以原谅；第二次仍然是这样，倘若一而再，再而三不能兑现，对方会产生失望心理，就再不会与之交往了。一个旅游组织倘若没有信誉，那么其公众短期内就有可能全部流失。

3. 竞争者关系的处理方法

（1）树立正确的竞争观念。存在竞争关系的旅游组织之间要积极开展有序竞争，除了政府的支持外，还必须依靠各旅游组织的共同努力。讲究竞争道德，树立正确的竞争观念，通过寻找对手的长处来发现、弥补自身的不足，共同进步。理想的行业竞争机制要靠旅游企业来共同维护。

知识链接

知己知彼才能
百战百胜 多向
竞争对手学习

（2）完善合同制，营造有序的竞争环境。旅游企业的合作虽然建立在共同的利益基础上，但合作者作为独立的"经济"，都以各自利润最大化为追求目标，在合作过程中难免会出现矛盾。以经济合同的形式来确立各方的权利、义务和责任，并不断完善合同制度，这样不仅能确保各旅游组织自身经济利益的实现，而且能避免和正确处理各种可能发生的纠纷，从而可促进合作关系在法律制约下更加稳固和谐。竞争在所难免，但是竞争要有规则，要公平合理，绝不能用诋毁、污蔑、垄断、倾销等不正当手段开展竞争。所以旅游组织在谋求自身利益的同时，应该本着平等、互利和公开竞争的原则，逐步完善经济合作制，明确各自的职权、利益关系，营造健康有序的竞争环境。

（五）旅游组织与政府的关系

政府关系，是指旅游组织与政府之间的沟通关系，其沟通对象包括政府的各级官员、行政助理、各职能部门的工作人员。政府公众是对组织最具有影响力和社会权威的一类首要公众。与政府保持良好关系，争取政府及各职能部门对本组织的了解、信任、支持和理解，从而为旅游组织的生存和发展争取良好的政策环境及法律保障。

1. 研究政府关系的重要性

政府是国家权力的执行机关。它依据统一的法律、法规和政策，对社会活动进行管理和指导，对旅游组织的生存和发展起到极大的制约作用，任何一个旅游组织都必须处理好与政府公众之间的关系。

知识链接

我国将用10年
时间初步实现
"智慧旅游"

（1）政府是国家政策的制定者、执行者。政府公众具有强大的宏观调控能力，具有政策、法律、法规的制定权和执行权。政府制定的政策、法律、法规是任何组织决策和活动的依据与基本规范。所以，旅游组织的一切行为都必须保持在政策法令许可的范围内，旅游组织的政策、行为和服务只有得到政府官方的认可和支持，才能保证组织的顺利经营。

（2）政府具有强大的号召力、影响力。政府的职能决定它可以协调、指导社会的各个层面，良好的政府关系能够获得良好的舆论环境。旅游组织一旦得到政府的信赖与重视，往往也会受到媒体公众的关注并予以报道。政府的权威性和客观性能使其他公众对旅游组织形成有利的评价与印象。

旅游组织应该把握一切有利时机，扩大其在政府部门中的信誉和影响，使政府了解旅游组织对社会的贡献和成就，提高政府部门对旅游组织的好感和重视程度，从而为组织的发展建立良好的基础。

2. 政府关系的处理方法

（1）遵纪守法。旅游组织在自身的发展过程中必须注意收集国家已经出台的各项政策和条令，认真地加以学习领会，并将其作为制定和推动各项工作开展的依据。在我国目前进一步强化宏观管理与调控的经济格局中，旅游组织必须积极地适应并理顺由这一转变而带来的各种新的外部关系，积极地调节，主动地适应，巧妙地利用。具体来说，应做到以下三点：

1）严格按照国家的政策和法规安排旅游组织的经营活动。国家政策法规允许做的，旅游组织应积极主动地去做；政策法规不允许做的，旅游组织坚决不做；政策法规没有明确规定的，旅游组织应视自身的条件和可能决定是否去做。只有这样，才能使旅游组织在市场经济活动中，务实地把握国家政策法令，最大限度地领会运用国家的政策法令，推进旅游组织在走向市场过程中得到健康稳步的发展；同时，也可最大限度地运用国家的政策、法令规范自己的行为，使旅游组织守法经营、依法发展，杜绝各种违法行为的发生。

2）旅游组织应积极地同国家有关法律部门建立稳定持久的联系和相互关系。这样，当新的政策法令一出台，旅游组织就能得到国家有关部门工作人员的帮助和指点，最大限度地吸收和借鉴对旅游组织目前经营有直接帮助的内容，避免发生不必要的偏差。

3）根据旅游组织工作的需要，也可从政府机关中聘请部分有专业知识、有实际管理经验的人到旅游组织中担任荣誉顾问，为旅游组织提供各种帮助。

（2）服从政府部门的领导和管理。

1）要尊重和维护政府部门的权威，支持政府部门的工作，建立一种理解、和谐、互助的新型关系。在国家进一步加强国民经济的宏观调控之后，旅游组织更应主动地在其发展过程中尊重国家的安排和调整，必要时要牺牲旅游组织的局部利益，服从国家利益。

2）创造性地贯彻执行政府有关部门下达的部署和安排，把它同旅游组织发展的实际相结合。对于政府下达的宏观调控方面的部署和安排，与旅游组织工作任务和重点相一致的，旅游组织要积极采纳，在深刻理解之后形成自己的实施方案。对于不太适合旅游组织实际发展的，或明显可以看出在贯彻时可能会产生副作用的，旅游组织就不要盲目地照办，并应按程序向上级有关部门作出反映。

（3）回报社会，主动承担社会责任。一方面，旅游组织要追求经济利益；另一方面，还要尽自己的责任和义务。旅游组织应该积极配合工商、财政、税务、海关、卫生检疫、环保等部门的监督与检查工作，主动纳税，自觉保护环境。另外，旅游组织还应投身社会公益事业，提高组织在社会上的美誉度，也为搞好与政府的关系打下基础。

（4）加强沟通，建立良好关系。积极保持与政府的双向沟通，及时主动反映基层实情。旅游组织应详尽分析政府的方针、政策、法规，以此来指导自身的一切活动，并随时按照政策、法规的变动来修正本组织的政策和活动。通过密切联系，保持沟通渠道的畅通，尽量争取到政府对组织的支持和帮助，以利于组织更好的发展。

知识链接

国家旅游局多措并促旅游扶贫

 课堂讨论

"边缘公众对旅游组织的生存和发展影响很小，因此我们可以完全忽略他们的存在"，对此观点你有何看法？试用案例来说明。

技能操作

将班级成员分为两组：一组模拟旅行社一方，另一组模拟旅游团顾客群体一方。假设某一次该旅行社一位导游带领此旅游团出游。游览过程中导游没有尽职尽责，致使游客权益受损，随之导游还与该团游客发生口角。请针对此事拟定一个解决方案。

 课后习题

一、名词解释

旅游公共关系主体　旅游组织内部关系　股东关系　竞争者关系

二、简答题

1. 简述旅游公共关系主体的特点。

2. 旅游组织应如何处理好与顾客之间的关系？

3. 如何有效地处理与政府公众之间的关系？

4. 为什么要处理好与社区公众的关系？

5. 简述竞争者关系处理的方法。

第四章　旅游公共关系的传播与媒介

本章导读

➡ 旅游公共关系离不开传播。传播的基本因素包括传播者、传播内容、传播符号、传播媒介、传播对象、传播环境、传播反馈、传播干扰等。传播媒介可以分为印刷类、电子类等，且各有优缺点。在旅游组织活动中，旅游组织公关人员应准确选择传播媒介，选择时应着重考虑下列因素：媒介特点、传播内容、传播对象、组织的经济实力与预期传播效果。一般来说，旅游公共关系传播目的分为四个层次：传达信息，联络感情，影响公众态度，引起公众行为。无论哪个层次达到了目的，都可以说是取得了一种传播的效果。

学习目标

➡ 熟悉新闻传播的特点、新闻素材、新闻制造。
➡ 熟悉旅游公共广告的含义、主题形式、广告策略。
➡ 掌握旅游公共关系传播媒介的基本概念、分类及选择。
➡ 掌握传播的含义、基本要素、传播模式。
➡ 了解旅游公共关系传播的层次及影响因素。

章前案例

旅游组织的新闻制造——国泰航空的探索中国之旅

　　在发现旅行者因中国地域辽阔而望而却步后，国泰航空决定开展一项广告营销。国泰航空美国市场营销部副总裁Robecta Ma说："在首次推出'我的中国旅游体验'活动时，我们和旅游社区Passion Passport展开了合作。双方在各自的官网和社交媒体上开始推广这项活动。由于Passion Passport在Instagram上拥有很高的人气，我们的活动很快就传开了。"此外，国泰航空还与香格里拉酒店进行了合作。这项活动分为两个阶段：第一阶段，在Instagram上发布内容；第二阶段，在官网以及一些知名社交媒体上记录了比赛获胜者到中国旅行的过程。"获胜者在上海拍摄的照片还入选了苹果的'世界画廊'。"

Robecta称："目前，我们主要关注对到中国旅游有兴趣的旅行者，但我们计划将来会扩大目标顾客。"国泰航空通过这一活动不仅仅是为了提升品牌知名度，而且也会采用以投资回报率为导向的指标评估这项活动的效果。

Robecta称："主要目的确实是提升品牌知名度，但我们有时也会促销目的地产品，增加我们官网上的流量，提高转化率。"

但值得注意的是，国泰航空开展这项活动的另一个主要目的是揭开中国这个多元化国家的神秘面纱，鼓励更多旅行者探索中国的神秘之处。如果国泰航空能够实现这一目的，就能帮助提升飞往中国的客流量。当然，国泰航空也希望随着该公司不断发展，可以尽可能多地吸引市场需求。国泰航空每天都有航班从美国的6个城市以及加拿大的2个城市飞往中国香港，其航线网络还包括中国22个旅游目的地。

Robecta表示："我认为，通过国外旅行者的镜头看到的中国是一个广阔无边的大国，确实会让旅行者望而止步。所以，我们的目标就是成为旅行者通往中国的门户，告诉并影响我们的顾客，让他们知道中国实际上是一个很值得去的国度，那里有各种各样朝气蓬勃的当地特色文化、食物和艺术。通过这些故事和内容，我们希望吸引旅行者去中国旅行。"

案例分析

这个视时间如金钱的社会，打造数字渠道的个性化体验至关重要，必须确保在顾客较短的注意力持续时间内，在恰当的时候将合适的内容传递给我们的顾客。Robecta在开展这次广告营销时，选择了恰到好处的方案，首先通过和有名有人气的旅行社合作，在最知名的社交上进行宣传推广，使想要宣传的内容很快被人们所知，并引起关注，随后又与中国著名酒店合作，另外举办活动，上传照片，使公众对中国旅行进一步了解，激发顾客对中国的向往，提升品牌知名度，拉动客流量。通过一系列媒介传播，吸引了广大顾客，很好地达到了营销目的。

第一节　旅游公共关系传播概述

一、传播的含义

传播是连接旅游公共关系主体与客体的纽带，是旅游公共关系的工作手段和基本要素之一。旅游公共关系活动的过程，其实质就是旅游组织与旅游公众之间的一种信息传播活动和信息交流过程。

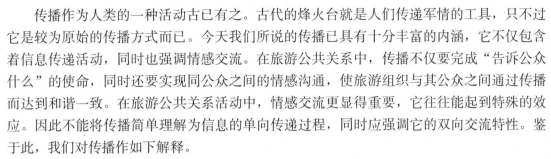

传播作为人类的一种活动古已有之。古代的烽火台就是人们传递军情的工具，只不过它是较为原始的传播方式而已。今天我们所说的传播已具有十分丰富的内涵，它不仅包含着信息传递活动，同时也强调情感交流。在旅游公共关系中，传播不仅要完成"告诉公众什么"的使命，同时还要实现同公众之间的情感沟通，使旅游组织与其公众之间通过传播而达到和谐一致。在旅游公共关系活动中，情感交流更显得重要，它往往能起到特殊的效应。因此不能将传播简单理解为信息的单向传递过程，同时应强调它的双向交流特性。鉴于此，我们对传播作如下解释。

所谓传播，是指个人或社会组织利用各种媒介，有计划地向公众传递信息和交流情感的活动过程。

完整地理解传播，应从以下两个方面来把握。

1. 传播是一个有计划的完整的活动过程

传播的计划性，主要体现在整个传播活动都是组织根据其公共关系总目标有步骤地进行的，而公共关系目标又总是服从于组织的总目标和宗旨的。

传播的完整性，指传播过程必须完全符合传播学的"五W"模式，即who（谁），say what（说什么），through which channel（通过什么渠道），to whom（对谁说），with what effect（取得什么效果）。

2. 传播是一种双向信息交流与信息共享活动

在传播过程中，双方在传递、反馈、交流等一系列过程中获得信息。因此，它不是一般意义上的单向信息传递，而是一种双向信息沟通，是传播双方相互影响，取得一致的了解、认识，最终形成共同意向，达成共识的过程。

二、传播的基本要素

依据传播的完整性要求，我们得知，任何一种传播活动都必须包含下列基本因素。

1. 传播者

传播者是传播行为的发出者，从信息运动的角度可称作信源，即信息的发源地。在旅游公关传播中，传播者是旅游组织。当组织通过大众传播媒介向公众传播信息时，相对于组织来说，大众传播媒介是信息的接收者；相对于公众来说，大众传播媒介是信息的传播者。在这种场合下，从公众的角度看，旅游组织属于一级信源，大众传播媒介属于二级信源。

2. 传播内容

传播内容指被传播的信息中所包含的意义。在旅游公关传播中，传播内容指旅游组织需要公众知道而公众欲知却又未知的各种信息的意义。它们大体上分为两类：一类是告知性内容，即向公众报告旅游组织的目标、宗旨、纲领、方针、经营思想、实力、行为、产品和服务质量等旅游组织的有关情况，使公众知晓了解；另一类是劝导性内容，即劝说呼吁公众采取组织所希望的某种行动，如参加组织发起的某种活动，购买组织的产品或接受组织的服务等。

3. 传播媒介

传播媒介指传播过程中联系传播者与传播对象的中介物或中介系统，有广义与狭义之分。广义的传播媒介是物理意义上的传播中介，比如两个人面对面交谈时，说话的一方必须通过口、舌、声带的动作使空气以一定的频率振动起来，对方才能接收到信息，这时，空气起到了传播媒介的作用。狭义的传播媒介是工具意义上的传播中介。工具是人的创造发明物，作用是延伸人的器官，以克服人类器官的局限性。在传播学中，我们通常在工具意义上使用传播媒介这一概念。公共关系传播离不开传播工具，如音像制品、电话、电视、报纸等。

4. 传播对象

传播对象是传播过程中信息的接受者。从信息运动的角度看，传播对象又被称之为信宿，即信息的目的地、归宿。传播对象接收到传播者发出的信息后，必须使这些符号化了的信息还原，变成传播者所要表达的内容，这一过程称之为译码。传播对象与传播者所使用的符号系统的一致性是正确译码的前提。传播对象不懂得传播者所使用的符号系统，即使接收到传播者所发出的信息符号，对信息内容仍然只能是茫然无知。就如不懂外文的人，拿起一本外文书来，尽管书中的印刷符号历历在目，却一点也不知道其中究竟讲了些什么，从传播学的角度看，就是因为他不懂得这个符号系统的规则。

5. 传播环境

传播总是在一定的自然与社会环境中进行的。传播环境不同，相同的传播行为可能得出很不相同的传播效果。"告别三峡"这个为开展三峡旅游所提出的宣传口号，在一般情况下人们很难理解，但是旅游公司利用了三峡截流的时机和社会人员对三峡风景的向往，就能收到很好的效果。传播环境包括传播时的社会状况、传播者与传播对象的种种关系和心情等。

6. 传播反馈

传播反馈也称为信息反馈，指传播对象接收到信息后，把自己的反应性信息反向地告知给传播者的行为。反馈性信息会促使传播者或者继续原来的传播行为，或者调整自己的传播行为，提高传播质量。在旅游公关传播中，我们把支持与赞扬组织行为的信息称为正反馈，把批评组织行为或向组织提出改进性建议的反馈称为负反馈。正反馈有助于组织增强信心，提高士气；负反馈有助于组织调整政策，改进工作，协调与公众的关系。旅游公关工作者不仅要注意收集正反馈信息，还要重视收集负反馈信息，因为后者对组织生存发展的作用更为重要。

7. 传播干扰

传播干扰指传播过程中使传播者所传送的信息失真的行为。这种干扰表现为改变或歪曲原有信息，附加与原有信息无关的冗余信息，使原有的信息强度大幅度衰减等。干扰可以来自传播过程的各个环节，包括来自传播者、传播媒介、传播对象、传播环境等。习惯上，人们形象地把各种干扰信息称之为"噪声"，显然，减少与消除噪声干扰是保证有效传播的一大关键。

三、传播的模式

传播模式大致可分为三大类：一类是传统的线性传播模式；另一类是现代的控制论传播模式；还有一类是公共关系传播模式，是根据现代控制论传播模式理论设计的。

1. 线性传播模式

线性传播模式，是1949年由美国数学家香农和韦弗从信息论角度提出的信息传递的一般模式。它强调传播的单向直线式运动过程，在传播学领域有着极为广泛的影响，因此又被称为"香农—韦弗模式"，如图4-1所示。

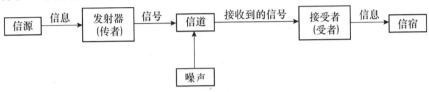

图4-1　线性传播模式

这种直线性单向传播模式揭示了传播过程的基本要素，特别提到了噪声的干扰。但这种模式也具有明显的缺陷：一是把传播看成是单向的，缺乏信息反馈的过程；二是忽视了传播过程中的客观社会因素和传、受双方主观因素的作用。

2. 现代控制论传播模式

现代控制论传播模式，是1954年由美国学者施拉姆提出的。它强调传播的双向循环式运动过程，如图4-2所示。

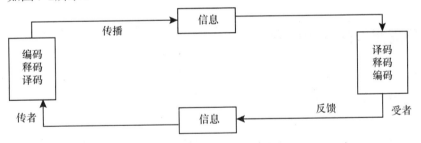

图4-2　现代控制论传播模式

同传统线性传播模式相比，现代控制论传播模式具有以下优点：一是引进了反馈机制，将传播理解为双向运动过程，是传者与受者之间的一种互动过程；二是在这种循环往复的过程中，传受双方可以自我调节与控制自身的行为，从而使整个传播系统处于良性循环的可控状态。这种模式因其出现反馈机制而被认为是传播模式研究上的转折点。

3. 公共关系传播模式

公共关系传播模式，是根据现代控制论传播模式理论设计的，其中包含了美国传播学者拉斯威尔的"五W"要素，如图4-3所示。

在这种模式中，信息的发布者是社会组织；传播的内容是实现组织公共关系目标的信息；传播渠道是各类媒介；传播的对象是与组织有关的公众；效果评价用以修正、调整组织的下一步传播计划。

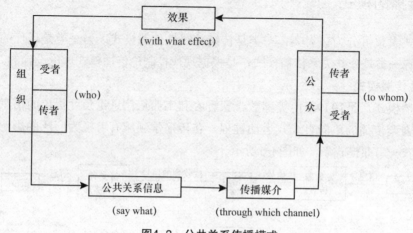

图4-3　公共关系传播模式

第二节　旅游公共关系传播媒介

传播往往只有通过媒介才能进行，在大众传播中，媒介更是必不可少。掌握传播媒介的特点和使用规律，对于旅游公关工作具有重要的意义。

一、传播媒介的基本概念

传播媒介，也可称为传播渠道、传播信道、传播工具等，是传播内容的载体。没有传播媒介，信息就无法实现传播。

传播媒介有两层含义：一是指传递信息的工具和手段，如电话、计算机及网络、报纸、广播、电视等与传播技术有关的媒介；二是指从事信息的采集、选择、加工、制作和传输的组织或机构，如报社、电台和电视台等。一方面，作为技术手段的传播媒介的发达程度决定着社会传播的速度、范围和效率；另一方面，作为组织机构的传播媒介的制度、所有制关系、意识形态和文化背景决定着社会传播的内容和倾向性。本节所讲述的旅游公共关系选择的传播媒介是指传递信息的工具和手段。

二、传播媒介的分类

（一）人际传播媒介

人际传播媒介，是通过人的表情动作和体态在人与人的相互关系中进行信息传递的渠道。人际传播媒介在吸引公众，改变公众态度方面具有特殊的宣传功效。旅游组织通过人际间的互相宣传，可以增强宣传的情感色彩，在一定范围内从心理层次上有效地影响公众的思想观念和行为方式，尤其是消费观念和消费方式。在旅游公共关系中常见的人际传播媒介主要包括以下几类：外部公众中的政府公众，专家权威人士，影视体育明星，以及自发产生的公众代表，内部公众中的宣传表演队，经营管理人员及普通员工等。

（二）印刷媒介

印刷媒介是指将文字、图片等书面语言、符号印刷在纸张等介质上以传播信息的大众传播媒介，如报纸、杂志、宣传册、传单等。印刷媒介的信息量大，可对信息作较详尽的表述和表现；它易于保存及重复阅读，成本低廉，篇幅也不受限制。其缺点是：传播信息时效性较差，不如广播、电视迅速、及时，同时不够形象、生动，并要求读者具有一定的文化水平和阅读能力，从而在一定程度上限制了其受众面。

 知识链接　我国近代报业发展

第一份官方报纸——《北洋官报》（1902年，中国天津设立总局，全国发行）；

第一份中文商业报纸——《香港中外新报》（1858年，中国香港）；

第一份商业性报纸——《香港船头货价纸》（1857年，中国香港）；

第一份我国境内出版的中文报刊——《东西洋考每月统记传》（1833年，中国广州）；

第一份英文报纸——广州记录报（广东记事报）（1827年，中国广州—英文）；

第一份国内现代报纸（也是第一份外文报刊）——《蜜蜂华报》（1822年，中国澳门—葡萄牙文）；

第一份近代华文报刊（也是第一份宗教报刊）——《察世俗每月统记传》（1815年，新加坡）。

（三）电子媒介

电子媒介主要是指广播、电视、电影、幻灯、录像等以电波的形式传输声音、文字、图像的传播工具。电子媒介如广播、电视等具有传播速度快、覆盖面广、适合不同文化程度的广大受众的优点。特别是电视，能同时传播音像、色彩、文字信息，综合了人的听觉和视觉效果，声情并茂，能引起观众的兴趣。缺点是限于特定的时间内，信息稍纵即逝，且制作成本高。

 知识链接　电视机发展简史

早在19世纪时，人们就开始讨论和探索将图像转变成电子信号的方法。在1900年，"television"一词就已经出现。

人们通常把1925年10月2日苏格兰人约翰·洛吉·贝尔德（John Logie Baird）在伦敦的一次实验中"扫描"出木偶的图像看做是电视诞生的标志，他被称作"电视之父"。但是，这种看法是有争议的。因为，也是在那一年，美国人斯福罗金（Vladimir Zworykin）在西屋公司（Westinghouse）向他的老板展示了他的电视系统。

尽管时间相同，但约翰·洛吉·贝尔德与斯福罗金的电视系统是有着很大差别的。史上将约翰·洛吉·贝尔德的电视系统称作机械式电视，而斯福罗金的系统则被称为电子式电视。这种差别主要是因为传输和接收原理的不同。

美国RCA1939年推出世界上第一台黑白电视机，到1953年设定全美彩电标准，并于1954年推出RCA彩色电视机。

（四）新媒介

新媒介又可分为网络媒介和手机媒介，两类新媒介既有共性，又有个性。

1. 网络媒介

网络媒介作为一种新型媒介，结合了印刷媒介和电子媒介的优点，又克服了它们的弊端。网络的出现，改变了人类的传播意识、传播行为和传播方式，并影响到人类社会生活的方方面面。网络媒介代表了现代传播科技的最高水平，是人类传播史上的又一个里程碑。

网络媒介的优点：

（1）超越时空，范围广泛。信息传播空间在电子空间进行，全天候开放，可以同步传播也可以异步传播，突破了时空障碍。

（2）高度开放，尽显个性。信息量巨大、费用低廉，不分国界、不分民族种族，任何人都可以利用网络平等地获取信息和传递信息。各种网络信息软件的出现，使网络媒介成为一个平民化的大众传播媒介，传播的主动权不再为编辑和记者独有。旅游组织可以通过各种通信软件与公众进行讨论，并根据反馈优化传播内容。

（3）综合媒体，双向互动。网络媒介兼有大众传播和人际传播的优势，可以在大范围和远距离进行双向互动，增加了传播中的反馈。

网络媒介的缺点：网络媒介也有很多弊端，如虚拟社会信息真实性得不到保证、信息过度泛滥、有用和无用信息充斥在一起、存在个人信息安全问题等。

2. 手机媒介

手机媒介是以手机为视听终端、以手机上网为平台的个性化信息传播载体，常见的形式有手机短信、手机报、手机网站、手机广播、手机视频、手机电视、手机小说、手机微信和手机微博等。它是以大众为传播目标，以定向为传播效果，以互动为传播应用的大众传播媒介，被公众认为是继报刊、广播、电视和互联网之后的"第五媒介"。手机媒介是目前为止所有媒介形式中最具普及性、最快捷、最为方便的具有一定强制性的媒介平台。

手机媒介的基本特征如下：

（1）多媒介融合。手机媒介融合了报纸、杂志、电视、广播、网络等所有媒介的内容和形式，成为一种新的媒介。手机媒介的传播方式也融合了大众传播和人际传播，单向传播和双向传播，一对一、一对多、多对多等多种形式，形成一张相对复杂的传播网。与此同时，手机还可以配合报纸、电视、广播、网络等媒介进行互动，利用媒介组合发挥作用，实现全媒介传播的新局面。

（2）移动性与便携性。手机最大的优势是携带和使用方便。手机的便携性也使得信息的送达率达到最高。

（3）传播范围广、速度快。手机媒介作为网络媒介的延伸，具有网络媒介互动性强、获取快、传播快、更新快和跨地域传播等特性。同步和异步传播有机统一，其传播受众极其丰富。

（4）信息传播的即时性、互动性。手机媒介可以随时随地发出和接收信息，不仅可以进行个体间联络，还可以进行群体间联络，用户既是受众，又是内容生产者，具有传播者和受众高度融合等优势。

（5）私密性与个体性。手机是"带着体温的媒介"，具有私密、随身的特点，并且手机媒介的信赖程度较高。同时，手机媒介消除了大众传播与人际传播的主从关系，使新闻传播更多地表现为个体行为。在新闻传播的速度和广度上，手机用户之间的人际传播已经不亚于大众传播，特别是对于社会性突发事件和地震、海啸、疫病等灾害事件，手机用户进行人际传播常常比大众传播更迅速而广泛。

手机作为公共关系宣传的媒介也有明显的不足，如存在虚假不良信息的传播、侵犯个人隐私、垃圾信息和信息安全等问题。随着4G时代的到来，旅游公关利用手机媒介进行旅游传播大有发展空间。

三、旅游公共关系传播媒介的选择

在旅游组织活动中，旅游组织公关人员应了解媒体传播的特点，准确选择传播媒介开展公共关系活动。在选用传播媒介时，要注重整体性和长期性。选定了传播的对象和目标后，方能有计划地进行工作。例如，旅行社在旅游活动中，以合理的收费、优质的服务赢得游客的肯定，游客回到其所在地后向亲戚、朋友、同事等推荐该旅行社的事件已屡见不鲜。这表明，旅游组织本着长远发展，以质量和价格进行生产经营，与旅客建立起和谐融洽的关系，游客就会自觉或不自觉地为旅游组织开展公关宣传工作。其传播的速度快，效果明显，成本也最低。

在选择传播媒介时，应该着重考虑下列因素。

1. 媒介特点

不同的媒介特点不同，适用的传播类型也不同。报纸、杂志、书籍、广播、电视、电影等适合于大众传播；实物、模型等可用于小群体传播或公共传播，信函、电报、电话、传真等适用于人际传播；内部报刊、闭路电视适用于组织传播；灯箱、广告牌、旗帜适用于公共传播；电子计算机可用于人际传播、组织传播和大众传播。媒介选用得当，可取得事半功倍之效。

2. 传播内容

不同的传播内容应该选用不同的传播媒介。一般说来，比较形象浅显的内容应该选择电子传播媒介；反之，则应该选择印刷媒介。同样是电子媒介，如果内容能用丰富的声音来表现，广播是适宜的媒介；如果内容中有很多五彩缤纷的场面、变化多端的动作，则选择电影电视方能取得良好的效果；如果场面宏大，气势磅礴，选电影比电视更胜一筹。同样是印刷媒介，如果内容相对简单而不系统，报纸是明智的选择；如果内容有一定的专门性乃至专业性，则以杂志为宜；如果内容相当专业、相当系统，而且比较深奥，则非书籍莫属。如果内容有一定的隐私性或保密性，当然只应该选用电话、书信或对内报刊。如果内容需要迅速广泛传播而无须保密，报纸、广播、电视、计算机网络则是理想的选择。

3. 传播对象

传播对象不同，媒介的选择也应该不同。传播对象人数很少时，往往可以不使用媒介，或至多使用人际传播媒介；传播对象仅限于本组织员工时，内部报刊、有线广播、闭路电视、简报就能满足需要；传播对象人数众多，范围很广，公共传播媒介和大众传播媒介是必不可少的。传播对象的文化水平很低时，广播、电视的传播效果最好；对于具有一般文化水平的传播对象，选用广播、电视、报纸、通俗杂志、书籍都是可以的；如果传播对象属于高知识阶层，专业性杂志和书籍是较佳的选择；传播对象属于流动工作者和野外工作者时，广播对他们而言是方便的传播媒介；传播对象还有年龄、性别、职业、业余爱好、居住地域等方面的区别，选择传播媒介时，也应充分考虑上述各种因素。

4. 组织经济实力与预期传播效果

使用任何传播媒介都必然要支付一定的费用。组织在进行公关传播时，必须同时考虑传播成本与预期传播效果两个方面。传播成本包括总成本和单位成本。一般说来，大众传播媒介的传播范围广泛，传播的单位成本（信息传达到每1 000人所需的费用）比较低廉，但总成本却会很高（新闻报道属于例外，因为不收费）。没有雄厚经济实力的组织，不应为了追求声势而盲目选用大众传播媒介。选用非大众传播媒介，尽管单位传播成本较高，但从总成本考虑能够承担，并且传播范围不要求很大时，应考虑选用非大众传播媒介。

第三节　旅游公共关系与新闻媒介

新闻传播就是利用新闻报道的形式为公众提供旅游信息、宣传旅游组织、塑造组织形象、打造声势、营造气氛，是旅游公共关系传播中最常用的一种方式。

新闻传播是一种典型的大众传播，主要运用报纸、广播、电视这些大众传播媒介来进行。

一、新闻传播的特点

新闻传播的过程应符合新闻传播的规律，要求传播的信息内容必须真实、客观、准

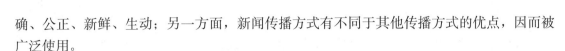

确、公正、新鲜、生动；另一方面，新闻传播方式有不同于其他传播方式的优点，因而被广泛使用。

成功的新闻在内容上应具有以下特征。

1. 新近性

新闻贵在"新"，失去了"新"，就成了旧闻。新，主要指内容新，即人们不知道的事情。要保证"新"，就必须在时间上"近"。一般来说，只有事情发生的时间越近，才能保证内容越新。西方新闻媒体都特别重视消息的新近性。各媒体之间争着获得和发表最新消息的竞争是很激烈的。大家都想以最快的速度向公众传递信息，争取公众。一家报社或电台、电视台，如果总是重复别人发表过的消息，那么就丧失了可读性、可听性和可看性，将难以生存。因此，新闻要在时间的"新"和"近"上要求严格，时间决定新闻的命运，越新越近的事实，其新闻价值就越高，越能引起公众的兴趣和注意力。

2. 重要性

我们身边每天都有许多事情发生，但它们并不都是新闻。新闻不但要新，还必须重要，才有新闻价值。看一件事是否重要，主要看它与广大公众的利害关系的密切程度，为公众所普遍关心的程度以及对社会进步的影响程度。以上几方面是衡量一件新闻事实重要性的客观标准。通常程度越高，则重要性越大；反之，则重要性越小，新闻价值也越小。依此我们应该分辨和判断身边的事件是否具有新闻价值，从而保证其传播效果。

3. 趣味性

趣味性即指新闻事实所具有的吸引力、情趣或意味。在我们的生活中，有许多事情虽然重要，但并不能引起公众的关注。那是因为一方面公众对这些事情不感兴趣；另一方面，有些事情本身应是公众感兴趣的，但因传播者的传播水平有限，或语言贫乏枯燥，缺乏人情味，也不能打动公众，引起其兴趣。传播者应注意利用公众普遍感兴趣的事实，充分挖掘其中的趣味成分，并选择恰当的方式加以表现，以感染和吸引公众。当然，引起公众兴趣并不是目的，吸引公众注意力是为了让公众在知晓的基础上改变态度，引发行动，最终产生社会效益。

二、旅游组织的新闻素材

社会组织的信息能否通过新闻媒介传播出去，一方面取决于组织与新闻界是否彼此信任；另一方面则取决于公共关系工作人员能否向新闻界提供本组织的新闻素材。事实上新闻稿件的淘汰率是极高的，大多数稿件都不能与公众见面，主要原因就在于许多公关人员不了解新闻的特点或材料不充分。那么，哪些具体的事实可以算作有新闻价值的素材呢？一般来说，新闻素材应具有以下特征：典型性、教育性、先进性、社会性、国际性、地方性、知名性、新鲜性、指导性、突发性等，具备以上特征之一的事实，便可能成为有价值的新闻。

旅游组织可能成为新闻素材的内容大致有以下几方面。

1. **管理特色**

（1）旅游组织的特定文化、组织精神，特别是饭店企业的经营风格、管理哲学、营销观念及一些有特色的外在形象等。

（2）旅游企业在经营管理上的重大突破与改革。

（3）旅游企业新设备、新服务设施的使用，饭店新菜品、旅行社新路线的开发与推出。

（4）旅游企业对员工福利、社会环境等方面作出的重大改善，特别是旅游景点在环境保护上的新举措。

（5）旅游组织对突发事件的处理措施及效果。旅游界的突发事件（危机事件）往往是新闻热点，曝光后对旅游组织造成的是负面影响。但若事后处理得当，及时通过新闻媒介报道，不仅能获得公众的谅解，而且能重新树立形象。

2. **组织成就**

（1）旅游组织（主要是饭店和景点）接待重要人物和知名人士，以及其他重要团体。

（2）旅游企业员工优质服务及其他方面的动人事迹，或特殊的社会荣誉。

（3）旅游组织成员参加各种社会活动，如文体活动、本行业技艺大赛等方面取得的成绩。

（4）旅游企业在利润、创汇等方面的重要突破，对国家及地方财政的贡献。

3. **社会公益活动**

（1）赞助各种文化性、体育性活动。

（2）捐赠慈善事业。

（3）赈灾及捐赠"希望工程"等献爱心活动。

此外，还有旅游组织的庆典活动、企业高级人员的任免、优秀人物的行踪等。

总之，公共关系人员应该不断地结合社会发展和公众的要求，根据本组织的具体情况，挖掘本组织内有价值的新闻，及时报道，以达到树立组织形象、提高组织声誉的目的。

三、旅游组织的新闻制造

由于新闻传播的主动权不在公共关系工作人员方面，而是在新闻界人士方面，因此为了争取更多的新闻宣传机会，公关人员应在不损害公众利益的前提下，有计划地策划、组织、举办具有新闻价值的活动，吸引新闻界和公众的注意与兴趣，争取报道的机会，以达到提高社会知名度的目的。制造新闻必须要能产生轰动效应，要能在社会上引起反响。公关人员必须选择最有代表性、最具权威性、最有影响力的事件制造新闻，具体实施应注意以下几点。

1. **利用公众关注的热点制造新闻**

不同时期有不同的舆论中心，而公众总是对不同时期的社会大事件给予关注，当热门话题出现时，就是公关人员借机制造新闻、扩大影响的最好时机。可以安排一些活动，将旅游组织与社会热点联系起来，使社会公众在关注热点时了解旅游组织。如对重大的国

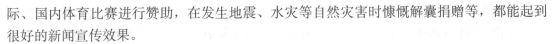

际、国内体育比赛进行赞助，在发生地震、水灾等自然灾害时慷慨解囊捐赠等，都能起到很好的新闻宣传效果。

2. 抓住"新""奇""特"的事件制造新闻

旅游组织要想宣传自己，引起社会公众的注意，树立形象，被动地等待新闻媒介报道是远远不够的。而且，一些平平淡淡的事情也难以引起新闻界的兴趣。只有独具匠心地抓住那些有新意、奇特的活动和事件，才能引起新闻界和社会公众的注意。如在旅游景点或饭店开展第10万名幸运游客活动或游客抽奖活动，既可表明旅游组织有广阔的客源市场，值得信赖；又表明旅游组织对客人的尊重，而且气氛热烈的仪式现场也能调动公众情绪，打动人心。诸如这类既有新意又有特点的公关活动，就属于极具新闻价值的素材，往往能带来很好的宣传效果，关键是需要旅游公共关系人员用心开发和创造。

3. 借助名人效应制造新闻

旅游公关人员在策划公关活动时，可借助名人的社会地位和影响来提高活动的新闻价值。通常，我们可借助那些大众普遍崇拜的人物或社会名流，以及"追星族"们追逐的各类明星等，通过赠送、邀请参加活动、给予荣誉头衔等手段，来扩大旅游组织的社会影响，提高知名度和美誉度，从而使自己的组织与明星同辉。如一家饭店的周年庆典，既可以成为新闻，也可能办得默默无闻。如果饭店能邀请到知名人士参加，同时举行记者招待会，发布饭店已取得的成果以及为社会所作的贡献，那么这个庆典就有可能成为新闻。

4. 主动与新闻界合作，赢得其支持

与新闻界的友好关系要旅游组织去争取。首先，旅游组织应积极主动地为新闻界准备有关报道资料，介绍组织所发生事件的过程、特点及社会意义，并为采访提供便利条件；其次，可直接与新闻界合作举办各类有意义的活动，如饭店为电台举办的活动提供场地、旅游景点为电视剧组提供外景地等。还有记者招待会和新闻发布会等，通过新闻媒介的报道，达到制造新闻的目的。

5. 利用旅游组织特点，借社会活动宣传自己

饭店等旅游组织的经营场所具备良好的举办社会性活动的条件，经常被租用于进行大型的、有影响力的社会活动。虽然饭店不是合作方，但也可利用这个机会宣传自己。有的饭店只看到社会活动给饭店带来的经济效益，而坐失了一次次"免费宣传"的机会。例如，在某饭店举办了一次省级广告公司行业设计高级研讨会。省内外著名的广告设计专家在会上发言，热烈讨论了国内、国际广告设计的发展。电视台、晚报等新闻媒介报道了此次广告行业的盛会。但是，在报刊电视上竟然没有出现任何有关饭店的名称和形象，饭店失去了一次不花钱向外界推销自己的机会。其实，要利用这种机会宣传自己并不难，只需在讲台上简单装饰有店徽，随着报告人形象的出现，饭店就"搭上了车"。操作难度不大，关键在于旅游组织公关人员要多用心。

特别值得一提的是，公关人员要与新闻界人士交朋友，尊重他们的职业习惯和职业尊严，对新闻界朋友不论其单位、个人名气大小，一律热情接待，不能因是小报记者就给予冷落。作为一个旅游公共关系人员，与新闻界人士交恶是所有行为中最愚蠢的。一个得不

到新闻界人士信任和好感的公关人员，对任何组织都毫无用处，甚至是有害的。如果能够得到记者、编辑的信赖，这将是一个公共关系人员所拥有的最重要的财富。因为，只有良好的新闻界关系才会给旅游组织带来大众传播的机会和好处。

第四节　旅游公共关系广告

广告，是人们为了某种特定的需要，通过一定形式的媒介公开而广泛地向社会传递信息的一种宣传手段。广告是连着产品和市场的"立交桥"，是树立组织良好形象的"宣传书"。广告在我们国家不仅是一种传播经济信息的手段，也是社会主义宣传工作的一种形式。

旅游公共关系广告，是宣传旅游组织、塑造组织形象、传递旅游信息的一种常用而有效的传播方式。

一、旅游公共关系广告的含义

"广告"一词来源于拉丁文，原指"我大喊大叫"。英语中"广告"一词，是在17世纪中叶英国开始大规模商业活动时逐渐流行的，其原意是"商业上的告示"。随着商品经济的发展和公共关系的传播以及人们公共关系意识的增强，广告中又出现了一支新军——公共关系广告，有越来越多的社会组织采用公共关系广告，以取得公众的信赖和支持。

公共关系广告又称为声誉广告，它是指产生主体有计划地通过传播媒介向公众宣传组织的有关信息，使公众对组织有整体的了解，从而树立组织的声誉和形象的活动。

二、旅游公共关系广告的主题形式

公共关系广告的类型多种多样，归纳起来大致有以下几种。

1. 企业广告

企业广告主要是介绍企业各方面情况，使公众对企业的主要特征、自然状况、经济技术实力等有一个基本的了解，目的是树立良好的企业形象。一般包括以下两方面内容。

（1）介绍企业的生产和技术状况。有的企业在广告中列举本公司的高级技术人员的优秀成果，这样做能给公众造成深刻印象，认为该公司人才济济，技术力量雄厚，其产品具有质量的可靠性。有时候，公关广告也可以介绍企业技术装备、产品制造工艺、生产流程、质量检验方式等。通过这些介绍，使公众对企业产生信赖感从而产生购买欲望。一些饭店在广告中也常常展示其新设备、新服务项目、特色产品等，以刺激顾客消费。饭店大堂的小册子就是这类宣传资料，目的在于让顾客更好地了解饭店，增强对其产品的信心。

（2）宣传企业的价值观和经营理念。企业在新开张或某项纪念活动时，通常会做广告介绍自己的业务范围和经营方针，这对于树立企业形象当然是必要的，但往往容易导致宣传效果的一般化。所以精通管理艺术的企业总是重视培养和宣传本企业的价值观和经营理念，并善于在广告中创造性地用一些口号来表达，使它成为一个基本的象征和基本的信念。对内产生凝聚力，对外产生感召力，使公司的形象通过它的口号（即公关广告）深入千家万户。

2. 响应性广告

这类广告所要强调的是组织与社会生活的关联性、企业对社会重大事件的关切和自己对这一事件的态度。主要表现有以下两种：

（1）对政府的某项措施或者当前社会活动中的某个重大问题，以企业的名义表示响应，即表示支持或反对，表示企业对社会的关心，对政府的支持，表明企业愿意为社会整体利益作出自己的努力。如1998年我国湖南、湖北、东北等地区发生特大水灾，中央发出抗洪救灾的号召，许多企业纷纷响应，在中央电视台"我们万众一心——抗洪赈灾募捐演出"现场，以企业的名义捐款捐物等。这实际上是在进行公关广告活动，让公众了解企业与社会唇齿相依、相互支持的紧密关系。

（2）祝贺性广告。某公司成立、周年纪念，以组织或同行的名义刊登广告致以热烈祝贺，这表示愿意携手合作，相互支持，共同繁荣，也可以表示正当竞争，相互促进。这类广告可收到广结良缘之功效。

此外，可在年节假日向公众表示祝贺。特别是在一些特殊的节日，如教师节、母亲节、儿童节等，向这些特殊的对象祝贺，也是响应性广告的一部分，同样会收到良好的效果。

3. 创意广告

创意广告主要指以公司的名义率先发起某种社会活动，或者提倡某种有意义的新观念等，并以此为主题制作广告。这种广告是用一种新的方式引起公众的注意。因为它的主要特点是创新性和号召性，因此具有领导视听的效果，能够在公众心目中留下强烈的印象。如旅行社企业号召同行抵制削价竞争、饭店业倡导微笑服务等，都能引起社会的广泛注意和好评，扩大自己的社会影响。

4. 解释性广告

解释性广告，是当公众对企业、产品缺乏了解、存有误会时，企业通过解释性宣传，说明情况、澄清事实、消除误会。如深圳一家饮料公司推出一种食用蒸馏水，由于人们在观念上总认为蒸馏水不含矿物质，对人体益处不大，所以一时打不开市场。针对这种情况，公司进行解释性宣传，说明水中矿物质不能被人体吸收，人体所需矿物质可从食物中获得。而蒸馏水的优点是不含任何有害物质，能有效发挥水的功能，国外已普遍饮用。这样就消除了消费者的疑虑，从而接受此产品。旅游企业也常面临向消费者进行解释宣传的任务，如游客常对旅游景点的安全性、旅途的艰苦性产生疑虑，这就要求旅行社企业通过各种有效途径做解释宣传，以赢得人们的信任。

5. 歉意广告

歉意广告是当组织有某种过失或错误时，通过媒介向公众道歉，或以退为进，以谦逊的方式表示组织已获得的进展和进一步的发展计划。尤其是当组织有某种过失或错误时，如果能及时纠正、整改，并通过媒介将纠正措施及效果传播出去，不仅能得到公众的谅解，而且能获得更深的信任。特别是旅游企业，经营管理环节多，工作中难免有不当之处，重要的是要敢于向公众承认工作中的失败和错误，及时取得公众的谅解，维护或重树企业形象。

以上列举的只是一些常见的类型，公共关系广告应在实践中不断创新，根据企业自身的特点采用适当形式，以达到树立企业形象的目的。

三、旅游企业的广告策略

旅游企业主要以销售服务为主，与其他生产性企业比较有其特殊性，要想在激烈的市场竞争中获得更好的效果，必须在企业形象定位、广告设计、广告媒介等方面都能根据企业的特点进行选择与确定，以便收到较好的效果。

1. 企业形象定位

所谓企业形象定位，就是在公关广告宣传中突出企业的主要特点，以此树立起企业这方面的声誉。形象定位又可分为技术定位、服务定位、品质定位等。

（1）技术定位。它是在公关广告中重点宣传企业的技术状况，通过自身的技术实力的展示，在公众心目中建立技术可靠性的信誉，为产品的推广铺平道路。在旅游企业，应重点推介自己的新设备、新工艺的采用，以及企业拥有的特级技师等人才，如饭店的特级厨师等。

（2）服务定位。它是在公关广告宣传中重点突出企业对公众负责的态度。使群众看到企业不仅注重经济效益，更注重社会效益，从而赢得公众对企业的感情。所以这也可称作情感定位。旅游企业以销售服务为主，因此，在表明企业对公众负责的态度方面，应着重宣传企业为消费者提供的配套服务项目和免费服务项目，如饭店的车队接送服务、翻译、导游服务、医疗保健服务，以及代订机票服务等，让消费者感到安全、方便，从而产生好感。

（3）品质定位。它是指企业在广告宣传中突出强调企业的一流工作质量，包括产品质量、工作质量和人的质量。通过树立企业的质量信誉，赢得广大公众的信赖。对旅游企业而言，质量不仅包括有形的"硬件"（如设施设备、环境、工具的优良），更重要的是"软件"（如员工素质及其所提供的服务）。因此宣传的重点应放在别的企业尚未启动的服务项目上，以及企业倡导的微笑服务等提高服务质量的活动、员工的学力层次和不间断的培训等内容上。

2. 广告设计与制作

公关广告的设计与制作包含很多方面的内容，基本的要素有以下几方面：

（1）广告目的。广告的总目的是宣传企业、产品、服务，吸引顾客，扩大销售。为了实现总目的，又有不同的策略和具体的目的，如有时是为了推销新产品；有时是为了推销现有的"积压产品",如饭店的空余客房、娱乐场所等;有时则是为了远期效果,引导和培养新的消费意识和新的消费者群体而进行消费教育宣传等。不同的目的采用不同的方法。所以,在制作广告前,首先要确定这则广告所要达到的目的。

(2)广告对象。即这一广告是做给哪些人看的。只有确定了广告对象,才能使广告有的放矢。要确定广告对象,先得给商品定位,即给商品确定一个特性,它主要适合哪些消费者群体,如旅游企业中的饭店产品就有不同的顾客群,有商务型、度假型、会议型、散客型等;旅行社有一级社、二级社等,接待与组团对象有不同要求。弄清自己产品的特征,有针对性地做广告,才能取得事半功倍的效果。

(3)广告范围。应根据产品销售范围确定广告传播范围,是地区性的,还是全国性的,或是世界性的,并据此选择传播媒介。如有些饭店专营海外驻本地办事处业务或专门接待海外商务客人。那么,其广告就应在世界主要客源国传播。一般来说,产品销售范围和广告辐射范围一致,才能实现广告目的。

(4)广告时间与频率。对于新产品,要选好"亮相"的时机。如重要的节日、大型活动等较为被公众关注的时机,是新饭店开张或旅游企业推出新服务项目的好机会。另外,对于已在销售的重要产品,要提高广告频率或定期播出,以巩固和加深顾客印象,使产品的市场占有率得以巩固。

此外,广告设计与制作时还应考虑成本、企业的需要以及经济承受能力等因素,尽量以最低的成本收到最佳的效果。

3. 广告媒介的选择

关于传播媒介,在本章第二节中已详细介绍,在这里将常用的广告媒介的类别及选用原则作如下说明。

(1)广告媒介的类别。广告媒介种类繁多,大致可归纳为以下几类:

1)印刷媒介。包括报纸、杂志、电话簿、画册、挂历、列车(航班)时刻表等。

2)电子媒介。包括广播、电视、电影、电子显示屏幕等。

3)户外媒介。包括路牌、霓虹灯、灯箱、旗帜、墙壁、车身、站牌、气球等。

4)室内媒介。包括陈列柜、橱窗、吊牌等。

5)商品媒介。包括包装盒、手提包、购物袋等。

以上媒介各有特色,企业应根据自身的特点和需要加以选择利用。

(2)公关广告媒介的选择原则。

1)选用信誉好的媒体。做公关广告的目的是要让公众对企业产生信任感,从而支持企业的发展。因此,作为传递信息的媒介也应有好的形象,才能取得好的效果。随着商品经济的发展和新闻、出版界的改革,广告收入已成为新闻单位的主要收入,某些单位出于经济利益的考虑,有广告就做,忽视广告质量监督,假广告时有发生。所以借用信誉低的媒体做公关广告,只能适得其反。

2)选用亲近感强的媒体。一般来说,人们对熟悉的东西比较愿意接近,如果选用的媒体在公众心目中被认为是可亲可敬的,那么经它传递的企业形象就容易被公众接受,最终达到好的效果。如电视、报纸、路牌、车身、包装盒、手提袋等都与人们的生活较接近,是较好的公关广告媒体。

3）根据广告目的选择媒介。如礼仪型（祝贺性）广告，在报纸或杂志上写"祝大家新年快乐"和企业负责人笑容可掬地在电视上对观众说"向大家拜个早年"这两种形式比较，显然后一种更亲切，更易打动人心。歉意广告和解释性广告可借用报纸、杂志、广播、电视作为媒体，但若采用路牌作媒体，就会不伦不类，引起公众的反感。

当然，选择媒介时费用问题也不能忽视。企业既要考虑媒介的效果，又要考虑广告的费用，尽力做到用较少的资金达到最佳的广告效果。

第五节　旅游公共关系传播效果

传播效果是传播过程的最终结果，也是对任何传播过程的总体评价。古人云："良言一句三冬暖，恶语伤人六月寒。"这句话从一定意义上说明了传播的效果。旅游公共关系工作其实就是一种传播沟通行为，其传播的目的是为了向公众传递信息，沟通感情，影响公众的态度和行为，最终顺应旅游组织的期望。因此，旅游公共关系传播的有效性，是以公众按照旅游组织意欲达成的结果而产生的情感、思想、态度和行为方面的变化为依据的。

一、旅游公共关系传播的层次

在旅游公共关系活动中，旅游组织通过传播与公众沟通，希望最终获得理想的效果。传播效果一般可以表现为向公众传递信息、联络感情、改变态度、引发行为四个层次。

（一）信息层次——传递信息

信息层次是公共关系传播最基本的层次。旅游组织通过各种传播媒介，将组织的信息传播给公众，让公众更多地了解组织，成为组织的知晓公众。

信息层次传播的首要任务就是提高旅游组织的知名度和美誉度。因此，在信息传播时必须客观真实，只有客观真实的信息，才能使公众更准确地了解和认识旅游组织，并对组织产生信任和好感；其次，要尽量加大信息传播的频率和强度，让更多的公众接收到组织的信息，从而受到强烈的信息刺激，形成深刻印象。

（二）情感层次——联络感情

情感层次主要是针对知晓公众进行传播。通过旅游组织与公众之间的情感交流和沟通，使公众不仅了解旅游组织，还对其产生依赖感和信任感；使旅游组织对内部公众产生向心力和凝聚力，对外部公众产生吸引力和感召力。

情感层次是传播的中间层次，也是最为复杂的传播层次。首先，要善于借助新闻媒介的作用。作为大众传播媒介，新闻媒介容易使公众对旅游组织产生信任，影响力和感染力大。其次，要加强即时沟通和情感交流。例如，一封感人肺腑的信函、一段情真意切的欢迎词、一场热烈非凡的联欢会、一次盛情难却的答谢宴会都能够与公众更好地联络感情，达到以情动人、以诚动人的良好效果。第三，要掌握高超的传播技巧，运用专业的传播手段，以提高传播的效率，达到良好的传播效果。

（三）态度层次——改变态度

态度决定一切，公众是旅游组织的支持者还是反对者，主要取决于公众对旅游组织所持的态度。公众在了解旅游组织的信息后，便形成了对旅游组织的态度或看法，这种态度或看法可能具有两种相反的趋向。人的态度一旦形成就具有相对稳定性，从而转化为心理定式，难以改变。因此，公共关系工作的任务就是要通过传播，使公众对旅游组织的态度产生正态趋向。

（四）行为层次——引发行为

行为层次是传播的最高层次。公众对旅游组织形成了态度后必定产生相应的行为。当旅游组织形象良好、公众对旅游组织的态度积极友善时，要通过传播使公众对旅游组织产生积极的行为，如拥护旅游组织决定、购买旅游组织产品等。当旅游组织形象不佳、公众对旅游组织的态度消极抵触时，要通过传播改善公众对旅游组织的态度，抑制消极的行为发生，如员工消极怠工、旅游者向新闻媒介投诉等。

行为层次的传播要求目的性强、信息明确，便于公众采取行动。同时，要加强信息传播的即时性，要在公众行动前传播相关信息。

以上四个层次相互联系。信息层次是其他层次的基础，公众只有了解了旅游组织的信息后才能产生情感，进而形成态度，而态度又是行动的先导，不同的态度会引发不同的行动，因此必须做好每一个层次的传播。

二、影响旅游公共关系传播的因素

向公众传递信息、联络感情、改变态度、引发行为四个层次的基础是要使公众按照传播者想表达的意思来理解信息，也就是传播的有效性。这就必须认真分析影响传播顺利进行的障碍。通常影响传播沟通的主要因素有以下几方面。

1. 时间与空间环境

从时间的角度看，真正衡量传播效果的是单位时间内所传播的有效信息量。这取决于是否"遵时守信"和讲究"传播时机"两种因素。传播的任何一方，或"无故失约"，或"拖延时间"，或"姗姗来迟"，都会使另一方对这次传播活动的态度和情感发生变化，其传播行为也会随之而变，从而影响传播效果；而传播时机对传播效果也

知识链接

中西文化差异导致的九大"误会"

有一定的影响，应避免在连续紧张工作后或人们的体力、情绪都不佳时进行传播，因为这时人们的思绪比较零乱，难以有效接受信息。

从空间的角度看，传播信息总是在具体的物理空间环境之中进行，不同的空间环境会使人对信息有不同的感受，并产生不同的传播效果。空间环境影响传播效果一般有两个方面：一是距离位置的安排；二是交流环境的气氛。

首先，距离位置的安排要符合心理平衡的需要和传播目的的需要。从心理平衡的角度来看，人具有一种本能的生物性的防卫意识，每个人身体周围的空间叫做身体领域，互相尊重彼此的身体领域，才能保持心理的平衡。因而，旅游公共关系活动中的人际交往距离的恰当把握很重要。初次交往不要急于缩短距离，否则使人感到不自然和不安，甚至讨厌，尤其是异性交往时更要注意，不要被人视为轻浮、不严肃，以至破坏自己及所在组织的形象。当然，随着交往的进展和熟悉程度的加强，双方会相互适应；若一直使相互距离保持很远，又会使人产生冷漠和疏远感，搞不好会中断交往。这点在旅游公共关系活动中或对游客服务中尤其要注意灵活应用。位置的安排应根据信息传播目的来设置不同的就座方位。一般来说如果是单向传播不需要相互交流的（如演讲、报告），应采取并排同向的教室型座位排列，以此避免听众之间的横向交流沟通，从而加强纵向传播效果。如果是双向传播（如讨论、座谈、举办联谊会等），则应采用围桌而坐的方式，以增加彼此之间的交往次数和表示友好的机会。

其次，交流的环境气氛包括音响、照明、室内温度和整洁程度等。实践证明，嘈杂、昏暗、脏乱的环境和安静、明亮、整洁的环境必有不同的信息互动。因此，无论是办公区、酒店、餐馆还是旅游景区等，都不可忽视"环境效应"。

2. 心理因素

心理因素主要是指信息接受者的认知、情感、态度等方面的心理状态。在不同的心理状态下，人们接收信息的效果是不一样的。心理学原理揭示了这样一条规律：凡是在一定活动中伴随着使人"愉悦"的情绪体验，都能使这种活动得到强化，而"不满意"的情绪体验则使这种活动受到抑制。因此，传播行为的发生、延续和发展都是建立在双方心理相悦这一基础上的。没有心理上的沟通，是无法获得最佳的传播效果的。比如，在旅游胜地的花园内、树林旁，向游客宣传"爱护花草树木"这一观点，同样的宣传牌上写不同的话语，效果就截然不同：

①严禁摘花折枝，不准乱写乱画！违者罚款！

②除摄下美景，其他请别带走；除留下足迹，其他请别留下。

第①例采用一些训斥性的词语、命令式的口气，"不满意"的情绪体验使人难以接受传播的观点。而第②例利用了一种语言艺术，并在传播过程中产生一种"附加的诱因"，其作用就在于唤起受者肯定、积极的"愉悦"情感和行为上的接纳。因此，从传播者的角度，注意以积极态度创造"愉悦"性情感是促使传播取得成效的"催化剂"。同时要注意避免消极心理因素导致的沟通障碍：情绪冲动时听不进不同的意见；情绪压抑状态的人表现出孤僻、不愿与人交往的倾向，对一些信息有厌恶感。所以，当人情绪失控时传播往往难以奏效。旅游传播沟通过程中不仅公共关系人员，而且一线的接待人员、服务人员、导

游人员、基层管理人员都要关注心理因素对传播沟通的影响。

3. 信息可信度

在传播过程中，如果信息接受者对信息传播者及信息的内容不信任，将严重影响传播的效果。一般来说，信息内容权威性越高，接受者对其就越信服。所以，旅游组织在做宣传时，都要利用其被国家旅游局评定的星级（等级）等来提高其信息的可信度。此外，传播者被接受者信赖的程度也极大地影响着传播效果。一般来说，传播者的可靠性由以下四个因素决定，即诚实、能力、热情、客观。只要信息的接受者认为传播者具备这些特征，他就认为信息是可靠的，尤其在组织内部传播活动中，员工对信息的信度常取决于对传者的可靠性评价。

在大众传播中，接受者对传播者的信赖感，则常取决于两点：第一，传播者是否为这一方面的专家、学者或权威人士；第二，传播者是否有一定的职位、身份及声望，即通常所说的"名人效应"。因此在公共关系传播活动中，特别是广告传播中，常用权威、名人来做宣传。例如，韩国曾经通过总统做广告以招徕外国旅游者来本国。

4. 文化背景

传播是一种文化现象。在传播过程中，传受双方的文化背景不同，必然会对传播效果产生影响。不同的经济环境、风俗习惯、民族心理、性格特征、思维方式和价值观念以及语言差异等，使人们对同一信息内容可能产生不同的主观感受。

知识链接　　"中间人"与"爱管闲事的人"

> 1980年年初，联合国秘书长飞抵伊朗协助解决人质问题。伊朗的大众传播媒介刚一播放他抵达德黑兰时发表的谈话"我来这里是以中间人的身份寻求某种妥协"，他的努力就立即遭到严重的抵制，甚至连他的坐车也受到石头的袭击。产生这种传播效果的原因是"中间人"一词在伊朗是指"爱管闲事的人"。

因此，在跨文化传播活动中，欲取得良好的传播效果，务必了解和尊重传播对象的文化传统，注意消除语言障碍、习俗障碍、观念障碍等对传播效果造成的消极影响。这在跨文化传播十分频繁的旅游活动中，更为重要。

总之，传播过程的许多要素都对传播效果有影响。只有了解它，注意消除沟通障碍，才能取得更理想的传播效果。在旅游公共关系传播活动中，不可能对社会公众和旅游者提出要求和指责，只能对策划传播的旅游公共关系人员以及一般旅游活动组织者自身提出要求，做好自己的工作，采取相应的沟通措施。例如，尽量减少与公众在态度方面的冲突，传播目的、内容尽量与公众利益相一致，以免引起抵触和反感；努力提高传播者的传播技术水平，以准确、完整、清晰地表达本意；尽量适合公众的兴趣、口味和理解能力来选择不同的传播媒介和传播方式，用公众乐意接受的媒介、语言或事例来说明所要传播的问题，不能自顾自地进行表达。总之，对旅游传播对象应当有的放矢、投其所好；对旅游传播者来讲，唯有自我调整才能适应公众。

 课堂讨论

"公共关系广告"就是"公共关系传播"这种说法正确吗？为什么？

技能操作

请选择你熟悉并且有潜力但却未被人挖掘的旅游景点，对其进行一次旨在向公众推出该景点的公关传播策划，并提出传播实施的具体方案。

课后习题

一、名词解释

传播　传播媒介　新闻传播　公共关系广告　传播对象

二、简答题

1. 什么是传播？其包括哪几种类型？公共关系传播的要素主要有哪些？

2. 旅游公共关系传播媒介有哪几类？各有什么优势？

3. 旅游组织如何看待和处理不利于本组织的新闻报道？

4. 媒介传播的种类和方法主要有哪些？

5. 什么是公共关系广告？

6. 影响传播效果的主要因素有哪些？应当如何优化？

第五章 旅游公共关系的组织机构与人员

←← LY

本章导读

➡ 公共关系机构在旅游组织中有着其他部门不可替代的作用。设置公共关系部是旅游组织发展的客观需要，是有效开展公共关系工作的组织保证。旅游组织公共关系机构的设置应遵循其基本原则，并选择合适的模型，以有利于组织的总目标，有利于公关目标，有利于公关职能的发挥。旅游公共关系的从业人员应具有较高的素质，包括强烈的公关意识、自信、热情、开放的心理以及宽广的知识结构和良好的工作能力。旅游公共关系从业人员在公关工作中应自觉遵守职业准则。

学习目标

➡ 熟悉旅游公共关系部门的设置，熟悉最常见的设置模式。
➡ 掌握旅游公共关系人员的培训方式和考核内容。
➡ 了解旅游公共关系人员应具备的基本素质。
➡ 了解旅游公共关系人员的职业准则。

章前案例

麦当劳公司内部成功的公共关系

美国的麦当劳公司现在是世界快餐业中最大的公司之一。自1955年创立以来，麦当劳苦心经营，不断发展，目前在全世界建有20 000多家快餐店。现在的麦当劳在美国汉堡系列食品市场上有42%的份额，品牌价值超过了200亿美元。麦当劳公司一直非常重视内部公共关系，为在企业内部创造一种积极向上、开拓进取的精神风尚，麦当劳不着重学历、资历，重在表现。麦当劳连锁分店每年举办岗位明星大赛，全世界举行各地岗位明星比赛，经理必须从普通员工做起：一方面增长了管理人员的真才实干，另一方面又给了最基层员工实现自身价值的机会。表现好的管理人员被送到芝加哥汉堡包大学，系统地学习作为一个经销商或餐厅经理经营餐厅的专门技术知识。现在的竞争，说到底是人才的竞争。员工素质的不断提高、才干的不断增长是组织的巨大财富，它保证了组织的生机与活力。麦当劳除了给员工创造更多深造、晋升的机会外，还很重视在内部建立"麦当劳"大家庭的观念，创造和睦的大家庭气氛。在麦当劳无长幼尊卑之分，所有员工都互称名字；记住每个员工的生日，并根据员工的情况给予一定形式的祝贺。员工在麦当劳有一种不是家庭胜似家庭的归属感，其强大的凝聚力不言自明。另外，麦当劳很重视员工外观形象的塑造。为了吸引顾客，麦当劳让每一位员工都穿上有明显花纹的制服。员工的服务态度也是一流的，只要你推开麦当劳的大门，就会听到亲切的"欢迎光临麦当劳"的问候，笑容始终在员工的脸上，让你总有宾至如归的感觉。

案例分析

员工是企业组织的内部公众，在公共关系中具有双重身份。它是组织内部公共关系的客体，但是在注重全员公关意识培养的今天，对组织的外部公众来讲，它又是公共关系的主体。

第一节　旅游公共关系的组织机构设置

旅游公共关系的组织机构即旅游组织公共关系部，有时也称公共关系信息部、公共关系销售部、公共关系广告部等，是旅游业组织内部针对一定的目标，为开展公共关系工作，聘任公共关系人员组成的专门从事公共关系工作的机构。

设置公共关系部是旅游业组织发展的客观需要，是有效开展公共关系工作的组织保证。旅游组织要实现自己的总目标和公共关系目标，必须设立专门的公共关系机构，配备专职公共关系人员。专门的公关机构方能确保旅游组织的公共关系工作更有预见性和计划性，更加经常化和职能化。

一、旅游组织公共关系部在旅游业组织中的地位

旅游组织公共关系部既是旅游业组织的一个管理部门，也是决策参谋部门，其地位在现代旅游组织中越来越重要，它所具有的作用和职能是其他职能部门无法代替的。

管理可以理解为预期目标的设定与实现目标的过程。旅游业组织为了达到预期目标而进行工作，就需要划分为多个部门、多个层次，并使各个部门、各个层次密切配合，以获得组织整体效能，而负责组织和协调这种分工和协作的正是公共关系部。如广州中国大酒店，公共关系部直属酒店总经理领导，对总经理负责，能够与组织中的各个部门、各个层次保持密切的联系和沟通，并将信息迅速反馈给总经理，参与决策领导层的公共关系决策，所以说公共关系部是旅游组织的一个管理部门。

公共关系部除对组织内部各个部门、各个层次进行协调外，还要代表组织与内外旅游

公众之间保持沟通和联系，对环境进行严密监测并及时向决策层和各个部门提供信息，协助其分析、判断和决策，所以说公共关系部也是旅游组织中的决策参谋部门。

二、旅游组织公共关系部的设置原则

旅游组织有必要设置公共关系机构，但不等于不管什么阶段，不论组织大小，都建立一样规模的公关机构。旅游组织在建立公共关系机构时应当考虑：建立的公共关系机构应有利于组织的公关职能的发挥；有利于组织公关目标的实现；有利于组织总目标的实现。要做到这三个"有利于"，旅游组织在建立公关机构时，应遵循以下原则。

1. 精简性原则

精简性原则要求在公共关系组织结构、规模符合公共关系工作需要的前提下，将人员精减到最少。精简的关键是精，即工作效率要高，应变能力要强，能够在较短的时间里，用最少的人力去完成任务。精简的主要标志有：配备的人员数量与所承担的任务相适应；机构内部分工粗细适当；职责明确并有足够的工作量。

2. 专业性原则

公共关系部是专门开展公共关系工作的组织机构，它的每一项工作都影响到旅游业组织的形象和声誉。因此，在组织上和工作内容上都要保证其规范性。在公共关系工作内容专业化的同时，也要求工作人员专业化。如广州中国大酒店建立之后，便从海外和港澳聘请了经过专业训练的公共关系人员担任公关经理。

3. 协同性原则

为实现公共关系的目标，公共关系部要依靠其他部门的配合。公共关系部主要起沟通、协调、组织的作用。同时还要考虑到公共关系部与其他职能部门的关系。通过公共关系部协调多方面、多层次错综复杂的关系，对外起到主动沟通的作用，这是组建公共关系部的目的之一；对内能够维系组织各方面关系的平衡，这是实现公共关系目标的必要条件。

4. 服务性原则

公共关系部不是领导部门，也不是直接的管理部门，而是以提供优质服务为主要内容的服务部门。

5. 相对独立原则

公共关系部在以实现旅游业组织总目标的前提下，可根据复杂多变的社会环境来不断修改工作内容，具有一定的灵活性和自主性；另外公共关系机构无权指挥命令本组织的其他部门，其他部门也无权对公共关系机构下达命令，干扰其工作。

6. 权力和责任相适应的原则

当旅游业组织中公共关系部的设置方案确定后，在人事安排上要注意选贤任能，各个位置要配备合格的人员，并明确职责，授予其权力，对其工作业绩进行严格考核，根据考核的结果实施奖惩，以调动人员的积极性和创造性，为实现旅游业组织的总目标做出更大的贡献。

三、旅游组织公共关系部的模式

公共关系部要根据各类旅游业组织的需要及其在各类旅游业组织中的不同作用来设置。公共关系部的设置没有一个固定的模式，但其设置应使机构富有特色，更加有效和实用，充分发挥机构的作用。

1. 以隶属关系来设置

（1）总经理直接负责型。即公共关系部直接向总经理负责或由一位副总经理兼任公共关系部经理。采用这种类型的优点是说明公共关系部在饭店中具有举足轻重的地位，在内外交往上有较大的自主权。公共关系部对外可以从饭店的长远目标出发，对内可以贯彻公关思想，实现公关计划。总经理直接负责型公共关系部如图5-1所示。

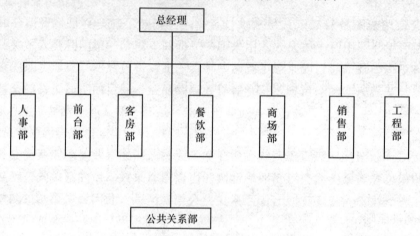

图5-1　总经理直接负责型公共关系部

（2）部门并列型。即公共关系部与其他职能部门平行处于饭店的中层，与饭店的最高领导层有直接联系的权力和机会。这种类型的特点是在对外活动中，公共关系部负责人可以作为饭店最高领导的全权代表。部门并列型公共关系部如图5-2所示。

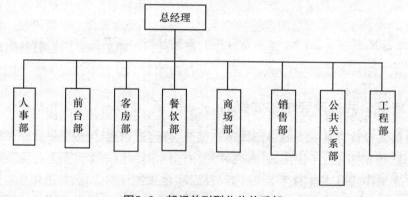

图5-2　部门并列型公共关系部

（3）部门所属型。即公共关系部附属于饭店的某个部门，处于饭店中的第三层，由所属部门的负责人兼公关主管，通常附属于销售部或前台部。这种类型的特点是公共关系部的地位不突出，只有促销和礼宾接待的作用。部门所属型公共关系部如图5-3所示。

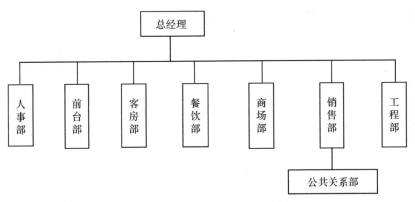

图5-3　部门所属型公共关系部

以上三种类型相比较，第一种随着公共关系在旅游组织中地位的提高而被广泛采用，显示了公共关系对旅游业组织生存和发展的突出影响。

2. 以饭店规模来设置

（1）小型饭店。一般只在销售部设专人负责公共关系事务，而不成立专门的公共关系部。

（2）中型饭店。即使设置公共关系部，也较简单，人员精干，人数较少，如图5-4所示。

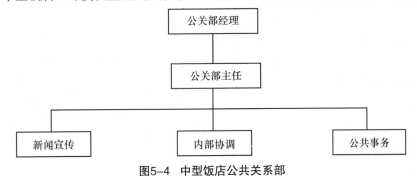

图5-4　中型饭店公共关系部

（3）大型饭店，一般有较为复杂的公共关系部，如图5-5所示。

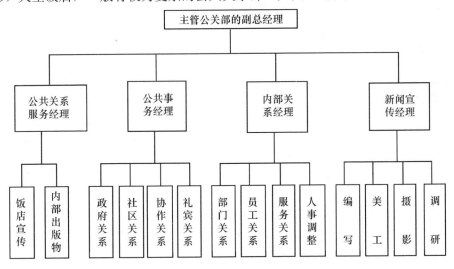

图5-5　大型饭店公共关系部

3. 以公关部的工作方式来设置

（1）以公共关系的工作内容来设置，如图5-6所示。

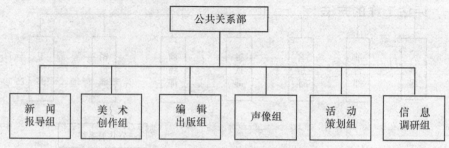

图5-6　以公共关系的工作内容来设置

（2）以公共关系的工作对象来设置，如图5-7所示。

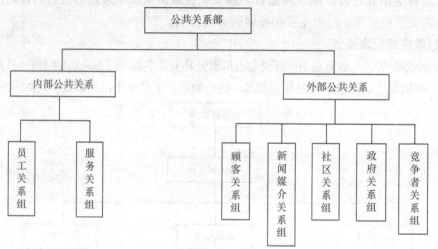

图5-7　以公共关系的工作对象来设置

（3）以公共关系的工作区域来设置，如图5-8所示。

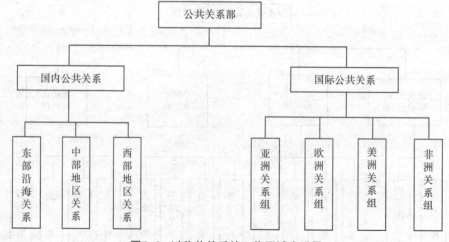

图5-8　以公共关系的工作区域来设置

第二节　旅游公共关系从业人员要求

对从事公共关系工作的职业人员普遍而又常见的称呼是公共关系从业人员，其英文名为Practitioner。从一种较窄的范围来理解，指的是以从事公共关系实践工作为职业的人员，可称为公共关系从业人员。这里指的是职业的公共关系人员，而非业余或兼职的公共关系人员。对于这一点，国外学者十分强调，因为他们认为，公共关系是一种正在崛起的职业，公共关系的职业化道路是发展公共关系事业的必由之路。而从一种宽泛的范围来理解，它指的是以从事公共关系理论研究、教学活动和实践工作为职业的人员。国内学者喜欢把这些人员统称为公共关系工作者。

旅游业组织公共关系工作人员的工作范围广、工作变化性大、工作专业性强，这就要求旅游公共关系工作人员必须具备较高的素质和较强的能力。

一、对旅游公共关系从业人员的公关意识要求

公关意识是旅游公共关系人员应该具备的基本素质的核心。这是因为公共关系意识作为一种深层次的思想，引导着一切公共关系行为。没有公共关系意识的人，即使有再好的心理条件，也做不了公共关系工作；没有公共关系意识的公关人员，即使有很好的公共关系专业知识和能力结构，也不可能是一个合格的公关人员。反过来说，具有公共关系意识的公共关系人员才是真正合格的公共关系人员。这是因为良好的公共关系意识能促使公关人员让自己的公关行为永远处在自觉的状态，使他（她）对环境变化的反应、适应和协调，有一种能动、开放、创造性，既能很好地从事公共关系策划工作，也能创造性地完成公共关系任务。

公共关系意识大致有以下几个方面的内容。

1. 塑造形象的意识

塑造形象的意识是旅游公共关系意识的核心。旅游公共关系思想中，最重要的是珍惜信誉、重视形象的思想。现代旅游企业都十分重视企业形象。而良好的企业形象，是一个旅游企业的无形资产和无价之宝。

2. 服务公众的意识

形象是为组织的特定对象塑造的，这些特定对象必然与组织有着某种联系，他们是组织的公众。从旅游组织来讲也是如此，离开了公众，孤立的旅游组织形象是毫无意义的；忽视了公众，旅游组织的生存就会受到威胁，自然也就谈不上组织的进一步发展。所以，旅游组织的公共关系工作必须着眼于公众。当组织利益与公众利益发生冲突时，满足公众利益应该是第一位的。而具有服务公众意识的人，能时时处处为公众利益着想，利用条件，创造条件，来为公众服务，努力满足公众（在旅游业中主要是指旅游者）各方面的需求。公共关系人员应该明确地了解公共关系工作的方向。

3. 真诚互惠的意识

真诚互惠的意识是公共关系的功利意识。否认公共关系工作的功利性是自欺欺人。处

在竞争中的旅游组织，需要有一种竞争态势，但在社会主义国家，这种竞争不应是"你死我活"或"大鱼吃小鱼"，而应是既竞争又合作，共同发展，共同进步。

旅游组织同别的组织一样，也应塑造自己的良好形象，但这种形象的塑造必须建立在真实、透明、真诚的基础上，而不能建立在弄虚作假的基础上。任何组织都想通过公共关系工作，追求自身经济效益和社会效益的最佳统一，旅游业也是如此，追求效益必须建立在彼此尊重、平等合作、互惠互利的基础上，而不可建立在欺骗他人、坑害公众的基础上。

4. 沟通交流的意识

沟通交流的意识，也是一种信息意识。旅游组织为了塑造良好形象，更好地为公众服务，以实现其目标，就必须构架一个信息交流的网络，来掌握环境的变化，保护其组织的生存，促进旅游组织的发展。从更高的层次上说，沟通交流的意识属于现代社会的民主意识。旅游公共关系的活动也是一种具有民主性的经营和管理活动。旅游组织为了塑造能为公众所接纳的良好形象，提高知名度和美誉度，就需要运用交流的技巧，将自己的所作所为宣传出去。

5. 创新审美的意识

塑造组织良好形象是一个创新审美的过程，旅游组织的良好形象一旦塑造起来，就需要相对稳定。但相对稳定并不等于一成不变，它应是一种积极的稳定，只有在发展的基础上才能实现真正的稳定，在稳定的前提下才会有真正的发展。既然旅游组织的良好形象需要发展，那么，就必须有创新、有突破、有超越，既要超越自己，又要超越其他组织。唯有突破，才能塑造具有个性的组织形象；唯有创新，才能使组织的良好形象在社会竞争中立于不败之地。

旅游公共关系具有审美价值。唯有美的形象，才能为人们所欣赏，所接受；唯有美的活动，才能为人们所参与和投入。

 知识链接　全体共拍"中"字像

　　广州中国大酒店在庆祝酒店开业一周年时，策划全体员工共拍"中"字像，后又制成明信片。这一审美活动使得酒店公共关系人员从中感受到了理想变为现实的成功；使员工从中感受到了自己作为酒店一员的自豪；也让客人从中感受到了酒店全心全意为客人服务的形象之美。

6. 立足长远的意识

塑造旅游组织良好的形象，不可能是立竿见影的事，需要通过长期努力，不断积累，才能取得成功。公共关系活动与广告、推销不同，它着眼于长远利益而不是眼前或较为直接的利益，追求长期的效益。对于旅游企业来说，任何急功近利，只关注短期效益的做法，都是与公共关系思想不相符合的。

二、对旅游公共关系从业人员的心理素质要求

公共关系从业人员的心理素质是公共关系人员基本素质的基础。许多公共关系方面的

著作在论述公共关系人员的心理素质时，常喜欢从人的性格角度来分析，如强调外向型性格的人适合于干公共关系工作、内向型性格的人不适合此类工作等。

外向型性格的人善交际，有许多朋友，从事公共关系工作是有利的。但其行动前不假思索，粗心大意，容易发脾气，这对公共关系工作又是非常不利的。内向型性格的人安静、自省、不善交际，除密友外与别人常保持一定的距离；做事深思熟虑，有周密的计划，很少轻举妄动；不爱激动，喜欢用谨慎、严肃的态度处理事务；很少以攻击性的方式行事，极少发脾气，能够控制自己的感情。具有这种性格的人，虽然有不适合公共关系工作的一面，但做事深思熟虑，能控制自己的感情等优点，对公共关系工作又是非常有利的。

通过上述分析，我们得出这样的结论，那就是从人的性格角度来探讨公共关系人员的心理素质是不全面的。既然是探讨心理素质，我们还是应该从公共关系职业对人的心理要求这个角度入手。概括起来说，对公共关系人员的职业心理要求大致有以下三个方面。

1. 自信的心理

自信，是对公共关系人员职业心理的最基本的要求。一个人有了自信，才会产生自信力，从而激发出极大的勇气和毅力，最终创造出奇迹。古人云："自知者明，自信者强"。充满自信的公共关系人员，敢于面对挑战，追求卓越。这样的公共关系人员塑造的组织形象，必然是良好的形象。自认卑微，缺乏自信的公共关系人员，其塑造的组织形象，只能是卑微、平庸的形象。

旅游公共关系工作不是一种简单的机械操作。公共关系人员虽然能在一定程度上预测到工作的结果，但还是需要冒一定的风险，这就需要有自信。当然，这种自信是建立在周密的调查研究、全面了解情况的基础之上，而非盲目自信。当旅游组织遇到危机时，缺乏自信的公共关系人员通常会显得手足无措，一片慌乱，即使有很好的转机，这样的公共关系人员也难以把握；而充满自信的公共关系人员，面对这种情况，则会以稳健的姿态，凭借机智，依靠耐心和毅力，通过艰辛的努力，使组织转危为安。正如法国哲学家卢梭所说的，"自信心对于事业简直是奇迹，有了它你的才智可以取之不尽，用之不竭。一个没有自信心的人，无论他有多大的才能，也不会有成功的机会。"因此，对于从事旅游公共关系的人员来说，培养自信心是十分重要的。

2. 热情的心态

从事公共关系工作的人员应有一种热情的心态。公共关系工作不是一种整天吃喝玩乐的轻松的工作，而是一种需要人们付出大量智力和体力劳动的艰辛的工作。很多公共关系人员脑中几乎都没有八小时工作制的概念，他们有的只是加班加点超负荷的工作习惯。没有极大的热情，没有全身心的投入，是干不好公共关系工作的。

热情的心态，能使旅游公关人员兴趣广泛，对事物的变化有一种敏感性，且充满想象力和创造力。一个对什么都没兴趣、对一切都很漠然的人，是无法胜任公共关系工作的。这样的人即使从事公共关系工作，也只能是被动式的，而非主动式的，其工作效果十分有限。旅游公共关系人员也需要凭借热情的心理，来与各种各样的人打交道，结交众多的朋友，拓展工作的渠道。缺乏热情的人，既不可能接受别人，也不可能为别人所接受。

3. 开放的心理

公共关系工作是一种开放型的工作，从事这种工作的人需要有一种开放的心理。公共关系工作是一种创造性很强的工作，这种工作要求人们以开放的心理，不断接受新的事物、新的知识、新的观念，在工作中敢于大胆创新，做出突出的贡献。具有这种心理的人，能宽容、接受各种各样与自己性格不同、风格不同的人，并能"异中求同"，与各种类型的人建立良好的关系，这正是公共关系工作十分需要的。

公共关系人员有了开放的心理，就能在很多方面表现出一种高姿态，冷静地对待和处理工作中所遇到的困难和挫折，且不会斤斤计较一时一事的得失。

三、对旅游公共关系从业人员的知识、能力要求

公共关系人员是否具备良好的专业知识结构和能力结构，直接关系到他们心理素质的发挥和整体职业素质的提高。一个人缺乏公共关系的专业知识和公共关系工作的能力，即使他有适合从事公共关系工作的良好的心理素质，也难以得到很好的发挥。如果公共关系人员的知识结构和能力结构不完整、有缺陷，那么，他的工作水平就会直接受到影响，他的整体职业素质的提高也会受影响。因此，公共关系人员的知识结构和能力结构是公共关系人员基本素质的重要组成部分。

1. 知识结构要求

公共关系从业人员所需掌握的公共关系专业知识不同于广大公共关系业余爱好者所掌握的某些公共关系的基础知识。但专业知识与基础知识有联系，因为专业知识是基础知识的深化和提高。旅游公共关系知识体系作为一个系统通常由三个子系统构成。

（1）公共关系的基本理论和实务知识。第一，公共关系的基本理论知识包括：公共关系的基本概念；公共关系的由来和历史沿革；公共关系的职能；公共关系活动的基本原则；公共关系的三大要素，社会组织、公众和传播的概念及类型；不同类型公共关系工作机构的构建原则和工作内容；公共关系工作的基本程序等。第二，公共关系的基本实务知识。公共关系的特点之一是实务性强。公共关系人员除了需要精通公共关系的基本理论知识，还需要熟悉公共关系的基本实务知识。公共关系的基本实务知识包括：公共关系调研的知识；公共关系活动策划的知识；公共关系活动实施和评估的知识；公众分析知识；与各类公众打交道的知识；社交礼仪知识，等等。公共关系的基本理论和实务知识相当丰富，有关这些方面的具体内容，本书其他章节都分别做了详尽的介绍，这里就不再重复了。

（2）与公共关系密切相关的学科知识。旅游公共关系作为一门应用型综合性社会科学，具有多学科交叉的特点。与之相关的几类学科：管理类学科，包括旅游管理学、行为科学、旅游市场营销学等；传播类学科，包括传播学、新闻学、旅游文化学、广告学等；社会学和心理学类学科，包括社会学、旅游心理学等。

旅游公共关系活动从某种意义上来说是一种管理活动。从管理的角度看待公共关系工作的地位和作用，把公共关系工作视为一种管理行为、管理过程和管理方式，将有助

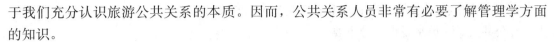

于我们充分认识旅游公共关系的本质。因而，公共关系人员非常有必要了解管理学方面的知识。

公共关系工作采用的技术目前绝大部分是传播技术。无论何种类型的公共关系工作，都需要大量运用人际传播、大众传播甚至跨文化传播的技术。因而，公共关系人员也有必要了解传播学的知识。

旅游公共关系工作直接面向社会，面对人。公共关系人员需要研究旅游者的心理、态度和行为。因而公共关系人员还有必要了解社会学和心理学方面的基础知识。

另外，市场学、营销学、新闻学、广告学等学科也与公共关系密切相关。公共关系人员应根据工作需要，对这些学科有所了解。

（3）有关组织的知识和开展特定公共关系工作所需要的专业知识。旅游公共关系人员需要对旅游组织情况有充分的了解。组织的情况包括：组织的性质、特点、任务、目的和目标；组织过去的历史、目前所处的环境、现有的竞争对手、员工的精神面貌和未来的发展前景等。对组织的情况知之不多或知之甚少，公共关系人员就无法结合组织的实际情况，开展组织所需要的公共关系工作。只有全面掌握组织情况，工作起来才能得心应手。

另外，公共关系人员有时也会根据特定的需要，开展某些特定的公共关系工作。譬如，旅行社业务范围由境内扩展到国际市场，组织需要开展国际公共关系工作，公共关系人员就必须了解国际关系、国际市场营销、国际公共关系等方面的专业知识和有关国家的政治、经济情况。

我们还需要强调一点，那就是公共关系人员的知识结构应该是一种动态、开放的结构，能够随时吸收新的知识，不断丰富和发展自己；静态、封闭的知识结构是没有发展前途的，它会因为跟不上时代前进的步伐而被淘汰。

2. 能力结构要求

公共关系人员的能力结构与公共关系人员的知识结构一样是一个系统，由一系列彼此关联的能力所构成。公共关系人员的能力主要是指工作能力，包括以下几个方面。

（1）较强的文字和口头表达能力。能写会说是旅游公共关系工作对公共关系人员最基本的要求。公共关系人员与新闻媒介联络，要写新闻稿；公共关系人员组织演讲活动，要写演讲稿，公共关系人员进行特殊事件的组织与筹备，要写活动计划方案；公共关系人员参与组织管理，要写年度报告或工作总结等。大部分公共关系工作都要求公共关系人员有扎实的笔墨功夫、较强的文字表达能力。

公共关系人员干任何一项公共关系工作都要与人交往，因而口头表达能力对他们十分重要。公共关系人员有较强的口头表达能力，可以清晰、简洁、明了地表达思想、发布信息，且吸引人、打动人、说服人，从而收到良好的效果。

（2）良好的组织能力。公共关系人员搞任何一个公共关系活动，要有章法、有条理，公共关系计划、方案的实施，工作千头万绪，具体而繁杂，没有良好的组织能力是很难顺利做好的。

（3）健全的思维和谋划能力。公共关系活动有时是一种智力活动。这一点在公共关系的策划和咨询工作中尤为明显。公共关系人员要对零乱的事物、现象进行综合分析和思考，以找出事物的本质，确定组织公共关系问题的症结所在。因而健全的思维和判断能力，对公共关系人员来说也十分重要。

当公共关系人员发现了组织中存在的公共关系问题，或预见到了组织将会发生的公共关系问题，为了解决这些问题或防患于未然，他们还需在创新意识的引导下，发挥自己的想象力，对公共关系活动进行全面策划和设计。古人云："人可以谋人，可以谋事，亦可以谋天，亦可以谋地。谋则变，不谋则不得变，谋则成，不谋则不得成。"可见事成于谋。公共关系人员还必须具备相当的谋划能力。

（4）敏锐的观察能力。旅游公共关系工作是深入实际的工作，公共关系人员要经常对旅游组织的情况进行调查研究，以把握组织和公众各方面的变化，这就要求公共关系人员必须具备敏锐的观察能力。具备这种能力的人，往往善于从普通的资料、数据或新闻报道中看出问题，从平静的现象中发现潜在的变化。

（5）很好的自制自控和灵活应变的能力。旅游公共关系工作包括繁重的日常事务和对各种重大事件的处理，工作量很大。公共关系人员必须有耐心，有毅力，有很好的自制自控能力。这种能力不仅需要反映在公共关系人员的心理上，而且需要体现在公共关系人员的工作方式上。那种性情急躁的人是无法做好公共关系工作的。

人们常说，公共关系人员在与他人打交道时，要有一种忍让的精神。但这绝不意味着可以放弃原则。要想做到既忍让又不失去原则，就必须要有一种很好的灵活应变能力。缺乏这种能力的公共关系人员，在处理一些错综复杂的情况时，往往会以思想和行动上的不知所措而告终。

（6）善于与他人交往的能力。衡量一个公共关系人员能否适应现代社会需要的标准之一，就是看他是否具备善于与他人交往的能力。一个缺乏这种能力的人，往往会人为地在自己与社会、自己与周围环境、自己与他人之间设置一道心理屏障。这样的公共关系人员，不可能有效地完成自己所承担的公共关系工作。从某种意义上说，公共关系人员是社会活动家，他们无疑应具备与各种各样的人交往的能力。

（7）掌握政策、理论的能力。旅游公共关系人员做公共关系工作不是凭感情、直觉行事，而是需要在掌握政策和理论的前提下，从事自己的业务活动。在当今瞬息万变的信息时代，一个人不善于掌握政策，不勤奋学习理论，没有较高的政策和理论水平，其工作水平就会停留在一般层次上而无法进一步提高。

第三节　旅游公关人员的职业准则

旅游公共关系人员的职业准则是旅游公关人员在从事旅游工作时必须遵守的道德准则。随着公共关系职业化的发展，我国于1991年5月23日第四届全国省市公关组织联席会议上通过了《中国公共关系职业道德》。这是我国公共关系发展史上的一件大事。

作为旅游公共关系工作人员，除要认真遵守《中国公共关系职业道德》外，还应做到如下几点：

（1）坚持社会主义方向，热爱祖国，具有作为中国人的自豪感，自觉遵守我国的宪法、法律和社会道德规范。

（2）热爱本职工作，公正廉洁，有强烈的社会责任感和无私奉献的精神。

（3）诚实、礼貌、负责、处处为他人着想，注重信誉，具有以宾客为中心的工作态度。

（4）具有热情、友善、协作、顾全大局的工作精神。

（5）具有忠于职守，不谋私利的工作作风。

（6）具有钻研业务、努力学习、有效工作、勇于创新的进取精神。

（7）时时以身作则，为国家、旅游组织树立良好形象。

知识链接

普京背后的美国公关巨头

 **课堂讨论**

人们常说："公关人员应当有企业家的头脑、宣传家的技巧、艺术家的气质和外交家的风度。"谈谈你对这句话的理解。

技能操作

请考察附近一个大型酒店的运作情况，画出该酒店公关部的结构图，并指出该公关部各职能部门的相关职责。

课后习题

一、名词解释

旅游组织的公共关系 旅游公关人员 塑造形象的意识

二、简答题

1．试分析不同旅游组织应当采取的公关机构设置模式。

2．旅游公关人员应当具备哪些执行能力？

3．简述设置旅游组织公共关系部门的必要性。

4．设置旅游组织公共关系部门的基本原则是什么？

第六章　旅游公共关系的工作程序

本章导读

➡ 为了顺利地开展旅游公共关系活动，必须对旅游组织公共关系工作进行全面策划，制订一套完整的实施方案，保证旅游公共关系工作遵循一定的程序，有条不紊地进行。其基本程序可分为公共关系调查、公共关系策划、公共关系实施、公共关系评估四个步骤，我们通常称之为旅游公共关系的"四步工作法"。在这四步循环程序中，旅游公关调查是起点和基础；旅游公关策划是关键，是旅游公关实施的指南和效果评估的标准，离开了旅游公关策划，旅游相关工作就会漫无目的，不得要领，难以协调统一，成效甚微；旅游公关实施是核心，且是执行旅游公关策划，取得旅游公关成效的具体行动，离开了旅游公关实施，再好的策划也只是纸上谈兵；效果评估是重要的反馈环节，也是下一轮旅游公关活动的起点。

学习目标

➡ 了解旅游公共关系调查的含义、原则、意义和内容。
➡ 掌握旅游公共关系调查的基本程序。
➡ 掌握旅游公共关系策划的程序与方法。
➡ 了解旅游公共关系实施的步骤。
➡ 熟悉旅游公共关系评估的内容、程序和方法。

章前案例

广州大厦——首创公务酒店的品牌形象

广州大厦的前身是广州市人民政府的接待基地——榕园大厦。为了适应改革中的广州市政府对接待基地的需求，广州市政府办公厅于1993年在榕园大厦的基础上按四星级标准建成了现在的广州大厦，并于1997年9月28日开业。

广州大厦起步之初聘请酒店管理公司进行管理，管理公司将大厦定位为商务酒店，拟仿照商务酒店的经营管理模式立足市场。由于市场定位的不准确和经济大气候的影响，大厦的经营一直难以打开局面，1997年9月28日至1998年9月30日，经营利润只有4.3万元。广州大厦的经营陷入了困境，管理公司只好提前撤离，由广州市政府办公厅组建了以邝云弘女士为领导核心的新班子，接手大厦的管理工作。新领导班子决定通过重新确立酒店定位，树立品牌形象来争取社会和顾客的支持。

广州大厦新班子在做了大量市场调查的基础上，对自身的基本情况做了全面的分析，认识到：广州商务酒店星罗棋布，传统的招待所也为数甚多，广州大厦要想异军突起，必须寻找全新的市场定位；广州大厦拥有独特的酒店资源和接待资源，重新整合这些资源，创立了全国首家公务酒店的品牌形象。

这一形象的释义为：以公务客户、公务活动为主要目标市场，以规范化的酒店服务为基础，以鲜明的公务接待为特色的酒店。具体的公共关系策略有：①密切联系目标公众，创造良好的人际传播渠道；②全面强化公务公共关系，拓展公务市场；③在服务中传播，在传播中营销。通过一系列的项目实施后，广州大厦实施公务酒店品牌形象以来，取得了良好的社会效益和经济效益。使一个原来年营业利润只有4.3万元的国有企业，在一年之后，年营业利润超过2 000万元。难怪行业权威的杂志《接待与交际》刊出了广州大厦的报道之后，在全国引起强烈反响，马上有众多的包括《人民日报》在内的全国和地方媒体转载或报道，《接待与交际》还为之开设了"公务酒店信箱"专栏。

问题

广州大厦品牌形象的成功，其中起关键作用的因素是什么？

案例分析

广州大厦案例是一个以品牌传播促营销的成功的公共关系活动个案。其公共关系调研工作、公共关系工作计划及公共关系计划的实施都是成功的。其成功之道在于：第一，首创特色品牌，意义重大；第二，品牌是建立在坚实的营销策略基础上的；第三，创造了独特而有效的传播方式，也就是所谓的"在服务中传播、在传播中营销"；第四，营造了成功的目标公众关系，即公务市场就是大厦的主要目标市场（当然，这一定位并没有对商务接待的排他性），酒店式的服务就是大厦的服务手段。其运用的公共关系模式主要有宣传型公共关系活动、建设型公共关系活动等。

第一节　旅游公共关系调查

旅游公共关系调查研究，是指旅游公共关系工作人员对自己或服务的旅游组织的公共关系状态进行的情报收集与研究工作，即运用一定的理论、方法和技巧，以旅游组织内外公众为对象，通过收集资料和分析资料，了解旅游组织的公共关系状态，揭示其发展趋势，并提出改进措施或意见的调查研究活动，是一种旅游公共关系实务活动。

一、旅游公共关系调查研究的含义

公共关系调查是全部公共关系工作的起点，它为公共关系目标的确立和公共关系计划的制定提供了基本依据，也为公共关系方案的实施提供了根本保证。

公共关系调查与市场调查在调查目的、调查对象和调查内容上有明显的区别，两者不可混淆。具体详见表6-1。

表6-1 公关调查与市场调查对比表

比较项目/调查类型	公关调查	市场调查
调查目的	了解与组织有关的公众意见、形象评估等，分析、研究公众对组织的整体要求	了解商品形象，分析研究购买者的需求与动机、购买意向与行为及购买后的感受等，以寻求维护和开拓市场的方法
调查对象	组织的相关公众	一般是商品的供求方、竞争者及其他相关部门
调查内容	组织的环境调查、组织知名度和美誉度的调查、公共关系活动和社会环境调查等	为达成市场目标所进行的社会环境调查及包括产品供应、购买需求、产品价格、竞争者状态、销售渠道及促销等的微观市场的调查

旅游公关调研是指围绕旅游组织内部公众和外部公众的意见、态度等现实情况和潜在情况而开展的调查研究活动。通过调研能使组织知己知彼，明确需要开展什么样的公关活动、如何开展、开展活动的结果，以便更加合理地、高质量地解决一系列公关问题，同公众建立融洽、和谐的关系，提高旅游组织的信誉和良好形象。旅游公共关系调研是为组织的决策发展服务的，是组织存在和发展的前提条件，也是旅游业公共关系部门和公共关系人员需要掌握的专业技巧之一。

二、旅游公关关系调查研究的意义

旅游公关调查有两个主要的功能：

（1）收集资料，反馈信息，客观、真实地反映旅游组织的公关状态。

（2）分析资料，透过现象看本质，从而揭示旅游组织公关状态的发展趋势，并据此提出加强和改进旅游组织公关的策略、方法和措施。公关调查作为旅游公关工作程序的基础步骤和首要环节，对旅游组织的整个公关活动具有重要意义。

（一）旅游公共关系调查是开展旅游公关活动的前提和基础

调查研究是开展一项公关活动的首要环节，它为公关活动的其他环节提供前提条件。只有做好了调查研究，探明事实真相，掌握与旅游组织的活动和政策相关联并受其影响的公众认知、观点、态度和行为，确定旅游组织所面临的问题，其他诸环节才有可能卓有成效地进行下去。

（二）旅游公共关系调查具有沟通信息的作用

旅游公共关系调研本身就是一项沟通公众关系、塑造旅游组织形象的重要公关工作。是反映公众意见、要求和希望的过程，也是调查人员向旅游公众介绍旅游组织情况，使旅

游公众进一步了解旅游组织的过程。

三、旅游公共关系调查的基本原则

（一）实事求是的原则

实事求是的原则包括两方面的含义：按事物的实际情况办事，不夸大，也不缩小；从实际情况出发，找出周围事物的内部联系，探求其发展的规律性。

遵循实事求是的原则，就是要按照事物的实际情况办事，坚决反对弄虚作假：收集资料时，要广泛听取正反各方面的意见，不能偏听和偏信，更不能搞假材料；分析研究时，结论要由调查的真实材料推出，尊重结论的客观性，并如实报告。

遵循实事求是的原则，就是要从实际出发，努力寻找事物的内在规律。收集资料时，要尽可能排除一切非客观因素的影响，去伪存真；对于第二手资料，要认真分析，辨别其真伪与可信度。分析研究时，结论要以真实可靠的调查资料为依据。

（二）讲求效益的原则

讲求效益的原则，就是要求在旅游公关调查中，以较少的人力、物力、财力投入，来办更多的事，使调查取得最佳效果。提高公关调查的效益，关键要在科学地组织调查研究活动上下功夫。

（三）尊重公众的原则

尊重公众的原则是指调查者在整个调查中，要尊重被调查者的人格、宗教信仰、民族习惯、生活方式和志趣爱好；要谦虚、礼貌，热情、主动，举止文明；要关心被调查者，并积极为之解决困难，等等。

旅游公关调查的顺利进行离不开旅游公众的配合与支持，而尊重旅游公众是取得被调查者配合与支持的先决条件，同时，尊重旅游公众也是建立旅游组织信誉的需要。

四、旅游公共关系调查的内容

旅游组织的公关调研内容十分广泛，由不同旅游组织的不同需求所决定。一般应包括以下几个方面。

1. 旅游公关人员调研

旅游公关人员调研，主要是对内部公众进行调查研究和建立业务档案，包括旅游公关顾问、旅游公关领导、旅游公关业务人员三大类。各类人员都有其自身的特点，并担负着独特的职责。

旅游公关顾问是指那些熟悉旅游业，能够在调查市场、策划活动、树立形象、解决问题等方面提供高层次智力服务的公关专家。对这类人员的调研活动，主要是了解和掌握对本组织有用的人员情况，包括个人情况、专业及经验情况、关系网络情况、在做旅游团时的指导能力情况、顾问时间及费用的要求情况等，以便在解决问题时能向领导推荐各类顾问人员。

旅游公关领导是指公关公司（部）的董事长、总经理及旅游业内部的公关部经理（公关干事）。对这一类人的调研有两个方面：一方面是对本组织以外的公关组织的领导及公关人员进行调研，并通过本组织的公关人员同其他组织的公关人员建立关系网络，以寻求合作的项目和在公关工作中相互帮助；另一方面是对本组织自身的公关领导及人员进行调研，建立业务档案，分工合作，明确自身的公关能力，做到知己知彼，以便引进所需公关人才，不断提高现有人员水平，达到优胜劣汰，竞争上岗，适者生存，搞好内部管理。

旅游公关业务人员是指具体进行技术业务、事务方面的工作人员。这类人员包括与新闻媒介打交道的具有采访、写作、编辑、摄影能力的专职写作人员；美术设计人员，经济谈判、营销人员，法律、财务管理方面的人员；接待、安排会议、管理传递文件的办公人员；购买礼品、车、船、机票，协调各类关系的协调人员等。对这类人的调研主要是了解其受训情况、个人特长、知识结构、独立工作能力等，以便在旅游团遇到特殊团队时能调其协助导游工作，或在旅客中出现突发事件时派其代表组织去处理。旅游公关业务人员应是源于导游而高于一般导游的业务骨干人员。

2. 旅游组织形象调研

旅游组织形象是指旅游组织自身内在的精神文化特征和外在的行为表现特征在公众心目中的综合反映。它包括产品形象、领导形象、员工形象、服务形象、文化形象等。旅游组织形象调研就是客观地对外部公众进行各种各样的调查研究，以得出公众对本组织提供旅游服务结果的综合反映。

其中，公众对旅游组织的态度和观点是公关调查的主要方面。通过对这一情况的调查，可以看到组织在社会公众心目中的实际形象，并以此同组织自我期望的形象进行比较，找出差距和存在的问题，以制订出组织为之奋斗的公共关系目标。

（1）知名度的调查。即调查公众对该旅游组织的知晓程度，涉及组织影响力的大小。组织调查的目的是巩固好的方面，挽救坏的方面。

（2）美誉度的调查。即调查公众对旅游组织的赞美程度。美誉度是评价组织声誉好坏的社会指标，侧重于"质"的评价，即组织社会影响的好坏。

（3）信任度的调查。即公众对旅游组织的认可、信赖程度。信任度的调查，不像知名度和美誉度一样只在组织外部进行，而是内外并举。内部职工对组织有强烈的责任感，显然会增强团体意识和凝聚力；外部公众对组织上有强烈的信任感，显然有助于彼此的合作与支持。因此调查的目的，是要使组织的公关方向有助于增加信任度。

（4）变动度的调查。即公众对旅游业组织的态度意见、看法的变动程度。企业应通过公共关系工作促进舆论环境由坏向好的方面转化和提高。变动度的调查，实际上是对公共关系效果进行调查，促使公关效果与组织自我期望的效果相接近，最大限度地缩小其差距。

旅游组织形象是由诸多要素构成的综合印象。调研中要注意以下三方面的问题：

（1）调研要注重其客观性。旅游组织形象的产生离不开观念形态的加工制作，但它的内容仍然是客观的。一个好的旅游组织形象，不是靠做广告，吹嘘欺骗，乱承诺而取得的，关键是游客满意不满意，无论是吃、喝、住、行、玩，还是收费、景点、购物、平时

的服务等方面都是关键。

（2）调研要注意其全面性。由于旅游业是一个产业，所以组织的形象不仅取决于自身的服务工作开展得如何，同时也取决于与其合作的异地伙伴。整个旅游线路是一条完整的生产线，只要在任何一个环节上出现一点小问题，就将影响其服务质量，影响其组织形象。所以调研必须对整条生产线进行，不能以点代面，以局部推断全部。

（3）调研要注意其相对性。旅游组织形象的好坏是相对而言的。这种相对性包括旅游组织同其他组织形象好坏的相对性；旅游组织内部各构成要素之间形象好坏的相对性；旅游组织外部公众对形象评价好坏的相对性；旅游组织形象在不同时间和地域中好坏的相对性等。调研中要注意这种相对性的存在，有时在此是好的，在彼未必就好；在一部分人的心目中形象是好的，在另一部分人的心目中形象未必好；作为甲团队形象好时，用同样的方式方法作为乙团队形象就未必会好；在自己国家是好的，在另一个国家则未必就好。所以要通过调研不断掌握各种情况，并不断随着公众的需求变化而调整服务方式，这样才能更好地树立旅游组织良好的社会形象。

3. 公众动机调研

公众动机是指公众在采取某些行动之前，其内心世界的活动情况及目标要求。公众动机是公众的心理活动过程，是形成公众态度与意见的直接原因。公众动机调研的目的是探明造成组织印象与评价的主观原因，如对组织是否了解不够，是否有意见，组织的产品质量、包装、推销办法是否与公众的某种成见相冲突等。

4. 旅游公关活动调研

旅游公关活动是指为实现公关目标，树立良好社会形象，赢得更多公众，所开展的一系列有特色、有影响的专题公关活动。旅游公关活动的调研是指对公关活动开展的选题、影响效果以及活动整体评估的一系列调查研究工作。它包括公关活动策划前的选题调研和公关活动结束后的效果调研两大类。在调研活动中应注意：

（1）选题调研。应着重调研其他组织是否开展同类公关活动，开展得如何，经验及教训怎样。通过调研，对本组织开展同类活动提出参考意见或反对意见。同时还需调研是否能赢得有关单位的赞助和支持，以便更好地选择公关活动的课题。

（2）效果调研。应着重调研开展公关活动后产生的效果比开展公关活动前有无进步，与其他同类组织有多大差距；同时也可通过调查研究活动的开展情况，从每个指标来评估活动开展的水平和效果。

5. 公关活动效果调研

公关活动效果调研是指组织内公关部门了解公众对组织公共关系专门性活动效果的评价和意见。对内了解职工，对外了解顾客，通过调查，可以获得信息的反馈，以便总结经验，改进工作，不断提高组织公关部门的业务水平。

6. 宣传效果调研

宣传效果是指组织公关部门调查组织运用不同媒介进行宣传的实际效果。这里主要是指对外宣传的效果。例如，通过新闻媒介对外宣传，要调查该媒介的覆盖面、公众构成、收视率、阅读率、发行量等；对组织内部宣传媒介，要调查职工对内部传播媒介的偏好及其原因、对内部刊物的阅读率及喜好的原因等。

五、旅游公共关系调查方法

旅游组织的公共关系调研方法很多，有的很特别，有的很讲究技巧，这主要取决于旅游组织的要求和公关人员的素质，以及对公关对象的判断。旅游组织的公共关系调研方法有文献研究法、问卷调查法、访谈法、观察法、通讯法、追踪法、抽样调查法、案例分析法。

1. 文献研究法

文献研究法是指利用各种可以掌握的历史统计资料、档案资料、样本资料、音像资料、网络资料等第二手资料进行分析研究的方法。文献是指储存在物质载体上，按照一定逻辑关系组织的有关知识内容的信息记录。文献研究的第二手资料可分为四类：第一类是出版物，如报纸、刊物、书籍等；第二类是政府和社会团体的档案，包括文件、报表、内部通讯、简报、会议记录、谈话纪要等；第三类是个人文献，包括私人信件、个人业务档案、日记、笔记、账目、契约、回忆录等；第四类是音像、网络资料。

文献研究法是一种十分有用的调研方法，但由于它仅限于研究历史资料，所以不能准确、真实地反映千变万化的现实；又由于所研究的是第二手资料，难免存在差异，这也是该方法的不足之处。

2. 问卷调查法

问卷调查法是把所要调研的问题设计成表格，让游客填写，然后对收回的问卷进行分析研究的方法。问卷调查法的优点是调查的区域广、费用低；其缺点是回收率低，如果组织不好，真实性也较差。

问卷的类型划分为封闭式问卷和开放式问卷。封闭式问卷中对每一种提问后面都列出了所有可能的备选答案，其优点是便于整理、统计、分析和研究，缺点是对调查的一些问题不易深入。开放式问卷中对每一种提问都不列可供选择的答案，调查对象根据自己的情况和意愿自由回答。如"你对此条旅游路线的景点安排还有什么要求？"，其回答可能多种多样。通过这种问卷调查，能收集到一种事物各个方面的信息，但这类资料整理、统计和分析起来较为困难。

 **知识链接**　旅游服务问卷调查表

尊贵的阁下（先生/女士）：

您好！欢迎您来到美丽的人间瑶池——宝峰湖风景区观光游览。为了了解您的旅游需求、旅游感受，以便我们今后为您和广大的游客朋友提供更加完善的服务，在此耽误您两分钟的时间，请您填写以下两份表格。填写完毕后，我们将为您送上一份旅游纪念品，以示感谢。

表一：旅游基本情况（在相应的空格填写或者在相应答案前的方框中打"√"）

1. 您的姓名：　　　　您的性别：　　　　您的年龄：

您的单位或地址：　　　　　　　　　　您的职业：

2. 您是第_____次来到张家界观光游览，您是通过什么途径了解张家界后才来的：

☐电视　　　　☐报纸　　　　☐广播　　　　☐网络

☐风光画册　　☐旅行社　　　☐亲戚朋友的介绍

☐其他途径

3. 您这次打算在张家界停留多长时间：

☐一天　　　　☐两天一晚　　☐三天两晚　　☐四天三晚

☐五天四晚　　☐六天五晚　　☐七天六晚

4. 您这次在张家界已经或者准备游览哪些景区景点：

☐宝峰湖　　　☐黄龙洞　　　☐天子山　　　☐袁家界

☐金鞭溪

☐黄石寨　　　☐激流回旋　　☐土家风情园　☐江垭温泉

☐茅岩河漂流

☐溇江漂流　　☐九天洞　　　☐龙王洞　　　☐其他景点

5. 您这次在张家界的旅游团费是：

☐300元以内　☐300～400元　☐400～500元　☐500～600元

☐600～700元

☐700～800元　☐800～900元　☐900～1 000元　☐1 000元以上

6. 您这次在张家界的旅游自理费用（含购物）是：

☐300元以内　☐300～400元　☐400～500元　☐500～600元

☐600～700元

☐700～800元　☐800～900元　☐900～1 000元☐1 000元以上

7. 您这次除张家界以外，在湖南省已经或者准备游览哪些景区景点：

☐猛洞河　　　☐德夯　　　　☐凤凰　　　　☐桃花源

☐毛主席故居　☐刘少奇故居　☐马王堆　　　☐岳麓书院

☐岳阳楼　　　☐洞庭湖

☐南岳衡山　　☐炎帝陵　　　☐崀山　　　　☐其他景点

8. 您对张家界旅游的整体印象是：

☐很好　　　　☐好　　　　　☐一般　　　　☐差

9. 您对湖南旅游的整体印象是：

☐很好　　　　☐好　　　　　☐一般　　　　☐差

10. 您会再来张家界观光旅游吗？

☐会　　　　　☐不会

11. 您这次回去后会推荐您的亲戚朋友来张家界观光旅游吗？

☐会　　　　　☐不会

12. 您觉得我们怎样努力才能够为您提供更好的旅游服务？

表二：宝峰湖风景区旅游服务质量评价表（在相应的方格内打"√"）

旅游服务项目	优	良	一般	差
问询服务	☐	☐	☐	☐
售票服务	☐	☐	☐	☐
验票服务	☐	☐	☐	☐
停车场服务	☐	☐	☐	☐
卫生间服务	☐	☐	☐	☐
导游讲解服务	☐	☐	☐	☐
山歌演唱服务	☐	☐	☐	☐
游船驾驶服务	☐	☐	☐	☐
歌舞表演服务	☐	☐	☐	☐
安全保卫服务	☐	☐	☐	☐
引导标识服务	☐	☐	☐	☐
购物服务	☐	☐	☐	☐
摄影服务	☐	☐	☐	☐
电信通讯服务	☐	☐	☐	☐
其他服务	☐	☐		☐

您的意见和建议

填写日期：　年　月　日　　　　　张家界宝峰湖旅游实业发展有限公司

3. 访谈法

访谈法是调研人员分别访问调查对象，通过个别谈话的方式收集信息的一种调研方法。其优点是直接与公众接触，具有直观性、有效性。另外，在访谈中调研人员可以根据需要变换、调整访谈内容，或启发对方，具有灵活的启发性。在形式上可分为结构式访谈和非结构式访谈两种。

结构式访谈是调查人员带着事先印好的问卷对游客进行访谈，并由游客当场填写，也可向游客询问后填写；非结构式访谈是携带调查提纲的访谈，访谈没有固定的模式，调研者可根据调研的不同内容和要求灵活掌握。在谈论中可采用一些必要的方法，如引导法、提问法、追询法、奖励法等。

4. 观察法

观察法是由调研人员在调查现场观察被调查者而形成调研材料的一种方法。它分为参与观察和非参与观察两种。参与观察是观察者扮演一定的角色和被观察者在一起活动，并从活动中了解有关信息；非参与观察是调研人员作为旁观者而了解有关信息的方法。该种方法的优点是省钱省事，所获资料自然、真实；其缺点是所获得的资料带有较大的偶然性，还要受对象的经验、阅历、知识结构、个人主观色彩所影响。

5.　通讯法

通讯法是指旅游组织通过信函方式，针对某一服务问题，向公众征求意见的方法。在调研过程中，一定要对来电、来函、来信进行认真处理，包括拆阅、分类、登记、归纳、提炼和得出调研报告等。

6.　追踪法

追踪法是指旅游组织针对某一团队进行服务后的跟踪调研方法。追踪调研的内容比较广泛，可以涉及组织形象的任何一方面，包括收费合理性、景点设置、交通工具采用、住宿条件情况、对组织的看法与评价等。进行追踪调研，最好选取有组织的单位团队，不宜选择散团作追踪调研。

7.　抽样调查法

抽样调查法是指从调查的总体中，按照一定的方法抽取部分样本单位进行调研，并以样本资料推断总体的一种调查方法。抽样调查是经济统计中一种普遍且重要的调查方法。该方法的优点是省时、省力、省钱，且调查效果好；其缺点是存在一定的调查误差。该方法一般有随机抽样调查和非随机抽样调查两种。随机抽样调查包括简单随机抽样、系统抽样、分层抽样、分群抽样；非随机抽样调查包括判断抽样、偶遇抽样、配额抽样等。

8.　案例分析法

案例分析法是旅游组织利用自身的公关案例或其他组织的公关案例进行分析研究，以达到解决某一问题的方法。案例分析法是公关调研中的一种常用方法，是采用"他山之石，可以攻玉"的办法去研究某一现成的公关案例资料，寻求对某问题的恰当解决途径。调研中要注意以案例展现的事件及解决问题的办法为线索，循迹追踪，提炼出新的观点和解决问题的办法。解决新问题的方式、方法，要来源于现成的公关案例并高于其案例。

六、旅游公共关系调查程序

旅游公关调研的形式因不同的地域、不同的组织形式而不尽相同，但其基本调研程序是一致的。一般可按以下五个步骤进行调研。

1.　确定调查思路

调查思路的确定，是制订调查计划的前提。一般应根据企业领导提出的思路去反复思考、咨询、论证，并根据自己的想法提请领导认可后进行确定。调查思路是一种想法。它可以成为调查计划制定的依据，并最终得出结果，也有可能是一种设想、空想，在不需要制订计划的情况下就被否认。调查思路是不可编码的知识，思路正确与否关系到制订的计划是否可行，关系到旅游活动的最终成效。

2.　制定调查计划

正确的计划来源于正确的思考，周密的计划来源于清晰的思路。计划的制订是调研活动的前奏，是指定如何开展调研活动的文件，一般包括以下几个方面的内容：

（1）确定调研的问题，包括调研问题的性质、特点及需要特别注意的事项。

（2）确定调研的手段和方式。

（3）确定调研的范围，包括调研的深度和广度。

（4）确定调研所需的人力、物力和财力，要求针对每一项调研活动都要编制相应的财务预算方案、人员配置方案、设备配备情况等。

（5）确定调研时间。计划中要明确开始调研的时间、结束调研的时间、分析整理资料的时间，以及调研过程中的督导检查时间。

在制订计划时要反复研究计划的衔接情况、结构情况及计划体系，并由集体最终讨论决定计划方案。一旦计划出台，就要迅速开展准备工作，包括思想动员、组织准备、物质准备、资金拨付等；组织多方面专业人员配置成最佳调研小组，必要时可进行适当地培训，统一认识，统一口径，提高调研水平；同时准备好调研工具、表格、摄像机、照相机、录音机、计算机及交通工具等。

3. 实施调研

按预定的资料来源及收集资料的方法、调查对象进行分组、分点、分片区地实施调研活动。按计划要求对摄像、录像、计算机编排等情况进行初步编排整理，以便根据实际情况修正计划，达到调研的目的和要求。

4. 调研结果处理

对调研活动中所取得的第一手初步资料进行规范地加工整理。在对文字、数字、音像等原始资料进行加工整理时，要充分考虑到是否符合调研目的的、是否全面、是否充分、是否存在误差。如果有误差，还必须确定其允许的范围。资料处理后，就要分类存档，以便分析使用。

5. 提供调研报告

在分析调研资料的基础上，写出调研报告。调研报告可以是可行性分析报告，但在调研报告中必须根据调研目的和要求有相应的财务分析报告、单项资料报告等内容。

第二节　旅游公共关系策划

旅游公共关系策划是旅游公共关系工作程序的第二步，探讨如何在调查研究的基础上进行运筹、制订方案的规律，为旅游公共关系计划的实施与旅游公共关系的评估提供依据。从某种意义上说，旅游公共关系的竞争就是旅游公关策划的竞争。因此，旅游公关策划不仅处于旅游公关工作程序的核心地位，而且是整个旅游公共关系工作成败或优劣的关键。旅游公关策划是旅游公关活动的最高层次，是旅游公关价值的集中体现，它直接决定了旅游公关活动的效果。

一、旅游公共关系策划的含义与性质

旅游公共关系策划是随着公共关系活动的兴起而产生的。

1. 旅游公共关系策划的含义

旅游公共关系策划，就是指公共关系人员为了实现旅游组织公关的目标，对旅游组织

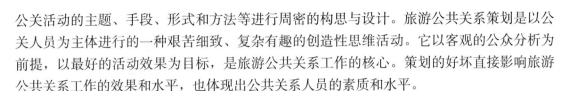

公关活动的主题、手段、形式和方法等进行周密的构思与设计。旅游公共关系策划是以公关人员为主体进行的一种艰苦细致、复杂有趣的创造性思维活动。它以客观的公众分析为前提，以最好的活动效果为目标，是旅游公共关系工作的核心。策划的好坏直接影响旅游公共关系工作的效果和水平，也体现出公共关系人员的素质和水平。

　　旅游公关策划，不是具体的旅游公共关系业务活动，而是旅游公关策划的形成过程。对公关人员而言，困难的不是去实施活动方案，而是如何在策划中提出最新颖独特的创意，制订出最佳的公关活动方案。

　　2. 旅游公共关系策划的性质。

　　（1）旅游公关策划是一门综合性学科，需要运用心理学、决策学、思维学、控制学、系统科学、运筹学等多方面的知识。

　　（2）旅游公关策划是一门"软"科学，不仅靠先进的技术手段，而且靠人的智慧。

　　（3）旅游公关策划是一门实用性很强的应用科学，是一个系统工作，需要科学、系统的逻辑思维能力和把握现实、预测未来的能力。

二、旅游公共关系策划的意义

1. 有利于实现旅游组织目标

　　旅游公共关系策划的过程是根据旅游公共关系的状态和问题对旅游公共关系工作进行谋划的过程，是确定旅游组织公共关系目标以及为实现目标寻求有效手段的过程。根据时间、资金、人力和物力进行策划，可以将旅游公共关系的目标具体化。策划中切实可行的预算和工作程序计划表，可以确保旅游公共关系过程有条不紊地开展，确保对财务做到有效的控制，最终使得旅游公共关系活动的目标顺利实现。

2. 是旅游组织树立形象的法宝

　　高水平的旅游公共关系策划可以帮助旅游组织抓住机遇、渡过难关，是旅游组织参与竞争、树立自身形象的法宝。现代旅游企业的竞争，已经从旅游产品竞争转入到旅游企业信誉的竞争、形象的竞争。实践证明，公共关系策划的水平代表着公共关系工作的水平，哪个企业公共关系策划工作搞得好，哪个企业就会赢得公众的信任，并树立一种美好的形象。

3. 是公关价值的集中体现

　　旅游组织要想在残酷的社会竞争中脱颖而出，可持续地发展下去，要想在本领域内处于不败之地，要想得到公众的认可，就要做到"人无我有，人有我新，人新我优，人优我变"。系统而周密的旅游公共关系策划往往富有创造性和新奇性，能够与时俱进，并在此过程中树立旅游组织的形象。很多旅游组织的成功案例都表明，策划是公共关系价值的集中体现。

三、旅游公共关系策划的内容

（一）分析公众

　　任何旅游组织都有其特定的公众。同时，由于利益的相关点、需求或问题的性质、层次不同，一个旅游组织会面临不同类型的公众。旅游公关活动是以不同的方式对不同的公众展开的，确定与旅游组织有关的公众是旅游公关计划的基本任务。只有确定了公众，才可确定如何使用有限的经费和资源，确定工作重点和程序，科学地分配力量，更好地选择传播媒介和运用工作技巧，有意识地筛选和利用有关信息，对特定的公众进行有成效的传播。

确定公众，首先，要了解公众的权利要求；其次，要对公众的各种权利要求进行概括和分析。一方面找出各类公众权利要求中的共同点和共性问题，把满足各类公众的共同权利要求作为设计旅游组织总体形象的基础；另一方面要分析各类公众的特殊要求，把带个性的问题作为塑造旅游组织特殊形象的基础。一般应选择与旅游组织目标和发展利益相同、相近或利益关系特别紧密的公众作为工作的主要对象。

（二）选择传播媒介和传播渠道

1. 传播媒介

传媒是旅游公关借以沟通、传播信息的载体。旅游公关传媒按其物质形式可分为三大类：符号媒介、实物媒介和人体媒介。符号媒介又可分为有声语言媒介、无声语言媒介、有声非语言媒介和无声非语言媒介四种；实物媒介是实物充当了信息传递的载体，它包括资料、象征物、公关礼品等；人体媒介是借助人的行为、服饰、素质和社会影响作为传递信息的载体。由于各种传媒的性质、效率的差异，它们分别有各自相对稳定的公众对象，只有选择恰当，才能取得良好的传播效果。

选择传媒的基本原则是：第一，根据旅游公关工作的目标要求选择传媒，即传媒所拥有的公众与旅游组织公关目标直接关联的公众类型应尽可能相符或接近；第二，根据不同对象选择传媒，要使信息有效地传达给目标受众，就必须考虑到目标受众的经济状况、教育程度、职业习惯、生活方式及他们接近信息的习惯，根据这些再分析决定选用什么样的媒介；第三，根据传播内容选择媒介，应将信息内容的特点和各种传播媒介的优缺点结合起来综合考虑；第四，根据经济条件选择传媒。

2. 传播渠道

一般可供选择的传播渠道有人际传播和大众传播。人际传播是指个体和个体之间的沟通交流，其表现形式分为面对面的传播和非面对面的传播。前者如当面交谈等，后者如打电话、书信交流等，它具有私人性和信息反馈的及时性等特点；大众传播是指职业传播者通过大众传媒将大量复制的信息传递给公众的一种传播活动，它具有传播主体的高度组织化、专业化；传播手段的现代化、技术化；传播对象众多、覆盖面广、信息反馈缓慢等特点。

（三）编制预算

旅游公关活动要花费一定的人力、财力、物力，因而预算对于旅游公关活动的开展十分重要。旅游公关预算主要包括四方面内容。

1. 费用开支

费用开支主要包括两项：第一，基本固定日常开支。主要指劳动力成本、管理费用（即维持旅游公关部门日常工作而支付的费用）和设施材料费。第二，项目开支，即实施各项旅游公关活动项目所需的费用，如赞助费、咨询费、调研费、专项组织形象广告费等。

2．人员安排

对整个旅游公关计划的实施所需要的人员数量、人员结构做初步的估算。

3．时间安排

时间安排包括整个公共关系活动的实施时间、各段分工、具体任务完成的时间，及旅游公共关系活动开始和结束的时机选择。

4．形成书面报告

旅游公共关系计划经过论证后，必须将上述内容形成书面报告。旅游公关计划的制订既要认真细致，又不能过于烦琐；既要能按计划开展工作，又要具有能随时根据情况变化来改变行动计划的能力。

四、旅游公共关系策划的基本原则

（1）诚实守信原则。旅游公共关系传播的内容要客观和全面，有时要有意识说一些自己的不足之处，提醒公众注意，并说明自身要采取预防性的改进措施，会收到意想不到的效果；以客观事实为依据进行策划，不主观臆断或夸大事实、弄虚作假、无中生有；公平竞争，避免恶性竞争损害组织形象。

（2）创新原则。想独树一帜，为公众瞩目并接受，就要敢于创新。创新要求策划人员要有敏锐的思考能力，要以真实性为基础，与可行性联系起来。

（3）可行性原则。此原则是指根据现有条件和环境因素制定目标，目标不能太高，也不能太低；策划过程要结合本国的政策、民俗、公众心理、消费者承受能力、主办单位人力和财力的因素，根据实际状况来确定策划方案。

（4）效益性原则。注意社会效益与经济效益并重，用最小投入获得最佳效果。公关策划不是慈善施舍行为，更不是一掷千金、花钱如流水的败家行为，必须考虑每一分钱投入的产出。

知识链接

旅游目的地营销
应该如何创新

五、旅游公共关系策划的运作程序

策划任何公关活动，都必须遵循一定的工作程序。一般来说，可把公关策划归纳为八大基本步骤。

1．公关目标的确立

公关目标多种多样，一般有传播信息、联络感情、改变态度和引起行为四方面的目标。从时间上看，还可以把公共关系目标分为长（远）期目标、近（短）期目标、一般目标和特殊目标。任何公关活动，若没有公关目标，后面的工作就无法开展。

2. 策划主题的提炼

策划主题，对整个公共关系活动具有指导作用。提炼旅游业公共关系活动的主题，犹如确定大型交响乐曲的主旋律。能否提炼出鲜明突出的公关活动主题，主题能否吸引公众，抓住人心，是公共关系策划成败的一个重要标志。在提炼旅游业公关主题时要注意以下几点。

（1）必须注意主题与公共关系活动目标的一致性。

（2）公关活动的主题要保持稳定性，不能轻易更改。

（3）必须注意公关活动主题的客观性。

（4）必须注意公关活动主题的实效性。

3. 目标公众的认定

根据旅游业公共关系的特定目标而开展的公关活动，都是针对特定的工作对象——公众而进行的。因此认定与旅游业组织有关的公众是与确定旅游业公关目标相伴随的一项策划工作。

在公共关系策划中，目标公众的认定是有效开展策划工作的重要条件；反之，则会导致一系列的严重后果。例如：力量和资金被不加区别地分散在过多的公众中，工作将不会有计划地按时进行，使得人力与时间、物资和设备不能得到有效使用等。

认定目标公众很难有统一的标准，基本的原则是从组织的活动目标、需要和实力三个方面去考虑。

（1）以组织的活动目标划定公众范围。这种划分主要强调的是目的性。

（2）以组织的活动需要决定目标公众。这种划分主要强调的是相关性。

（3）以组织的实力确定目标公众。这种划分主要强调的是重要性。

4. 活动项目的选择

所谓公共关系活动项目，即指围绕公关目标而确定的在不同时期进行的各种形式的活动。公关活动项目的实施是实现公关目标的重要保证。以下是几种实现公关目标的常选活动项目：

（1）以形象传播为中心的宣传型公共关系活动模式的活动项目有：新闻发布会、记者招待会、展览会、旅游广告、庆祝活动等。

（2）以建立旅游业组织社会关系网络为中心的交际型公关活动模式的活动项目有：招待会、座谈会、工作午餐会、宴会、茶话会、舞会等。

（3）以提供优质旅游服务为中心的服务型公共关系活动模式的活动项目有：咨询服务、预订车船票和客房服务、消费教育、消费指导等。

（4）以社会性、公益性、赞助性活动为中心的社会型公关活动模式的活动项目有：重大节日和纪念日的庆祝活动、开业庆典、周年纪念、剪彩仪式、赞助社会福利事业、文艺演出、公共服务设施的建设和维修等。

（5）以收集、整理、分析、提供各类信息为中心的征询公关活动模式的活动项目有：市场调查、民意测验、访问重要用户、设立监督电话、处理举报和投诉等。

虽然公关活动项目繁多，但在选择活动项目时一定要注意以下几个问题：一是项目要

为目的服务；二是确定项目要量力而行；三是确定项目要考虑公众的因素；四是传播形式要与传播内容相统一。

5. 运转时机的捕捉

在公共关系活动中，若一切准备就绪，还有一个最关键的问题就是要捕捉恰当、良好的运转时机。若机会选择得当，则活动就会成功；反之，活动就会失败，得不到令人满意的结果。活动时机的把握需要公共关系策划人员凭借多年经验的积累，以及策划者的才智和灵性才能悟到。对于旅游组织来说，良好的机会非常多，例如在组织创办开业时，组织更名或与其他组织合并时，组织迁址时，组织推出新产品、新服务时，组织举行周年庆典时，组织新股票上市时等，都可成为良好的时机。

公共关系人员在选择时机时应注意以下几点：

（1）尽量选择那些能够引起目标公众关注和具有新闻价值的时机。

（2）善于利用重大节日和重大事件烘托和扩大公共关系活动的影响，还要学会避开重大节日和重大事件对公共关系活动所产生的负面影响。

（3）随时注意观察事态的发展变化，掌握对自己组织有利的信息，时机一旦成熟，就要果断行动。时机的选择是一种技巧和方法，没有固定的模式，策划者应根据具体情况及整体目标去把握，以求收到良好的效果。

6. 媒体应用的选择

媒体是公共关系活动传播信息的载体。策划人员必须知晓各种媒体的优缺点，并善于巧妙组合，依据具体情况择优而用。最常见的方法有以下几种：

（1）依据传播对象选择媒体。根据传播对象的受教育程度、兴趣、习惯等，选择他们容易接受的媒体。

（2）依据传播内容和形式选择媒体。不同的传播内容和不同的传播形式要用不同的媒体。对于大型的公共关系活动，如新产品拓展市场、周年纪念活动等，必须对以大众传播媒介为主的多种媒体进行综合运用；而对那些旅游业组织内部员工的生日聚会，或对旅游消费者和用户的走访、调查，则应以语言、动作、表情、电话、电报和书信等人际传播媒体为主。

（3）依据组织实力选择媒体。公关策划人员在考虑媒体时，应尽力以节省经费为出发点，在有限的范围内选用适当的媒体。

7. 经费开支的预算

经费预算既是公共关系策划的"目标"，又是对公共关系活动实施时经费开支的控制。因此，必须重视策划中的经费预算。

旅游业公共关系活动中的经费预算主要包括以下两项：

（1）行政开支。该项开支主要包括日常行政费、劳务报酬费和设施材料费。

（2）项目开支。它是指实施各种公关活动项目所需的费用。

8. 活动方案的审定

在完成上述策划后，公共关系策划人员应针对各种不同的方案进行反复比较，选定最佳方案。审定方案有三个步骤：

（1）方案优化。方案优化就是提高方案合理值的过程，目的在于寻求尽善尽美的方案。

（2）方案论证。就是行动方案定好后所进行的可行性论证。

（3）书面报告与方案的审定。公共关系计划经过论证后，必须形成书面报告——策划书。然后上报决策层审定。经过本组织领导的审核和批准后，策划阶段才算结束，接下来便进入公共关系计划的实施阶段。

第三节　旅游公共关系实施

一、旅游公共关系实施的含义

旅游公共关系实施是在旅游公共关系调查、旅游公共关系策划的基础上，将旅游公共关系策划书的内容变为现实的过程；是为实现公共关系活动目标创造性地开展公共关系工作的过程；是传播信息和与目标公众双向沟通的过程。

二、旅游公共关系实施的意义

1. 实现旅游公共关系目标的关键步骤

旅游公共关系调查和旅游公共关系策划是了解问题和分析问题的过程，而旅游公共关系实施是解决问题的过程，只有通过有效的公共关系实施才有可能实现旅游组织的公共关系目标。

2. 决定了旅游公共关系目标的实现程度

实践表明：一个好的旅游公共关系策划方案可能因无效的实施而无法达到预期的效果，而一个有着欠缺的旅游公共关系策划方案也会因为有效的实施而得到完善。因此，旅游公共关系实施不是"照葫芦画瓢"那么简单，而是一项富有创意性的工作。其实施效果如何，直接影响到旅游组织公共关系目标的实现程度。

3. 后续工作的参考依据

旅游组织的公共关系工作是连续不断的，此次的公共关系实施结果，为下次的公共关系策划奠定基础，成为后续工作的参考依据。总结成功的经验和教训，有助于以后的公共关系活动的有效展开。

4. 可以检验策划工作的水平

只有通过实施旅游公共关系策划方案才能发现其问题，如收集资料是否全面、准确，分析是否科学、是否具有针对性，策划的技巧和方法以及策划的创意是否新颖等。

三、旅游公共关系实施的原则

为保证旅游公关实施过程的顺利进行，并有效实现旅游公共关系目标，旅游公共关系实施应遵循以下几点原则。

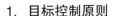

1. 目标控制原则

所谓目标控制原则，是指旅游公共关系实施过程中，自始至终受到旅游公共关系目标的控制和制约，一切要围绕旅游公共关系的目标来进行，不能任意改变或偏离旅游公共关系的目标。旅游公共关系实施中的一切策略、技巧都要和旅游公共关系的目标相一致，为实现旅游公共关系目标服务。旅游公共关系计划的目标确定，一般都是在充分调查研究和科学预测基础上制定的，不会因客观环境的变化而失去它的合理性。以目标作为旅游公关实施的控制手段，能很好地把握实施的目的、步骤、任务，减少旅游公关实施中的随意性和盲目性，保证旅游公共关系目标的顺利完成。如果在旅游公关实施过程中一遇到新问题和情况的变化，就改变公关目标和基本步骤，一定会被变化无常的客观情况所左右，无所适从。因此，公关人员在实施过程中要始终紧扣旅游公共关系的目标，使整个旅游公共关系活动有利于旅游公关目标的实现。

2. 组织行为与传播的一致性原则

旅游公共关系的实施，可以说基本上是围绕信息传播展开的。旅游公关实施要运用各种传播媒介把旅游组织的有关信息传递给公众，使他们认知、了解旅游组织形象。当旅游组织有关信息通过媒介广泛宣传时，作为旅游组织的行为一定要和传播保持一致，一切有碍于信息传播的组织行为都要努力克服。这就要求旅游组织按照公共关系计划的目标要求，排除一切可能出现的有碍实施的组织行为。譬如，一方面传播媒介在广泛地宣传旅游组织提供的服务质量高，而另一方面却和公众因服务质量问题发生纠纷，而使传播媒介的宣传前功尽弃。可见，旅游组织只有将自己良好的信誉、周到的服务和现代化的组织管理传达给公众，塑造良好的形象，才有可能赢得公众的信赖。良好的旅游公共关系是组织的良好行为与真实、正确报道的结合。

3. 沟通协调原则

由于旅游公关工作的阶段性和多样性，在开展活动中往往会出现过分重视整个计划中的某一阶段或某一方面的工作而忽略整体目标的现象，甚至会出现把次要阶段和局部工作当做整体目标来对待，导致影响整体目标实现的情况。因此，在旅游公关活动过程中要强调整体协调，要使工作所涉及的方方面面达到和谐、合理、互补、统一的状态，使全体人员在认识和行动上取得一致，保证旅游公关活动取得实际成效。

要使旅游公关活动协调，首要工作便是信息沟通。沟通就是要保证信息传播渠道的畅通，保证信息能及时传给公众。从实际情况看，造成局部失调现象和酿成潜在失调危机的原因多是信息传播受阻、信息传播渠道不通、信息失真或传播过程受到假象干扰。因此协调的前提是沟通。在沟通协调的过程中，保证信息传播的一致性、明确性和及时性十分重要，只有这样，旅游公关实施涉及的各个部门、各类公众，才能充分了解信息，增进了解，避免一些不协调因素的产生。

4. 把握有利时机原则

把握一切有利时机是旅游公关实施中的一个重要原则。把握有利时机要求旅游组织善于抓住旅游公共关系由头。所谓旅游公共关系由头是指一个旅游公共关系活动得以开展的价值和依据。在新闻工作中，没有新闻由头，一些时间性不强的新闻是不好发表的；同样，没有旅游公共关系由头，有些专项旅游公关活动也是不好开展的，即使开展了也难以引起公众注意，有时甚至会因虚张声势而招致公众的反感。旅游公共关系由头须具备三个条件：一是符合公众利益；二是符合旅游组织的总体目标和自身利益；三是具有新闻价值。因此实质性的旅游公共关系由头就是公众利益、自身利益和新闻价值的交汇点。虽然找到理想的交汇点有一定难度，但这正是旅游公关人员大显身手的时候和地方。

通常交汇点的确定应从以下几方面考虑：第一，可运用各种固定的特殊机会，比如重大的节日、纪念日、各种有规律的假日和时机等。但要注意的是，要使这一机会的内在含义同专项旅游公共关系活动直接或间接联系起来；要使内容具有新闻价值或具有公益性；形式上不落俗套，勇于创新；及早动手，充分准备。第二，运用现存的事件、设施、条件或形式来开展专项旅游公关活动。比如长城饭店利用里根总统访华期间在长城饭店举行答谢宴会，大大提高了知名度；香格里拉饭店在安徽发生水灾之际举行赈灾义卖并连续三年推出大型系列公关活动"人帮人"，收到了很好的社会效果。第三，运用各种信息传播的事件或活动来开展专项旅游公关活动，比如学术活动、调研活动、新闻发布活动、艺术展览和各种比赛等。运用此方法要注意把传播事件的形式和公共关系活动的内容融合起来。

抓住旅游公共关系由头后，必须选准时机，否则会前功尽弃。这一因素常常关系到公关计划组织实施的成败。那么，在实施公关计划时，究竟应怎样正确选择时机呢？

（1）应注意避开或利用重大节日。凡是与重大节日没有任何联系的公关活动都应该避开节日，以免被节日活动冲淡其公关主题。凡是与重大节日有直接或间接联系的公关计划，则可以考虑利用节日烘托气氛，扩大公关活动的影响。

（2）要注意避开国内、国外的重大事件。凡是需要广为宣传的公关活动，都应避开国内、国外的重大事件，以免被重大事件所冲淡；凡是需要为大众所知，又希望减少震动的活动，则可选择在重大事件发生之时，这样可以借助重大事件的影响，减少舆论的压力。

（3）还应注意，不宜在同一天或同一段时间里，同时开展两项重大的公关活动，以免其效果相互抵消。

正确、准确的时机选择，是实施公关计划的一种技巧和方法。不能千篇一律地按固定的模式进行，应该具体情况具体分析，把握好时机，做到因时制宜、因地制宜。

四、旅游公共关系实施的步骤

旅游公共关系实施必须有条不紊地进行，可分为以下步骤：

（1）设置组织机构，落实人员和经费。首先，要根据旅游公共关系策划书的要求设置实施机构，机构的规模应当与旅游公共关系工作或旅游公共关系专题活动的任务相匹配，机构设置的原则是精简和高效；然后，确定参与实施的人员，要根据旅游公共关系任务的要求，结合实施人员的专业素质和能力素质进行选拔；其次，旅游公共关系活动经费和必要的物资在活动开展之前就要安排好，避免在活动中因后续资金或物资供应不上，导致活动中断。

（2）安排实施人员的培训与分工。旅游公共关系策划者和组织者，在活动开展之前，必须对参与实施的所有人员进行培训。让所有的实施人员都能够明确此次公共关系工作和活动的目的、任务、要求，了解此次活动对组织的重大意义。对活动中需要的有关技术，也要进行训练，以期实施人员能够熟练掌握，这对提高活动的准确性和效率性是十分必要的。旅游公共关系工作或活动往往是一项系统工程，需要旅游组织中各部门、各环节相互协调、相互配合，为避免有相互推诿的现象发生，在公共关系活动开展前就要对组织的各职能部门和工作人员作合理的分工。

（3）做好公共关系实施的动态调整。在旅游公共关系实施过程中，由于外部环境、内部环境的变化或原策划中的疏漏等问题，会出现原策划方案与现实不相符合的情况，需要对原策划方案进行调整、修改，以保证在较合理的情况下顺利完成规定的任务。因此，要作好实施过程中的监控和动态调整。

五、旅游公共关系实施的障碍因素

影响公共关系计划实施传播的因素众多而复杂，其中主要有三个方面，即方案本身的目标障碍、实施过程中的沟通障碍以及突发事件的干扰。

1. 公共关系计划中的目标障碍

所谓目标障碍，是指在旅游业公共关系计划中由于所拟定的公共关系目标不正确或不明确而为公关计划的实施带来的障碍。因此，要想有效地开展实施活动，就必须对公关目标进行检查。检查的内容主要有五个方面：

（1）计划目标是否切合实际和具有可操作性。

（2）计划目标是否可以进行比较和衡量。

（3）计划目标是否指出了所期望的结果。

（4）计划目标是否是实施者职权范围内所能完成的。

（5）计划目标是否规定了完成的期限。

若这五个方面有问题，实施人员应主动与计划拟定者取得联系，并促使其修订。

2. 计划实施中的沟通障碍

公关计划的实施过程实际上是进行传播沟通的过程。在传播过程中，由于语言、习俗、观念、心理、组织等方面的原因，使得传播沟通不可能如愿以偿。因此，了解实施过程中的沟通障碍和及时排除沟通过程中的障碍是保证公共关系计划有效实施的关键。

在公共关系计划实施活动中，常见的沟通障碍有以下几种：

（1）语言障碍。语言障碍主要是由于语言差异而造成的隔阂，语义不明造成的困惑和失误，一词多义造成的歧义等。在公关传播中，要非常注意不同的文化背景和具体的语言情境，正确、准确地运用语言。

（2）习俗障碍。习俗是在一定的历史文化背景下形成的具有固定特点的调整人际关系的社会因素。它虽不具备法律效力，但却很难使人违背。在公关传播中，公关人员必须认真研究开展活动所在地的风俗习惯、风土人情，以避免因习俗障碍造成沟通失败。

（3）心理障碍。心理障碍是指个人的认知、兴趣、态度、情绪、性格等心理因素对实施工作造成的障碍。在公关计划实施过程中，实施工作能否顺利进行，关键取决于公关实施人员和公众心理是否相悦。心理相悦是公关计划能够顺利实施的基础。因此，公关人员与公众沟通时要注意在认识、情感、态度等各种层次上与之沟通，消除公众的心理障碍，实现沟通的目的。

（4）观念障碍。观念属于思想范畴，由一定的经验和知识积淀而成，是一定社会条件下人们接受、信奉并用以指导自己行动的理论和观点。这种理论和观点既可以构成计划实施的动力，也可以构成计划实施的阻力。因此，我们在计划实施过程中，应扬长避短，尽量发挥观念的动力作用，减少观念的阻力作用。

（5）组织障碍。在旅游公共关系计划实施过程中，大量的实施工作要靠组织内部人员的团结协作、共同努力才能完成。因此，合理的组织结构就成为有效地进行内外沟通的关键。但如果组织结构过于庞大，内部层次过多，就容易使信息失真，造成实施的困难。

造成沟通障碍的因素很多，除以上五种外，还有诸如知识经验水平差异大、沟通方式、方法、技术以及政治等方面的障碍等。

3. 突发事件的干扰

在公关计划实施过程中，不可能一直保持平衡、和谐、一致。公众的投诉、新闻媒介的批评、不利舆论的冲击、地震、水灾、火灾等事件难以避免，这些突发事件的出现，不仅会严重影响整个公关计划的实施，甚至会影响到本组织的生死存亡。因此，社会组织必须高度重视对突发事件的处理，化不利因素为有利因素，变被动为主动，尽量减轻突发事件对本组织公关活动的不利影响。

为预防危机事件的发生，从组织角度看，应注意以下几个问题：

（1）要培养全员的危机意识，提高抵御危机的能力。

（2）建立预防危机的信息检测系统，随时收集实施情况的反馈信息，发现苗头及时解决。

（3）掌握政策决策信息，及时修正或调整实施计划。

（4）经常分析公众对计划实施的评价，找出薄弱环节，采取相应的措施。

第四节　旅游公共关系评估

旅游公共关系计划实施以后，便进入旅游公关评估阶段。它是旅游公共关系的最后一个环节。但由于旅游公关评估为第二次旅游公关调研和旅游公关策划提供了依据，因而它又是新一轮公关活动的开始。所谓旅游公共关系评估，是指对旅游公共关系计划的实施效果，按照特定的标准进行检测，从而作出评价和估计的活动。

一、旅游公共关系评估的意义

（1）效果评估对旅游组织公共关系工作具有导向作用。"总结经验、吸取教训"是旅游公共关系活动分析评估的重要意义之所在。

（2）效果评估是激励内部公众士气的重要形式。通过旅游公共关系活动分析评估，使内部公众体会到旅游公共关系活动的重要性，自觉地将实现旅游组织的战略目标与自己的本职工作紧密地联系在一起，增强凝聚力。

（3）旅游公共关系评估的另一重要意义还在于使旅游组织的领导人看到开展旅游公共关系工作的明显效果，从而使他们更加重视旅游公共关系工作。

二、旅游公共关系评估的内容与依据

（一）旅游公共关系评估的内容

旅游业公共关系评估的内容包括两大方面，即总体效果的评估和公关活动过程的评估。

1. 总体效果的评估

旅游业公共关系的绩效表现为经济效益、社会效益、企业形象的改善以及旅游业各企业和公众的沟通情况等。因此，总体效果的评估内容应包括以下几个方面：

（1）公关活动的目标是否符合实际？主题是否鲜明？活动计划方案是否周密？

（2）传播媒介的选用及其效果如何？公众对传播的信息态度如何？传播是否达到了预期的效果？

（3）公关活动预算的执行情况如何？公关活动的效果如何？公关活动的效果对组织的后续行为产生了什么影响？

（4）对公关活动结果所遗留的问题及隐患的处理意见和建议。

2. 活动过程的评估

旅游业公关活动分为两个阶段：准备阶段和实施阶段。

（1）准备阶段的评估。该阶段公共关系活动尚未正式开始，其评估重点主要是检验有关资料的情况，信息内容正确与否、充实与否及表现形式恰当与否。

（2）实施阶段的评估。该阶段是公关活动实施的实质性阶段。在此阶段，评估工作的重点是检验发送信息的数量、信息被传播媒介所采用的数量、收到信息的目标公众数量和注意到传播信息的公众数量。

（二）旅游公共关系评估的依据

可以根据大众媒介传播的情况来评估，包括报道的数量、报道的质量和新闻传播媒介的影响力；根据旅游组织内部资料来评估，包括旅游组织领导管理人员、营利性旅游组织的股东对旅游组织公共关系目标达到程度和效果的评价、旅游组织内部员工从不同角度对旅游公关活动成效的评价、旅游组织内部资料等；根据旅游组织外部资料评估，包括消费者与用户的信息反馈、相关旅游组织的信息反馈、社区公众和政府的信息反馈等。

三、旅游公共关系评估的程序

一般来说，旅游公共关系活动评估工作可分为以下四个阶段。

1. 重温旅游公共关系目标

评价某项旅游公共关系工作是否有成效，其标准就是看既定公共关系活动的目标是否实现了，因而，首先要重温一下旅游公共关系目标。如果原先的旅游公共关系目标就是向公众传达关于某一问题的信息，那么"是否传达了这一消息"便是评估的尺子，既不要抬高标准，也不要降低标准。若旅游组织的公共关系目标在于消除游客对本组织的抱怨、投诉，那么评价的标准便是游客的抱怨投诉率是否下降到了目标预期的标准。

2. 收集和分析资料

收集和分析资料是在实施了旅游公共关系计划之后，重新评估旅游组织公共关系现状，即公共关系人员利用第一阶段"调研"中所采用的方法——利用"形象评估工具图"来了解组织的现实形象，然后分析对比，看哪些达到了原来的目标，哪些还没有达到，哪些已达到甚至超过了预期的目标，从而判断差异程度，了解目标的实现程度。从某种意义上讲，这是在更高层次上重复第一步的"组织形象调查与分析"。

3. 向决策层报告分析结果

旅游公共关系活动的效果如何，很大程度上视旅游组织管理层的评价而定。为使最高管理者对旅游公共关系的活动效果作出恰当的判断和评价，公共关系人员必须定期向领导层提供科学的总结报告。因此，每当旅游公共关系活动计划实施后，负责评价工作的公共关系人员必须如实地将分析结果进行整理、总结，以正式报告的形式传达给决策部门以至组织的最高决策层。评估报告中应包括以下内容：基本工作过程、目标完成情况、预算执行情况、成绩和经验、不足与教训、下一阶段工作的任务和重点以及评价所采取的方法及步骤等。评估报告要注意把对旅游公共关系工作的评价与组织的总目标、总任务联系起来，并尽量引用具体可见、可测的结果，或引用有影响力的外界评价，来说明旅游公共关系工作的重要性和应有的地位，以增强领导层对旅游公共关系工作的了解、重视和支持。

4. 把分析结果用于决策调整

这是旅游公共关系活动评估工作的最后一个阶段，也是它的最终目的。分析结果可以用于两方面的决策和调整：一方面用于下一轮将要制订的旅游公共关系活动计划的决策和调整，另一方面是用于旅游组织总任务、总目标的决策和调整。开展旅游公共关系活动，无非是三种结局：一是效果较佳，达到甚至超过了预期目标；二是有点效果，但离预定目标还有不少差距；三是毫无作用，甚至出现某些偏差。如果属于二、三种情况，旅游公共关系人员应认真分析其原因，是组织的内外部环境变化了？还是目标定得不准？或是措施不当，检验评估失实？公共关系人员要提出自己的意见，并连同上述结论和分析一起及时反馈给本组织的主要领导，以供他们在调整计划决定下一步做法时参考。旅游组织的决策人在收到旅游公共关系评估报告后，要认真审阅，准确判断，并根据实际情况，调整公共关系计划，指导下一步的工作。

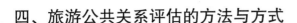

四、旅游公共关系评估的方法与方式

（一）评估工作的方法

1. 自我评估法

自我评估法即由主持和参与旅游公共关系计划实施的人凭自我感觉评价工作效果。旅游公关活动告一段落后，进行自我评估，不但是对活动本身的成败得失进行总结，而且是公关人员对自身思想水平、业务素质的一次检查，找出自我差距，比之反馈信息更能说明其诚恳、谦虚的态度和不断开拓、进取的精神，促进旅游公关人员保持清醒头脑，胜不骄、败不馁，使工作成绩更上一层楼。

这种评估方法简单易行，但它缺乏一定的量化分析，加上评估人的观察能力、观察角度不同，因而评估的结论具有一定的主观性。

2. 专家评估法

专家评估法为使旅游公共关系更具有客观性，有必要从各个类别及各个层次上征求有关专家的意见和看法。这种聘请公共关系方面的专家，对旅游公关活动进行评定的方法就是专家评估法。即有关专家通过审定旅游公关计划，观察计划实施情况，调查计划实施的对象，与实施人员交换意见等一系列工作来鉴定旅游公共关系活动的成效。其方式很多，可以是专家咨询法，也可以是同行评议法；可以发征询调查表，也可以召开座谈会；可以是按照程序进行的正规活动，也可以是非正式场合的私人交谈。

这对本部门专业技术人员和受聘专家的工作的审查、评价，更具有专业权威性和公正客观性。

3. 舆论评估法

舆论评估法即依据公众反映的社会舆论评价旅游公共关系活动效果。这是由公众通过亲身感受而对旅游公共关系活动给予评定的一种方法。公众对旅游组织公关工作的评价最为客观，最能体现旅游公关工作的价值，是最重要的检测、评价环节。通常旅游组织采用典型抽样和随机抽样的方法在选定的目标受众中用问卷、表格、访谈等方式，征求他们对某些问题的意见、态度，再通过对问卷的回收、信息的反馈来把握公众舆论倾向，并把这种检测结果与公关活动前的公众舆论材料相比较，以此来判断旅游公共关系活动的成效。假如某项旅游公关工作经自我评估和专家评定都认为是好的，但经公众评价却反映不佳，这说明该项工作过多地考虑了其他利益而忽视了公众利益，或采用的宣传、沟通手段未能取得应有效果，使公众发生了误解。这时，公关部门不但要修正旅游公关计划，而且应当反省自我评估和专家评定方式，纠正偏差。

（二）评估工作的方式

上述三个方面的评估方法应相辅相成，兼顾使用。而具体的评估方式有以下几种。

1. 观察反馈法

观察反馈法即公共关系人员通过亲自参加旅游公共关系活动，观察其进展情况并估计效果，这是最为直观的一种方法。

2. 目标管理法

目标管理法即以预先设定的目标作为评估分析的主要依据，这要求在确定旅游公共关系目标时，尽量使目标具体化、数量化，以便将效果和目标进行对照考核和衡量。

3. 舆论和态度调查法

舆论和态度调查法即在旅游公共关系活动前后分别进行一次舆论调查，以便于比较旅游公共关系活动对公众在态度、动机、心理、舆论等方面的影响。

4. 内部及外部监察法

内部及外部监察法即由组织内部有关部门或人员及组织外部的专门人员对旅游公共关系活动所进行的检查和评价。这两方面一般是相互结合使用的。

5. 新闻报道分析法

新闻报道分析法即根据旅游企业在新闻界的见报情况来评估旅游公共关系活动效果的方法，它以新闻报道作为一种评估工具。

总之，各种评估方式都有自己的特点，不同的旅游组织应根据自身的实际情况具体选择和应用这些方法。综上所述，旅游公共关系活动的开展是按"调研—计划—实施—评估"这四大步骤不断循环的。每次循环都是一次进步，都能使旅游组织的公共关系工作提高一个层次。

 课堂讨论

如果说旅游公共关系评估是旅游公共关系的最后一个环节，要在整个旅游公关活动后才能进行。你认为这种说法正确吗？为什么？

 **技能操作**

请策划一期以树立班级形象为主题的活动，写出具体的策划方案并实施，最后给出此次活动的评估结果。

课后习题

1．公共关系工作程序有哪几大阶段？这几个阶段之间有什么关系？

2．《孙子兵法》中记载，"知己知彼，百战不殆"，试结合旅游公共关系调研的意义谈谈你对这句话的认识。

3．旅游公共关系调查主要有哪些方法？有何优缺点？

4．旅游公共关系策划需遵循哪些运作程序？

5．公共关系预算有哪些内容？

6．试述旅游公共关系实施中可能出现的障碍因素。

第七章　旅游公共关系谈判

本章导读

→ 旅游组织的公关人员，经常要处理组织与公众之间复杂的利益关系和矛盾，这些矛盾，只能通过双方的协商来加以解决。因此，谈判是旅游公关人员必须熟练掌握的一项技巧。旅游公共关系谈判的出发点和落脚点均体现在旅游组织与公众之间的利益，目的是使双方关系或利益获得合理调节，促进相互间的平衡、和谐发展。旅游公共关系谈判需按照一定的程序开展，同时要采用相关的谈判策略，才能把握谈判的主动权，取得满意的谈判结果。

学习目标

→ 了解旅游公共关系谈判的特点和原则。
→ 掌握旅游公共关系谈判的程序。
→ 熟练运用旅游公共关系谈判的策略与技巧。
→ 认识旅游公共关系谈判中的陷阱。

章前案例

良好的谈判素养促成交易的成功

在欧洲比利时的一间画廊里，一位美国画商和一位印度画商在激烈地讨价还价，争得不可开交。原来，印度画商带来的一批画，每幅开价都在十至一百美元之间，唯独对美国画商选中的三幅画，每幅要价二百五十美元，一文不让。美国画商对这种敲竹杠的行为当然不满意，不愿成交。不料，印度画商大为生气，抓住三幅画中的一幅，当场点火烧掉了。

美国画商见他把自己喜爱的画烧了，心里很可惜。他问印度画商，剩下的两幅画价格能否低点儿。不料印度画商毫不让步，坚持每幅二百五十美元，一点儿也不能少。那美国画商仍然嫌价钱太高，不愿买下。于是，印度画商又抓起一幅画烧掉了。这下美国画商沉

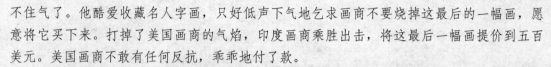
不住气了。他酷爱收藏名人字画，只好低声下气地乞求画商不要烧掉这最后的一幅画，愿意将它买下来。打掉了美国画商的气焰，印度画商乘胜出击，将这最后一幅画提价到五百美元。美国画商不敢有任何反抗，乖乖地付了款。

案例分析

上面案例中的印度商人因为全面掌握了交易的细节与双方的博弈对比，同时显示了良好的谈判素养，坚持了自己的谈判原则，从而赢得了胜利。

第一节　公共关系谈判概述

一、公共关系谈判的含义

1. 谈判的含义

说起谈判，对于生活中大多数人来说并不陌生。在日常生活中，买卖时的讨价还价，和朋友一起讨论某个问题，说服别人接受某个建议……我们不知不觉中都在进行着谈判。电视、收音机及传播媒介也经常报道有关谈判的新闻：中美谈判、巴以谈判、南联盟与北约谈判等。可以说谈判就在我们的身边，谈判就在我们的生活中。

在社会活动中，代表某个组织或个人的人们彼此在一起活动，既需要相互配合、协调和合作，又存在着各自的利益、立场和观点。如何使彼此的立场接近，观点一致，利益冲突减少，使大家有一个共同认可的行为依据，从而更密切地合作与配合，往往需要通过谈判来达到目的。

谈判是社会生活中，人们为了改变相互关系而交换意见，为了取得一致而相互磋商的一种行为。谈判的英文为negotiation，汉语可释为谈判、交涉、洽谈、协议等含义。所谓谈判，乃是双方或数方就一项涉及各方利益关系的标示物，利用协商手段，反复调整各自目标，在满足己方利益的前提下取得一致的过程。谈判包含四个方面的含义：

（1）谈判必须有两个或两个以上的参加者；

（2）谈判各方均有自身的利益和目标；

（3）谈判的主要手段是协商，在相互顾及对方利益的前提下调整己方目标，但最终必须满足己方利益；

（4）谈判成功的结果是双方利益都能够得到相对满足，从而取得一致性的意见和行动。

2. 公共关系谈判

公共关系谈判是谈判者相互沟通信息、寻求一致的过程，是共同满足各方需要的一种手段，也是科学性与艺术性的统一。公共关系谈判同其他谈判一样，其本质、规律、方法、技术和技巧基本都是相同的。但是，公共关系谈判也有其不同特征：一是特别强调互利互惠原则，而且更重视长久的利益关系；二是注重树立、改善组织的形象，处理好与公众的关系。这就要求公关人员不但要掌握谈判技术和技巧，以达到预期的目的，还必须通过谈判让对方感受到真诚，使其心悦诚服，增加长期互惠合作的诚意和信心。

二、谈判的构成要素

谈判作为一种协调彼此关系的沟通交际活动，它是一个有机联系的整体。一般来说，谈判由五个基本要素构成，即谈判主体、谈判客体、谈判方式、谈判约束条件和谈判结果。

1. 谈判主体

所谓谈判主体就是指参加谈判活动的双方当事人。谈判归根到底是由代表个人或组织利益的谈判人员为着各自的目的或需要而进行的活动。

2. 谈判客体

谈判的议题及内容，就是谈判客体，也就是指在谈判中的双方所要解决的问题。这种问题可以是立场观点方面的，也可以是经济利益方面的，还可以是行为方式方面的。旅游组织需要谈判的问题以经济利益方面的为多。一个问题要成为谈判的议题需要如下条件：一是它对于双方的共同性，也就是这一问题是双方共同关心并希望能得到解决的；二是它要具备可行性，也就是说，谈判的时机要成熟；三是谈判的议题必涉及双方（或多方）的利益关系。

3. 谈判方式

谈判方式是谈判人员在谈判过程中所采取的方法策略等。

4. 谈判约束条件

谈判活动作为一个有机整体，还有其他一些具有重大影响的因素，例如是个人之间举行的谈判，还是小组之间举行的谈判？某一方组织内部意见是否一致？谈判代表的权限有多大？谈判有没有时间限制？谈判的最后协议是否还需要批准？等等。这些因素不同程度地影响和制约着谈判的进行。

5. 谈判结果

谈判必须要有结果，无论成功或失败，无论成交或破裂，都标志着一次谈判过程的完成。谈判活动要努力减少无结果的"不完整谈判"，以提高工作效率。

三、公共关系谈判的特点

1. 直接性

谈判是利益冲突的组织间通过直接接触，彼此间建立一种生动、活泼的相互关系，谈判的每一方都能面对面地观察和了解对方的态度和观点，都能随时调整自己的态度和意见。因此，谈判人员的态度和意见、仪表、谈吐、举止等直接或间接地影响谈判的成功与否。

2. 互利性

发生冲突的组织之间所以能够心平气和地坐下来，进行友好、平等的协商，其根本原因是一场成功、圆满的谈判能使双方的利益要求都得到一定的满足。因此，成功的谈判应使冲突的双方都成为胜利者，只有这样，双方的良好关系才能得到巩固和发展。

3. 自愿性

谈判得以进行，是以各方自愿参加为先决条件的。这不但是因为冲突后面双方共同的利益，而且谈判结果对双方都有利。如一方强迫另一方坐到谈判桌上来谈判，其结果将以

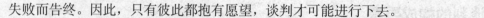

失败而告终。因此，只有彼此都抱有愿望，谈判才可能进行下去。

4. 非均等性

谈判是一种互利活动，谈判各方都能从中获得某种利益和需求，但由于谈判各方所处的地位、实力及谈判者的技巧不同，决定了谈判各方所获得的利益或满足的程度是有差异的，是非均等的。

旅游公关谈判是旅游关系中的主体一方与其相关的客体公众一方运用情报、资料、证据以及智慧、勇气、谋略、口才等说服对方，实现谅解以获得利益并使冲突合理、合法解决的过程。同其他谈判相比具有以下特点：

（1）旅游公关谈判的出发点和落脚点均体现为旅游组织与其公众之间的利益，而不是以个人之间的利益关系出现的。

（2）旅游公关谈判的内容比其他谈判广泛，旅游公关谈判包括经济的、政治的、名誉等方面的利益和权利。

（3）旅游公关谈判的目的是使双方关系或利益得到合理调节，促进相互间的平衡、和谐发展是旅游组织与公众间求得一致的一种方式，不存在谁"吃"谁、谁"赢"谁的问题。

第二节　公共关系谈判的程序与原则

一、公共关系谈判的程序

公关谈判的程序是指从谈判的准备阶段到谈判进行到最后总结评估等各个阶段中必不可少的工作环节，是旅游业中公关从业人员充分发挥自己的主观能动性，争取公众，促进和谐关系的形成和发展的过程。

旅游公关谈判的一般程序大体有以下几步：调查研究、选择谈判人员、拟定谈判计划、举行模拟谈判、正式谈判、总结评估等。

1. 收集分析情报，搞好调查研究

这是策划谈判的先决条件和基础。调查研究的内容包括本方情况、对方情况、背景情况等。首先通过自我分析和评估，检验本组织对实现谈判目标的能力，了解本组织到底有哪些可以运用的实力，本组织在谈判中可能让步的最大程度和最低界限等。

对方情报的收集、分析，其具体内容要视谈判的性质而定。一般包括对方的经营能力、经营布局及近期发展计划、市场营销的地位、对方对资金的需要程度、在谈判中可以亮出的"王牌"和运用的实力、对方的主管部门和"拍板人物"、对方谈判人员的素质（包括他们的知识结构、谈判风格和经验、情感特性、人际关系等）、对方与其他竞争者谈判的情况等。如果是涉外谈判，还必须了解所在国的政治、经济、文化、法律背景、宗教信仰、历史文化传统、道德规范、风俗、语言表达方式、价值观念等因素以及政局、投资风险、获利回收期、以往的谈判信用等情况。

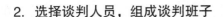

2. 选择谈判人员，组成谈判班子

应根据谈判任务对谈判人员的素质要求，选择谈判人员，组建谈判班子。公关谈判人员应具备的素质是：

（1）在公众中有良好的形象和影响力，有较好的谈判声誉，以取得对方的尊敬和信任感；

（2）有丰富的谈判经历或一定的谈判技巧和良好的判断力，能洞察对方的意图和发现问题的症结；

（3）具备相关的专业知识和法律知识。

谈判是一个复杂多变的事项，需要丰富的经验，多方面的信息，各种专业知识，在谈判中还要不断观察和研究对方，所以谈判人员不能太少。谈判班子一般应包括行政负责人、业务专家和法律专家。如有必要，可在谈判的不同阶段，对谈判人员进行一定的变更。谈判小组的负责人是本组织的关键人员，同时还应具备较强的谈判才能和协调、"拍板"能力。除此之外，还可以聘请有关专家和过去曾与对方进行过谈判的人作顾问和指导策划。

3. 拟定谈判计划

策划好谈判目标、谈判计划、谈判策略等，是使谈判应付自如的先导工作和基础。谈判计划包括下列内容：确立目标、制定策略等。

（1）确立目标。先指出一个意向目标，作为调查研究的导向，再根据对占有信息的分析，修正意向目标，从而确立一个较合适的目标。谈判目标应分为下限目标、上限目标和区间目标三个层次。

（2）制定策略。谈判策略是实现谈判目标的基本纲领和指导原则。在计划中，应根据谈判每一阶段的内容，针对谈判对手的特点，制定相应的策略。此外，谈判策略还应考虑如何选择谈判时机，控制谈判时间，选择谈判地点，是否需要代理人或者第三者，是否需要进行场外谈判和与谈判有关的行政事务的策划，还应尽可能准备有说服力的谈判工具，如报纸新闻、统计资料、影像、图表、卡通、电视录像、艺术表演、实物模型、录音带、专家的权威言论等。这些工具的恰当运用比语言更具可靠性，在某种意义上更能说服对方。

4. 举行模拟谈判

模拟谈判是谈判计划的假设执行，目的在于检验谈判计划是否周密，谈判人员的适应能力等。情况比较复杂的谈判，模拟谈判是很有必要的。模拟谈判可以暴露出本方谈判计划中的薄弱环节和疏漏之处，从而及时加以修订。还可以锻炼和提高谈判人员的心理素质和技巧，如论点表达不准确、提出问题不适时、耐心不够、配合不默契、插话不适当等弱点都可以在模拟谈判中显露出来。通过纠正，帮助谈判人员做好充分的心理准备，树立充分的信心。

5. 正式谈判

（1）开局。开局阶段必须创造和谐的谈判气氛，使谈判双方相互了解。开局阶段，要善于察言观色，把握住对方和自己的情绪，在较短时间内，营造出轻松和谐的气氛。

（2）概谈。概谈阶段是有所保留地让对方了解自己的目标及想法，使双方对探讨的问题取得初步一致的意见。应该用简洁明了、友好轻松和态度诚恳的言辞进行概谈，在概谈之后，要让对方有一段时间思考和发表意见，摸清对方的真实意图。还应注意倾听对方的陈述，留心观察和捕捉对方的真实信息，发现问题的症结，以分析和寻找对方的"突破口"。在对方陈述时可以随时提出疑问并要求澄清，以改变对方的思路，同时诱发对方过早地"暴露"目标。

（3）报价。报价阶段是一方或双方向对手提出自己的所有要求的阶段。报价要既明确又不过于绝对，以留有退却或进取的余地。谈判者有时可以"先发制人"地提出问题，以试探和刺激对方的反应，根据对方的反应，分析判断其意图，再调整自己的策略。在交锋环节以前不要过早暴露自己的真正目标。在不理解或明了对方的问题时，千万不要回答。对于不应该正面回答的问题，可以绕开。不要对所有的问题都作针对性的回答，有时可以只回答问题的一部分。在回答问题时，还可以突然进行反问并迫切要求对方回答，从而变被动为主动。如遇到难以马上回答的问题，可以采用缓和的词句避开。

（4）交锋。交锋阶段是双方原则、立场、观点的正面"碰撞"，是整个谈判的高潮。交锋时既要坚持自己的基本原则，朝自己所求的方向努力，又要防止把观点强加于对方。交锋尽管免不了出现唇枪舌剑或富有戏剧性的紧张局面，但双方的态度应该是建设性的。谈话内容可以较为广泛，但不能涉及双方观点以外的内容，在运用实例来强化自己立场的同时，要注意倾听对方佐证其要求的实例。交锋时应巧妙地推销自己的观点，可以先倾听后阐述，并借机缩短与对方的心理距离。尽量避免针锋相对的争论，不到迫不得已，不要正面反击对方的观点，使对方下不了台。从讨论问题的秩序来说，应先易后难，不要一开始就急于说服对方。可以把正在争论的问题和已经解决的问题搅和在一起，往往可以"一揽子"解决。在谈判陷入僵局时，可以先谈其他问题以打破僵局，或通过幽默的话题以调节紧张的气氛，也可以软硬兼施，或通过时间压力迫使对方签约。

（5）妥协。伴随交锋发生的妥协，是双方有条件的让步，是互相满足或者主动争取对方相应的优惠，是交锋的"润滑剂"。妥协的目的是为了争取对方相应的让步和优惠，所以要以尽量小的妥协争取对方较大的让步。在重要的问题和条款上争取让对方先妥协，而在次要问题上可以酌情先妥协，以争取主动。如果口头作了欠周到的妥协，只要未签协定，就可推倒重来。每次妥协的幅度不能太大，节奏也不能太快，可以将一个让步分为多次，对方会认为你已多次让步，再让就很困难了。而且还应有证据地向对方说明，你在同其他企业谈判这个问题时，从来没作过比这一次更大的让步，或你的让步程度确实能给对方带来较大好处。把自己处境中的困难用算账的方式告诉对方，以便使对方认为你的让步是实事求是的，不可能再继续让步了。如果对方是一个并不精明的谈判对手，你可以把一些次要问题说得很重要，来表示你作出的让步，他认为自己取得了胜利，你在"其他问题"（实际是重大问题）上再力争时，他可能就会作出让步。

（6）协议。协议是双方对讨论的内容基本上不再有异议，达到较为理想的状况，然后签订协议，结束整个谈判。应该坚守最后防线，珍惜谈判结果，要使对方觉得我方得到的每一步利益都是来之不易的，甚至会觉得已将我方逼到了让步的极限，于是放弃使我方继续让步的想法，维护我方谈判结果。临达成协议前可以用轻松的、平和的口吻比较全面地阐述问题，比较两方面的得失时要稍微着力强调对方取得的利益或对对方有利的方面。

6. 评估和总结

评估和总结对今后工作极为有益。评估和总结的内容主要有：本次谈判的成功率及目标分析，准备阶段所搜集的情报是否准确，谈判策略的运用是否得当，谈判队伍的总体水平评价等。

二、公共关系谈判的原则

公共关系谈判是旅游公共关系中最经常的活动之一，它是谈判双方为了各自特定的利益目标，遵循互利原则，通过对话沟通方式达成协议的协调过程。在公共关系的各种传播手段中，谈判是运用比较广泛的一种手段。

旅游公共关系需要遵循以下原则：

（1）互利原则。在维护组织信誉、树立组织形象、遵守职业道德的前提下，旅游公共关系谈判要体现双方的平等合作关系。成功的谈判是达到双赢，所以必须要把谈判看成"合作的事业"。

（2）以信为本的原则。协议或者合同文本的语言要准确，双方都要认真地、全面地履行本方应承担的所有责任。合同或协议要求对方的利益满足到某一程度，本方应相应地达到这一要求，不能打折扣。

（3）灵活机动原则。在谈判的过程中要灵活机动、随机应变。公共关系谈判受到多种因素的制约，不确定性很大，这就要求谈判人员要根据目标，不断修正自己的策略，使自己在谈判中游刃有余，为取得谈判成果打好基础；并且要注意在谈判中留有余地，使自己有一个回旋的空间；同时还要坚持公开性原则，坚决杜绝私下交易，此类事件一旦败露，将会对组织形象产生不可弥补的损害。

（4）最低目标原则。在任何谈判中，都有一个最低目标要求，即最低底线。最低底线是谈判各方可以接受的最低条件，也就是说谈判的各方只有在不违背各自的最低需求的情况下，才可以兼顾对方利益，作出适当的让步，促使谈判取得进展，进而发展到合作关系，实现互惠互利。最低目标原则是谈判获得成功的基本前提，在谈判过程中既要坚持己方的最低底线，又要考虑对方处境，这样才能使谈判顺利进行下去。否则，只能使谈判破裂，两败俱伤。

（5）合法性原则。在谈判及合同签订的过程中，要遵守国家的法律、法规和政策。对外商务谈判还应当遵循国际法则及尊重对方国家的有关法规。与法律、政策有抵触的任何谈判，即使出于谈判双方自愿并且协议一致，也是无效的，不但不受法律的保护，还要受到法律制裁。

（6）讲求时效原则。公共关系谈判应讲求效益与效率的有机结合，既要讲究良好的效果，又要追求较高的效率，不能搞马拉松式的谈判。

 知识链接 了解各国商人的特点是国际商务谈判必备的常识

国际商务谈判要面对的谈判对象来自于不同国家或地区。由于世界各国的政治经济制度不同，各民族间有着迥然不同的历史、文化传统，各国客商的文化背景和价值观念也存在着明显的差异。因此，他们在商务谈判中的风格也各不相同。在国际商务谈判中，如果不了解这些不同的谈判风格，就可能闹出笑话，产生误解，既失礼于人，又可能因此而失去许多谈判成功的契机。如欲在商务谈判中不辱使命，稳操胜券，就必须熟悉世界各国商人不同的谈判风格，采取灵活的谈判方式。下面我们仅就几种国际商务谈判中常见的客商情况加以说明。

1. 美国人

美国是中国的一个重要贸易伙伴，美国人是我们在国际商务谈判中的常见对手。他们性格开朗、自信果断，办事干脆利落，重实际，重功利，事事处处以成败来评判每个人，所以在谈判中他们干脆直爽，直截了当，重视效率，追求实利。美国人习惯于按照合同条款逐项进行讨论，解决一项，推进一项，尽量缩短谈判时间。他们十分精于讨价还价，并以智慧和谋略取胜，他们会讲得有理有据，从国内市场到国际市场的走势，甚至最终用户的心态等各个方面劝说对方接受其价格要求。美国人在谈判某一项目时，除探讨所谈项目的品质规格、价格、包装、数量、交货期及付款方式等条款外，还包括该项目从设计到开发、生产工艺、销售、售后服务以及为双方能更好地合作各自所能做的事情等，从而达成一揽子交易。同美国人谈判，就要避免转弯抹角的表达方式，是与非必须保持清楚；如有疑问，要毫不客气地问清楚，否则极易引发双方的利益冲突，甚至使谈判陷入僵局。

2. 日本人

日本人深受中国传统文化的影响，儒家思想道德意识已深深地沉淀于日本人内心的深处，并在行为方式上处处体现出来。日本是一个岛国，资源缺乏，人口密集，具有民族危机感，这就使日本人养成了进取心强，工作认真，事事考虑长远影响的性格。他们慎重、礼貌、耐心自信地活跃在国际商务谈判的舞台上。他们讲究礼节，彬彬有礼地讨价还价，注重建立和谐的人际关系，重视商品的质量。所以在同日本人打交道时，在客人抵达时到机场接机，在谈判后与客人共进晚餐、交朋友，都是非常必要的，这些都可以在一定程度上避免冲突的出现。

3. 韩国人

近十年我国与韩国的贸易往来增长迅速。韩国以"贸易立国"，韩国商人在长期的贸易实践中积累了丰富的经验，常在不利于己的贸易谈判中占上风，被西方国家称为"谈判的强手"。在谈判前他们总是要进行充分的咨询准备工作，谈判中他们注重礼仪，创造良好的谈判气氛，并善于巧妙地运用谈判技巧。与韩国人打交道，一定要选派经验丰富的谈判高手，做好充分准备，并能灵活应变，才能保证谈判的成功。

4. 华侨商人

华侨分布在世界许多国家，他们的乡土观念很强，吃苦耐劳，重视信义，珍惜友情。由于经历和所处环境的不同，他们的谈判习惯既与当地人有别，也与我们大陆人有所不同。他们作风果断，雷厉风行，善于讨价还价，而且多数都是由老板亲自出面谈判，即使在谈判之初由代理人或雇员出面，最后也要由老板拍板才能成交。所以了解老板的个人情况，以真情打动他就显得至关重要。

第三节　旅游公共关系谈判的技巧与策略

旅游公共关系谈判既是一门科学，又是一门艺术；既是一场智慧、信息、知识、能力的较量，也是一场艰苦的耐力、信心的角逐。学会和掌握一定的谈判技巧与策略，了解谈判中的一些陷阱，对于我们提高谈判技能，争取更大的目标利益是有帮助的。

一、公共关系谈判的技巧

技巧是指人们进行某项活动的技术及其灵活性，公共关系谈判的技巧是指在进行各种公共关系谈判中具有的技术及其灵活性。在公共关系谈判中，技巧主要体现于语言，谈判技巧也称为谈判艺术。

二、公共关系谈判的策略

旅游公共关系谈判的策略很多，可分为以下几个方面。

1. 模棱两可策略

模棱两可策略是谈判中特别是开始阶段常用的一种技巧。所谓模棱两可，也就是含含糊糊，对事件不明确表示意见，既不肯定，也不否定。一个成熟的谈判者不但应当擅长使用模糊语言，而且要善于识破对手使用模棱两可语言的真实意图。精明的谈判者都有一种控制自我情绪的习惯，在表述自己的意见时能表现出克制和谦虚的美德，对双方交谈中的自相矛盾或过火言论又能表现出极大的忍耐性。要尽量避免使用"肯定如此""一定要""毫无疑问"之类词语，而较多运用"据我了解""我认为""我假设""是否可以这样"等说法来阐述自己的真实意图。实践证明，模棱两可的语言和态度，可以较好地表达意见，较少失言和出错，也可能使对方放弃成见。

知识链接

哈佛谈判技巧

2. 察言观色策略

在交锋阶段，为了了解对方的真实意图，不仅要注意倾听对方，而且要注意观察他的举止。从对方的谈吐、神情及姿态中捕捉反映其内心活动的蛛丝马迹，据此采取相应的对策。这样，才能有效地调整战略战术，使自己的行动更有针对性，从而为达到目的创造良好的条件。

知识链接

中马商务谈判个案分析

3. 抛砖引玉策略

需要是人类一切行为的动力，对需要的满足是谈判的共同基础。在谈判中为达到目的，必须探测对方的意图，探测对方的利益核心。所以，要有目的地向对方提出各种问题，使其在回答时暴露出他们的意图。提出什么问题，如何表达问题，何时提出问题，这

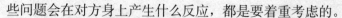

些问题会在对方身上产生什么反应，都是要着重考虑的。

4. 先苦后甜策略

在日常生活中，人们对来自外界的刺激信号，总把先入的信号作为标准用来衡量后入的信号。先苦后甜策略是建立在这种心理机制上的，在谈判中先向对方提出"苛刻"的条件，造成一种艰苦的局面，恰似给对方一个苦的信号，在适宜的时机再作出退让，使对方获得满足。这就是该策略的基本含义。先苦后甜策略一般是在谈判中处于主动时使用。在具体运用时，开始向对方提出的方案不要过于苛刻；否则，对方就会望而却步。

5. 避实就虚策略

该策略是指我方为达到某种目的，有意识地将洽谈的议题引导到无关紧要的问题上，转移对方注意力，从而在对方警觉不高的情况下，顺利实现自己的谈判意图。比如，对方最关心的是价格问题，而我方最关心的是交货时间。这时，谈判的焦点不要直接放到价格和交货时间上，而是放到价格和运输方式上。在讨价还价时，我方可以在运输方式上作出让步。而作为双方让步的交换条件，要求对方要在交货时间上作出较大的让步。这样，对方感到了满意，我方的目的也达到了。避实就虚可与"将计就计"联合使用，可在对方对我方"声东击西"时，我方就可"将计就计"实现目的。

6. 沉默忍耐策略

沉默是处于被动地位的谈判者常用的一种策略。谈判开始就保持沉默，迫使对方先发言。这种策略主要是给对方造成心理压力，使之失去冷静，甚至乱了方寸，发言时就有可能言不由衷，泄露信息。同时还会干扰对方的谈判计划，从而达到削弱对方力量的目的。运用沉默策略要注意审时度势，运用不当，谈判效果会适得其反。运用这一策略的前提是：头脑要清醒，忍耐力要强，情绪要平稳。

在谈判中，占主动地位的一方可能会表现出咄咄逼人的姿态。这时，对对方的态度不做反应，采取忍耐的策略，以静待动，以忍耐磨其棱角，挫其锐气，反弱为强。如果被动的一方忍耐下来，对方反而可能会公平地与你谈判。对自己的目标要求也要忍耐，如果急于求成，反而会暴露自己的底细，被对方所利用。

7. 利益诱引策略

所谓利益诱引，就是寻求在谈判双方对立立场背后所存在的共同利益。利用这个共同利益来诱引对方使之作出符合自己需求的行为反应，达到预期目的的做法。

要运用好这一策略，就必须了解和确认双方自身利益和共享利益，并找出双方最强烈需求的利益。只有满足对方的基本需要，才有可能使他们满足己方的基本需要，从而使双方达成谈判协议的可能性大大增加。而任何一方只要他们认为自己的基本需要受到威胁，谈判就不会有进展。

8. 多听少讲策略

一个处于被动地位的谈判者，除忍耐之外，还要多听少讲。让对方尽可能多地发言，充分表明他的观点，说明他的问题，这样做既表示对对方的尊重，也使自己可以根据对方的情况，确定自己的具体战术。

9. 情感沟通策略

情感沟通是一种迂回策略，就是先通过其他途径接近对方，彼此了解，联络感情，沟通了情感之后，再进行谈判。在谈判中利用感情的因素去影响对手是一种可取的策略，可以有意识地利用空闲时间，主动与谈判对手一起聊天、娱乐、谈论对方感兴趣的问题；也可以馈赠小礼品，请客吃饭，提供交通食宿的方便；还可以通过帮助谈判对手解决一些私人问题，从而增进了解，联络感情，建立友谊，这样就可以从侧面促进谈判的顺利进行。

10. 最后期限策略

大多数谈判，基本上都是到了谈判的最后期限或者临近这个期限才达成协议的。"最后期限"也是促成谈判达成协议的一种策略。在谈判过程中，对于双方一时难以达成妥协的棘手问题，不必操之过急地强求解决，而要善于运用"最后期限"的策略，规定出谈判的截止日期，在最后的期限到来之时，人们迫于这种期限的压力，会迫不得已地改变自己原先的主张，以尽快求得问题的解决。

采用这种策略，要尽量设法降低对方的敌意，给对方一定的时间，对原有条件也可适当有所让步，使对方在接受最后期限时得到补偿，也有利于协议的达成。

总之，谈判的策略多种多样，在具体运用时又是千变万化。旅游组织的谈判者在具体实践中，在掌握了谈判的基本原则和技巧后，还有赖于在实际运用中的临场发挥，配合使用和随机应变。

三、公共关系谈判的陷阱

在公关谈判中，为了本组织的目标利益，往往会设计一些陷阱来麻痹对方从而达到在谈判中获得更大利益的目的。这就要求公关谈判人员一定要有极大的耐心和细心，既不能操之过急，也不能粗心大意，要时刻警惕，认真分析，千万不要上当。

1. "故意犯错"陷阱

在谈判中，对手有时故意犯错，目的是想骗人，让人迷失方向，例如：以虚价进行诱惑；账单的错误；不断地制造错误的印象来转移注意力；规格错误等。对待这些明显的错误，作为谈判人员，一定要保持清醒的头脑坚守自己的立场，保持明确的方向。

2. 车轮战术陷阱

此陷阱就是在谈判过程中，突然变换谈判者，其目的是让对手筋疲力尽，并有机会否认以前所作的承诺，迫使谈判一切从零开始延缓合同的签订。对付这种陷阱，谈判员可以找个很妙的借口，使谈判搁浅，直到原定对手再换回来，也可以耐心等待对方回心转意，也可以在对手否认过去协定时，否认自己所许过的承诺，还可以不重复自己做过的结论，否则会使自己筋疲力尽。

3. 数字陷阱

此陷阱就是指在谈判中，对方不断地抛出各种各样的数据，其目的是想以此为据来证明他的目标和计划的合理性，从而让对手相信，来获得理想的目标和利益。对待这种陷阱，千万不能鲁莽行事，轻易相信对方所提出的任何数据，无论这些数据出自什么权威之手，一定要慢慢来，逐项检查，并弄清这些数字后面的真实含义，只有当这些数据与真实吻合之后才能相信。

4. "炒蛋"陷阱

所谓"炒蛋"陷阱就是，对手在谈判过程中故意把事情搅和在一起，把问题复杂化，借机搅乱对方的思路，打乱对方的原有计划，迫使对方屈服，以争取更大的好处。对付"炒蛋"陷阱，谈判人员一定要沉着冷静，千万别急躁，严守自己的立场，分清主次，慎重拍板，并且随时摘记谈判要点，写出谈判备忘录。

总之，在公关谈判中，各方为了本组织的利益和目标，会采取各种各样的手段，使用各式各样的谋略。无论怎样，只要我们谈判人员在事前作精心、细致、全面的准备，明确自己的谈判目标，在谈判中沉着冷静、坚守立场、稳扎稳打，就不会被对方所欺骗和蒙蔽，把握谈判的主动权，取得满意的谈判结果。

知识链接

当优质服务遇到
"刁蛮"客户

课堂讨论

请问"沉默忍耐"策略是否可以在每一种谈判情境下使用？如果不是，那么何时使用才最合适？

技能操作

将班级成员分为两组，甲方为中国代表，乙方为韩国代表，模拟一次商务谈判，主题自定。记录谈判全过程。

课后习题

一、名词解释

谈判　旅游公共关系谈判　时效原则　数字陷阱

二、简答题

1. 什么是谈判?它具有哪些特点?

2. 什么叫作旅游公共关系谈判? 它与一般公关谈判有何不同?

3. 旅游公共关系谈判应遵循哪些原则?

4. 在旅游公共关系谈判前，作为谈判人员应具备哪些素质和做好哪些准备?

5. 在旅游公共关系谈判过程中，谈判人员应该怎样做?

6. 旅游公共关系谈判应注意运用哪些策略? 试举例分析如何巧妙应用某一策略。

7. 简述旅游公共关系谈判中的陷阱，以及遇到陷阱时的应对措施。

第八章 旅游公共关系专题活动

本章导读

◯ 旅游公共关系专题活动是旅游公共关系日常业务中的重要内容。各种旅游公关活动能够把旅游组织和广泛的社会生活紧密联系在一起，为组织创造一个和谐融洽的内外部环境，提高旅游组织的声誉，树立旅游组织的良好形象。常见的旅游公关活动类型包括新闻发布会、庆典活动、展览活动、社会赞助活动等。同时还有一种特殊的旅游公关活动，即大型旅游活动。它具有特色鲜明、类型齐全、规模宏大、内容丰富、动员广泛等特点。策划一项大型旅游活动，一般包括收集分析材料、活动目标策划、活动方案策划、活动效果评价策划四个环节。

学习目标

◯ 了解旅游公共关系专题活动的意义和原则。
◯ 掌握旅游公共关系专题活动的策划、推出和评估。
◯ 全面掌握不同的旅游公共关系活动类型，并能正确实施。
◯ 掌握大型旅游公共关系专题活动的策划和传播。

章前案例

大连国际服装节——树立大连旅游新形象

大连国际服装节是集经贸、文化、旅游活动为一体的颇具规模的盛大节日，与香港时装节互结为姐妹节。服装节的主要活动有气势恢宏的开幕式广场艺术晚会、欢快热烈的巡游表演、精品竞秀的服装博览会、商贸云集的服装出口洽谈会、争奇斗艳的服装设计大赛、光彩照人的世界名师时装展演会、热闹非凡的游园会以及新颖别致的闭幕式晚会等，每年都吸引成千上万的中外宾朋。大连国际服装节始于1988年，以弘扬服饰文化、丰富人民生活、促进国际交流、推动经济发展为宗旨。

大连国际服装节每届都吸引着五大洲众多国家和地区的客商和海内外政界要人、外交使节、新闻记者、旅游者前来参加。

特别值得一提的是大连的服装文化吸引了如Giorgio Armani等一批国际顶级奢侈品入驻，进一步招来游客，提升了旅游的消费附加性。

案例分析

公关活动必须具备现代化公关意识。利用国际服装节这个公关活动来宣传，扩大大连旅游的知名度，是精心策划的结果，选择正确的、符合现代人们关注的活动，从而收到事半功倍的效果。大连服装节精心策划，得到了社会及新闻媒介的关注，达到了宣传的目的，树立了大连的新形象，通过新闻媒体，吸引大牌加入，招徕游客，达到很好的"广告效益"，取得了良好的公关效果。

第一节 旅游公共关系专题活动概述

一、公共关系专题活动的意义

1. 公共关系专题活动能强化宣传效果

在各种类型的公共关系活动中，公共关系人员有计划、有步骤地推动活动进行，将有关信息迅速传播出去，能形成有利的社会舆论并创造出必要的声势和气氛，引起社会及公众的关注，产生良好的宣传效果。

2. 公共关系专题活动有利于组织形象的塑造和维护

组织形象是组织极其重要的、无形的无价财产。良好的组织形象能增强组织内部员工的向心力、凝聚力，能争取社会对组织的理解、信任和支持，是一种举足轻重的竞争力。公共关系主体为促进自身发展而举办各种类型的公共关系专题活动，在活动中让更多的公众了解组织、认识组织，有利于提高组织的知名度；同时，通过活动，组织了解市场，掌握公众的需求，展示组织的实力和承担社会责任等，从而可以大大提高组织的美誉度，完成组织形象的塑造和提升。

3. 公共关系专题活动能为组织创造良好的社会环境

现代组织面临着纷繁复杂、瞬息万变的市场环境，为了在激烈的竞争中立于不败之地，提高知名度和美誉度，就必须大力开展公共关系活动。一般知名度、美誉度稳定的企业，其社会地位比较高、政府器重、同行信赖、金融单位支持、投资团体对之充满信心、客人愿意预先付款、公众愿意掏钱购买其股票、人才愿意去那里工作。这种社会的理解、信赖和支持，可使组织提升价值和增加分量，优化组织的生存环境。

二、公共关系专题活动的原则

公共关系专题活动繁多、形式复杂，有了恰当的原则能很好地展开活动，使一些平凡的活动变成巧妙的公共关系手段。从一般的情况来看，公共关系专题活动应该遵循以下原则。

1. 目的明确

在进行专题活动之前，必须明确所要达到的具体目的。专题活动对于公共关系主体发展的意义大多具有间接性。当目的不明确时，专题活动的意义和价值就会大大降低。专题活动是独立的，必须从公共关系主体发展这一角度明确其作用，从而确定专题活动的目的。脱离公共关系主体发展这个根本点的专题活动，不能称之为公共关系手段。

2. 遵循规律

专题活动本身并不是公共关系手段，只是由于公共关系人员的巧妙利用，才成了公共关系手段。在形式上要充分遵循专题活动的自身规律，这样人们才不会把它看作一种手段，专题活动才能发挥出公共关系的作用。如果忽视了这一点，专题活动就会表现出极浓厚的人工色彩，遭到人们的反感。

 知识链接 汉诺威的希望之星

1955年美国银行界发生了一件有趣且感人的事。纽约的汉诺威银行作为某育种专家的财产执行人，以秘密投标方式拍卖61匹良种马，最高标价达到125.1万美元。有一名叫卡伦·麦基的小男孩写信给银行以24.08美元投标。公共关系部抓住机会，银行决定赠送卡伦一匹良马，这期间银行不断发布选择的这匹良马的体检情况，为良马配备的马鞍、缰绳等信息，并专门举行记者招待会和馈赠仪式。在盛大的馈赠仪式上，银行总经理致辞谦逊而简要，仅有32个字，随后把身披雪白毛毯（毛毯上绣着金字：一侧绣"卡伦·麦基"，另一侧绣"汉诺威的希望之星"）的良马的缰绳递给了小卡伦，自己退在一旁。记者们拍照、录像足足忙了两个小时。在这次专题活动中，汉诺威银行遵循规律，整个活动过程顺理成章，自然流畅，从而得到了人们的认可。

3. 注重渗透效果

专题活动的宣传侧重于渗透，如果把渗透变成直接的说教，宣传效果将大为降低。在上述例子中，如果在馈赠仪式上，银行经理过多强调银行方面的仁慈、慷慨等，往往引起人们的反感，达不到目的。正是由于注重渗透效果，才使宣传效果出奇得好。可见，对于专题活动来讲，必须强调其渗透性，才能更充分地发挥其作用。

三、旅游公共关系专题活动的策划、推出与评估

旅游公共关系专题活动的内容和方式是非常广泛和丰富的，要使这些专题性活动引起公众的注意和兴趣，使专题活动的参加者在特定的氛围中更真切地感受到旅游组织良好的形象，重要的是要做好这些专题活动的策划和推出工作。

（一）旅游公共关系专题活动的策划

旅游公共关系专题活动形式多样，开展的方式也各不相同，但它们都有共同的特点和要求。旅游组织在开展公共关系专题活动时，为使公共关系专题活动取得良好的效果，应从以下几个方面开展工作。

1. 确定目标

旅游公共关系专题活动的目的在于密切组织与公众之间的联系，扩大组织的影响，因此旅游组织在开展专题活动时首先要明确目标。常见的专题活动的目标主要有：让公众接受某个正确信息，消除公众对旅游组织的误解和偏见；加强内部和外部公众的相互了解及信任；引起新闻界对旅游组织的关注；鼓动公众支持旅游组织的某项决策；让公众知晓旅游组织的新发展或收集公众对旅游组织的意见等。一般来说，一个专题活动只有一个基本目标，而且这个目标必须明确具体。

2. 选择主题

旅游公共关系专题活动主题是目标的生动体现，主题的恰当与否将直接影响专题活动的成败。所以，旅游组织开展专题活动时需要精选主题。

旅游公共关系专题活动主题的选择，要求旅游组织围绕公共关系专题活动的目标考虑组织、公众及社会环境三个方面的因素，使活动主题既适合社会组织的公共关系目标，又适合公众的心理承受力和兴趣爱好，并与社会环境相吻合。广州花园酒店为了扩大自己在公众中的知名度，曾在母亲节举办过一次以歌颂母亲为主题的活动。选择歌颂母亲这个主题是十分恰当的，因为母亲是伟大的，母亲理应庆祝。广州花园酒店率先开展母亲节庆祝活动，符合社会的客观要求，因而吸引了公众的注意，所以取得了很好的公共关系效果。

3. 周密筹备

旅游公共关系专题活动涉及面广，工作量大，在开展时应认真筹备，要做好以下事项：组建得力的筹备班子，编制详细的公共关系专题活动方案，公关人员应在其中发挥骨干作用。根据主题设计一个醒目的标题和口号，编写、设计和印刷专题活动的宣传材料，以吸引公众和便于传播。根据场地、交通、气象、设备等条件，确定活动的地点、时间、规模等。注意不要与重大的公众节假日冲突。确定好邀请的对象，并落实好接待工作。制订经费预算计划，筹措必需的经费，在经费安排时要注意留有余地。

4. 策动传播

为了扩大公共关系专题活动的影响范围，使公共关系专题活动取得更大的成功，旅游组织在开展专题活动时需要策动传播。公共关系专题活动的传播可以从内容、形式、方法、手段等方面寻找、策划"制造新闻"的有利因素，引起公众和新闻界的广泛关注。具体来说：内容上应注意与社会公众关注的热点相一致。如1998年在长江、松花江流域发生了特大洪水，抗洪救灾、重建家园是当时社会关注的热点。紧扣这个内容，公关人员可凭借创造力去制造新闻，吸引新闻界的采访和报道。形式上新奇、独创、别出心裁的公关活动不仅能直接引起公众的极大兴趣，也是新闻记者采访报道的好素材。

各种行之有效的方法是制造新闻应考虑的因素。常用的方法是使公共关系专题活动与

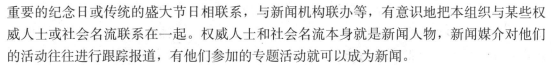

重要的纪念日或传统的盛大节日相联系，与新闻机构联办等，有意识地把本组织与某些权威人士或社会名流联系在一起。权威人士和社会名流本身就是新闻人物，新闻媒介对他们的活动往往进行跟踪报道，有他们参加的专题活动就可以成为新闻。

此外，还要认真编制旅游组织的自控媒介，如组织内部的报纸、杂志、黑板报等，及时向公众发布有关信息，使公众充分知晓公共关系专题活动的内容。

（二）旅游公共关系专题活动的现场推出

旅游公共关系专题活动效果的好坏，不仅取决于前期的策划和筹备，而且取决于专题活动现场推出时旅游组织公关人员的组织管理能力、调度控制能力和即时表现力。公关人员如果训练有素，有比较高的组织能力和指挥能力，有出众的表现力，就能胜利地完成公共关系专题活动方案预定的内容和要求，使公共关系专题活动的目标得以实现。如果在提出时出现严重问题，不仅会使前期开展的系列工作前功尽弃，而且还可能使旅游组织的形象受到损害，造成巨大的损失。

旅游公共关系专题活动是一项多人员参加、多部门配合、多单位协作，经过较长时间准备并在有较高素质的公关人员全身心投入时才能最终推出的系统工程。要使旅游公共关系专题活动顺利完成，应当进行的主要工作有以下几点：

（1）公共关系专题活动在现场推出前，要及早确定专题活动开展的具体时间、地点，提前向上级有关方面请示通报，寄发请柬。对重要客人除了上门呈送请柬外，还应在公共关系专题活动前两天再面请或电请一次，必要时要有专车接送。

（2）按照公共关系专题活动的要求，要准备好足够数量的宣传材料和纪念品，装入专门的袋中，在专题活动推出时发给客人。要设计好场所布置方案，落实音响、照明，在专题活动推出前一、二天安排布置完毕。最好设有记者休息室和贵宾休息室。

（3）为保证公共关系专题活动取得良好效果，在推出前可通过预演、预展、彩排、新闻发布会等形式，发现准备工作中的不足，及时加以改进；另一方面，也可通过电台、电视台、报刊等新闻媒介制造舆论，引起社会公众的关注。有的公共关系专题活动在推出时，可提前在大众传媒上做广告，吸引公众参加。

（4）在公共关系专题活动现场推出时，现场要设置一名有丰富经验并具有很高组织能力和指挥能力的现场总指挥，把专题活动按工作内容分配到各个岗位，并安排专职人员负责。明确职责，以保证各个岗位工作的协调，保证活动的顺利进行。

（5）在公共关系专题活动推出时，其活动场地应有明显标志，在大门口应设有迎宾员，对来宾表示欢迎并为他们提供方便。在签到处要多设几张桌子和几个签到簿、签到笔，以避免拥挤。为便于交际，有的公共关系专题活动可为来宾事先制作好胸卡，在来宾签到时随宣传材料和纪念品发给来宾。对未持请柬的客人，也应以礼相待，要问明身份和情况，灵活处理。

（6）公共关系专题活动的主持人必须具备较强的组织能力与场面控制能力，既能使专题活动按原计划方案进行，又能及时利用专题活动过程中出现的各种机会，机智而幽默地活跃专题活动的气氛，提高专题活动的感染力。此外，主持人的服饰设计要妥当，要与公共关系专题活动的主题相协调。主持人要熟悉主持词并对活动可能出现的情况即兴发挥。主持人在活动中要自信、端庄、热情、礼貌，善于掌握时间进度。主持活动时要照顾到方方面面，遇到意外情况，主持人应保持镇定，并根据情况采取紧急措施。

（7）公共关系专题活动现场推出时，对领导人、社会名流、新闻单位人士等重要公众，应有专门的接待组并由旅游组织负责人或公关经理出面接待；领导人、知名人士在活动结束离开时，要送到门外，对他们能够出席活动进行指导表示谢意；对新闻记者要有专人接待、陪伴，尽力满足他们的现场采访等要求，主动为他们的工作提供方便；在公共关系专题活动结束后，公关人员应通过面访、电访、信访等形式对各界人士，特别是领导人、社会名流、新闻单位人士等重要宾客进行感谢并征询意见。

（8）公共关系专题活动开始时，应先请一般客人入场，会场稳定后再由组织负责人陪同领导人、社会名流进入并安排在主席台或突出位置上就座。活动开始后，主持人应首先宣布领导人、知名人士参加活动的消息，使与会者感到这次活动的规格很高，同时也是对领导人和知名人士的尊重。如果请领导人或知名人士讲话，应事先征求他们同意，不能搞突然袭击。

（9）在公共关系专题活动现场，应设有专用通信设施，供对外联系和内部指挥使用；要指定专人负责摄影、摄像、录音等方面的工作；活动过后要及时将音像资料归档；灯光、音响要保证在活动中不出问题；在夏季还要保证足够的饮料供应；如有宴请活动，要统计好用餐人数并留有余地，并保证准时开餐；在公共关系专题活动推出现场，应有完善的安全措施并由专人负责；要预见可能出现的意外事件并事先准备好相应的应急措施；大型公共关系专题活动还应设有医疗卫生应急站，以处理急病和意外。

（三）公共关系专题活动的评估

公共关系专题活动的评估是不可缺少的重要环节。一个组织开展某项工作的成效究竟怎样，必须在事后通过评价予以衡量。为了准确了解和把握公共关系专题活动是否朝着有利于实现旅游业战略目标的方向发展，防止其出现偏差，就应对专题活动进行全面及时的评估，从而对组织公共关系的整体状况进行全面总结。

1. 总体效果评估

公共关系专题活动的效果表现为经济效益、社会效益、组织形象的改善及与公众的沟通情况。因此，总体效果的评估内容应包括以下几个方面：

（1）专题活动主题是否明确？

（2）组织内部各职能部门、员工对该专题活动的了解和支持情况如何？

（3）传播媒介的选用及其效果如何？公众对传播的信息接受程度和行为变化情况如何？传播是否达到了预期的效果？

（4）策划方案是否周密？

（5）经费预算执行情况如何？

（6）专题活动的效果如何？专题活动的效果对组织后续行为产生了什么影响？

（7）对专题活动结果的遗留问题及隐患的处理意见和建议。

2. 活动过程的评估

专题活动分为两个阶段，即准备阶段和实施阶段。

（1）准备阶段的评估。实施者在实施前对目标公众的情况、媒介所需材料的情况、社会政治经济环境的情况等的行为投入量是否充分，是该过程评估的一项重要指标。

（2）实施阶段的评估。在此阶段，评估工作的重点是检验发送信息的数量，信息被传播媒介所采用的数量，收到信息的目标公众数量和注意到传播信息的公众数量。

在实施过程中，检验组织所发出的电脑资料、图片、文字及讲话次数，对其他群体组织发出的文件、宣传材料数量等，可以评价组织在传播工作方面的努力程度。同时，也可以由此检验出不理想的环节和实施过程中的弱点。

在实施过程中，信息能否对公众产生影响，前提是信息必须被传播媒介所采用。报刊索引和广播电视、记录是查验传播媒介采用信息资料数量的重要依据；信息能否对公众产生影响，关键在于信息必须被公众所接受；对评估来说，最重要的是了解收到信息的公众数量和收到这些信息的公众的结构，掌握公众对信息的理解和熟知程度以及需求的倾向。由此，我们可以明显地看到实施过程的效果。

第二节　新闻发布会

新闻发布会又称记者招待会，是旅游组织为公布重大新闻或解释重要方针政策而邀请新闻界记者参加，让记者就某些问题提问，并由召集者的新闻发言人回答的一种特殊的旅游公共关系活动。它是旅游组织广泛传播各类信息，吸引新闻界客观报道，搞好媒介关系的重要手段。

一、新闻发布会的组织实施

1. 研究召开新闻发布会的必要性

旅游公关人员应首先考虑其将要发布的信息是否具有较大的新闻价值，能否吸引新闻记者前来采访和报道，时间是否紧迫，是否处于信息发布的最佳时机等。只有认定是必要的，在时机上是可行的，才能保证新闻发布活动取得成功。

2. 确定新闻发布会的主题

确定主题应从新闻价值和组织利益的角度出发。所谓新闻价值，主要是指在新闻发布活动上发布的信息，能否具有吸引新闻记者前来采访和报道的价值。在新闻发布活动中，要明确将要发布的信息内容，要注意主题的单一、集中，一个新闻发布活动不能发布几方面互不相关的信息，否则会分散新闻媒介的注意力，达不到新闻发布活动的宣传效果。

旅游公共关系（第2版）

3. 根据新闻发布会的主题准备各种材料

新闻发布活动前要准备好各种文字材料。主要发言稿、组织的基本宣传资料、答记者问的备忘录和为记者准备的新闻稿应在充分讨论、统一认识和统一口径的基础上，由专门的班子负责起草，并在会前打印分发给与会记者。各种宣传辅助材料，包括口头的、书面的、实物、图片或模型等，要注意尽量全面、详细、具体、生动形象，以便现场分发、展示、播放或试用，增强新闻传播活动的效果。

4. 选定主持人和发言人

主持人一般由旅游公关机构负责人担任。主持人要在把握会议主题的基础上引导记者踊跃发问，并控制会议时间。注意尊重别人的发言和提问，不能有任何阻止别人发言的表情、言语和动作。发言人一般由旅游组织的高层领导担任。他们不仅对本组织的政策方针等整体情况有全面清楚地了解，而且其身份也决定了他们的发言更具权威性。

5. 确定邀请记者的范围

旅游公关人员应根据所发布信息的重要性、涉及的范围等因素确定邀请记者的范围：地方性记者或全国性记者，文字记者、图片记者或音像记者、中文报刊记者或外文报刊记者等。在邀请有关记者时，要特别注意不能遗漏与旅游组织有密切关系的新闻机构的记者，并适当邀请一些著名的新闻机构的记者参加。

6. 选择合适的时间和地点

新闻发布活动的日期，要与将发生或已经发生的事件在时间上靠近，但又不能太紧迫，这是新闻发布活动的最佳时机。此外，选择时机还应考虑被邀对象的特点，尽量避开节假日和有重大社会活动的日子，以免影响新闻发布活动的效果。关于新闻发布活动的区域地点，旅游公关人员应根据发布信息的内容及影响，选择本地区或外省市大、中城市，甚至首都；具体地点可利用新闻中心、宾馆、会议厅、会议室等场所。

7. 编制新闻发布活动预算

新闻发布活动的费用要视活动的规格和规模而定。旅游公关人员应根据预先的款项制订出合理的开支计划，并留有余地，一般应考虑印刷费、邮电费、会场租金、器材租金、摄影费用、礼品费、餐费及酒水费、文具费、会场布置费、交通费、住宿费等。

8. 做好会务工作

新闻发布活动前三四天，旅游公关人员就应将请柬送到邀请对象手中；对会场提前进行实地观察，做好布置工作，包括桌椅座位的准备（把贵宾的座位安排在较突出的地方）；与会者胸前佩戴和桌上的名牌制作及排列，检修好电源，准备好电话、电传、录音辅助器材及其他设备；把各类宣传资料送到现场并做好具体布置；现场工作人员要合理分工；会议程序要力求周密、紧凑。

9. 评估新闻发布会的效果

新闻发布活动结束后，旅游公关人员应检验其效果是否达到了预期目的。其具体评估方法有：全面搜集与会记者在报纸、杂志、广播、电视等媒介上发表的稿件和图像报道，进行归类分析，资料存档，传播效果评估，并检查是否在传播过程出现偏差，以便及早补救；对照与会记者名单，核查发稿率，供日后邀请记者时参考；追踪和调查记者对新闻发布活动准备与组织工作的反应，检查新闻发布活动筹备、组织工作状况以及在接待、服务等方面是否存在的不足，以不断提高新闻发布活动的质量；对已发新闻稿的记者，应主动联系并致谢意，以加强与记者的感情沟通。

二、新闻发布会的注意事项

1. 按新闻发布会的程序进行演练

旅游组织要保证新闻发布会的成功，最好的检查方法就是事先按新闻发布会的程序演习一遍，以发现准备工作中的不足并加以改进。

2. 对待记者要一视同仁

旅游公关人员在新闻发布会中，要平等对待一切新闻记者。要注意不要因为记者所属新闻机构的大小或与旅游组织的关系而亲疏不一，以免造成不良影响。

知识链接

电影《凌云山》
新闻发布会实施
方案

3. 与旅游组织的宣传口径保持一致

新闻发布会要发布哪些消息，某一消息公开到何种程度等，都应有统一安排，并与旅游组织一贯的宣传口径保持一致。否则，就会引起记者反感，造成社会公众对旅游组织的误解。

4. 掌握回避问题的技巧

新闻发布会免不了会有记者提出一些组织者事先没有认真考虑过的问题，对于这类不便回答的问题，一般需采取回避态度，尽量避免使提问变成辩论。即使对方讲的与事实有出入，或发现对方有其他用意，也不应给对方难堪，伤害对方感情，造成对立情绪。旅游公关人员要学会通过避正答偏、诱导否定等言语的变化技巧，在不知不觉中移开话题。一般说来，记者也是通情达理的，当你进行了必要的解释并及时地转换了话题后，他们也就不会再继续追问了。

第三节　旅游赞助活动

开展旅游赞助活动是旅游组织对社会作出贡献的一种表现，越来越多的旅游组织或企业认识到自身的发展离不开社会的支持。作为社会的一员，旅游企业应当对社会的发展承担一定的责任和义务，为社会贡献一份力量。旅游赞助活动是旅游组织无偿提供资金或物质支持某一项社会事业或社会活动，以获得一定形象传播效益的公共关系专题活动。它可以使提供赞助的组织与赞助的项目同步成名，是一种信誉投资和感情投资的行为，也是一种有效的旅游公共关系手段。赞助活动的主要对象包括体育事业、文化事业、教育事业、社会福利和慈善事业。

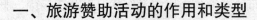
一、旅游赞助活动的作用和类型

1．旅游赞助活动的目的及作用

组织赞助公益活动的目的体现在两方面：一是显示爱心，为本组织树立起关心社会公益事业、具有高度社会责任感的良好形象；二是比商业广告更具说服力的宣传机会，有利于提高组织的知名度和美誉度。因此，赞助公益活动得到了有经济实力组织的普遍重视。其作用主要表现在下列四个方面：

（1）赢得良好声誉。组织赞助公益活动，体现了组织助人为乐的高贵品质和关心公益事业、勇于承担社会责任、为社会无私奉献的精神风貌，能够给公众留下可以信任的美好印象，从而赢得公众的赞美和良好的声誉。

（2）融洽社会关系。组织赞助公益活动，多数是对社区公益事业、福利和慈善事业的赞助，能够密切与社区有关公众的联系，融洽社会关系。如在20世纪70年代，日本轿车在印度尼西亚不受欢迎，常常在雅加达街头遭到焚烧。日本人在印度尼西亚开展了一系列公益活动，如赞助慈善事业，从而改变了在印度尼西亚的贸易环境，到20世纪80年代初，印度尼西亚的轿车大多数都是日本货。

（3）扩大社会影响。组织开展公益活动，可以配合公共关系广告攻势，通过新闻媒介，扩大组织影响。

（4）增加经济效益。组织赞助公益活动，提高了组织的知名度和影响力，加深了与公众之间的感情，融洽了社会关系，会给公众留下深刻的印象，公众会从对组织的良好印象，联想到组织产品的良好形象，有利于组织经济效益的增加。

在市场经济高度发达的今天，几乎所有的社会组织，特别是旅游企业组织都与赞助活动有密不可分的联系，赞助活动成为社会组织提高社会知名度、美誉度的重要手段和途径。日本电气公司通过赞助戴维斯杯网球赛、广州花园酒店通过赞助中国第一个母亲节而为国内和国际公众所熟知和认可。

2．旅游赞助活动的类型

从赞助对象层面可以分为以下几类：

（1）赞助教育事业。教育是立国之本，发展教育是一个国家基本战略方针。赞助教育事业，可为国家和社会带来效益，并直接促进受助单位的发展。常见的有出资投入希望学校、科学研究，设立奖学金制度，建设实验室、培训基地等。

（2）赞助体育运动。组织赞助体育运动，不但有利于增强人民体质，而且有利于提高自身的美誉度。赞助体育事业包括体育器材的购置、体育场馆的建立、体育活动的开展、体育训练等。

（3）赞助慈善公益。包括赞助大规模庆典活动，投资城市建设，援助灾区，为弱势群体及相关部门一次性或定期不定期捐款等。这是组织与社区公众、政府部门搞好关系的重要途径。

（4）赞助文化艺术。包括赞助电影、电视、报刊专栏、图书出版、文学艺术创作研究等。不仅有利于文化事业的发展，丰富人民精神生活，还能培养组织与公众的良好感情。

（5）赞助纪念活动。赞助重大事件和重要人物的纪念活动，可以树立组织的独特形象，展示组织的文化内涵，如建国周年庆典、大型社会经济成就展览、历史伟人的事迹展览和纪念活动等。

（6）赞助特殊领域。赞助某一特殊领域，可以使组织在某一方面获得一定的知名度或美誉度，增强在这方面的形象竞争力，如赞助生态资源保护和文物古迹的开放等。

（7）其他。除以上几种赞助类型外，还有赞助社会培训、赞助竞赛活动、赞助宣传品的制作等形式，宣传社会公益和社会道德。

二、旅游赞助活动的原则和步骤

1. 旅游赞助活动的原则

（1）社会效益原则。旅游组织赞助的对象和赞助的项目应具有较强的社会意义和社会影响，具有良好可靠的社会背景和社会信誉。所赞助的活动一定要有利于社会良好风尚的形成，激发民族责任感、使命感，并能引起公众广泛关注和极大的社会反响，如社会救灾、希望工程、残疾人福利等；此外，要有明确的行动目标原则。赞助活动的目的是让公众认识了解组织，吸引大众媒介，得到政府社区的支持。赞助活动直接提供了资金或物质，因此，必须讲究传播效果，所赞助的项目和对象应有利于扩大本组织的知名度和美誉度。同时要调查和分析社会公众与新闻界是否关注以及关注程度如何等。

（2）符合实力原则社会组织无论开展什么形式的赞助活动，都应当量力而行，不要超过自己的承受能力。组织要根据自己的财政情况来确定是否赞助与赞助费的额度和范围。

（3）合理、合法原则。旅游赞助者和赞助对象都应符合法律道德，符合社会利益和公众利益，坚持原则，严格按条件办理，杜绝人情赞助、人情广告等不正之风。

2. 开展赞助活动的步骤

旅游公关人员要使赞助活动取得最佳投资效果，需要重点把握以下几个环节：

（1）确定赞助类型。旅游公关人员应首先确定赞助活动的类型，这要根据赞助的目的而定。如果旨在扩大影响和知名度，旅游组织可赞助体育活动；如果旨在树立良好形象，旅游组织可赞助教育事业；如果旨在培养感情，增进社会理解，旅游组织可赞助社会福利事业，等等。

（2）制订赞助计划。赞助类型确定后，旅游公关人员就应制订出一个完整的赞助活动计划。该计划是赞助目标的具体化，通常包括赞助范围、赞助对象、赞助形式、赞助费用预算、赞助实施步骤等内容。

（3）实施赞助活动。赞助活动的实施要由专门的旅游公关人员进行。为了扩大影响，赞助活动应举办一定规模的签字仪式，邀请政府部门负责人、新闻记者、各界朋友参加，并在签字仪式上宣布赞助金额，展示实物。被赞助单位本着互利的原则，应尽可能为赞助单位提供宣传机会，使宣传活动与赞助活动同步进行，

知识链接

珠海度假村酒店获准成为"2011年环球旅游小姐国际大赛中国网络赛区总决赛"指定场地！

协调一致。赞助单位对赞助资金的使用、赞助项目的落实，以及补偿条件的兑现，要进行必要的监督，并在赞助款的兑现上，分阶段到位，按实施效果分段提供，以便从经济上约束赞助接受单位，实现赞助目标。

（4）评估赞助效果。研究确定赞助类型、指定并实施赞助计划的目的是要赢得赞助的良好效果。因此在每次赞助活动中，旅游公关人员都应注意赞助效果的检查测定，要求将赞助的具体实施情况和赞助后公众及新闻界的反应与赞助计划相对照，明确指出完成了哪些预定指标，哪些指标没有完成，分析其原因，然后写出评估总结报告，上报旅游组织的领导层，并做好档案，为日后的赞助活动提供参考资料。

三、旅游赞助活动的注意事项

1. 选择合适的赞助对象

社会赞助是旅游组织自愿履行社会责任和义务的表现，因而旅游组织拥有选择赞助的权利。当遇到不必赞助或明显没有社会效益的情况，旅游组织要坦率相告，说明原因；对虽然适合，但旅游组织难以负担的赞助请求，旅游组织应坦陈自己的难处，婉转地表达减少赞助或表示不宜参与赞助；若遇上无理纠缠者，旅游组织必须坚决用法律保护自己的合法权益，不能向威胁和恐吓屈服。

知识链接

赞助商营销推
广案例

2. 充分利用赞助提供的机会

旅游组织在承诺赞助后，要尽量利用赞助活动来宣传自己。因为赞助活动的主办人有许多事情要做，他们只能给赞助者提供机会，而怎样利用赞助所提供的机会则是赞助者自己的事。

3. 提高赞助的效率和质量

一个旅游组织可以出面把多方面的资金集中起来，设立一个基金会。基金会可单独或联合地向社会公益事业提供稳定的长期资助，取得长期的社会效益。

4. 严格控制赞助预算

赞助活动在财务方面要严格管理，以免资金被挪作他用，或被私人非法侵吞。旅游组织还应严格控制赞助的预算，以防超支。此外，组织还要注意保留一部分机动款项，以解决临时之用。

第四节　会展活动

展览会展活动是综合性的传播活动，它通过实物、产品、图片、资料的展示，使公众对旅游组织的产品和服务有一个直观、具体的了解，是旅游组织与公众直接沟通的最佳方式。同时，展览会又是新闻媒介报道的热点，具有很好的传播效果，历来被旅游组织公共关系活动所广泛采用。

一、会展活动的作用

会展活动作为一种高效传播活动，其作用主要表现在以下几个方面：

（1）提高知名度。会展活动具有真实性、知识性和趣味性的特点。生动的图片、形象的文字说明、声情并茂的讲解、直观的实物展示都直接展示旅游组织的特色和成就，能吸引广大公众的注意，增进公众对旅游组织的了解，提高旅游组织的知名度。

（2）促进销售。一个成功的展览会展活动也是一个成功的广告。旅游组织可以通过举办或参加各种旅游贸易会展活动来促进旅游产品或服务的销售，并巩固发展与各行业的关系。

（3）促进交流。会展活动能使旅游组织了解公众不同的旅游需求，把旅游组织自身的产品行情、推销等信息及时传达给公众，达到与公众多方交流、密切沟通的目的。

另外，旅游业是社会的窗口，充分利用展览这一活动形式，参加各项国际旅游展览活动，能把中国的政治、文化和民族风情传播出去，从而吸引世界各地的顾客来华旅游，增进国际或地区间的政治文化交流。

二、会展活动的特点

（1）直观性。旅游会展活动是一种非常直观、形象的传播方式。它把实物直接展现在公众面前，并有现场操作的表演，给人以"亲眼看见""眼见为实"的感受。

（2）双向性。旅游会展活动不仅可以当面向公众展示旅游组织自身形象，同时还可以收集公众的反馈意见，有针对性地就个别公众或某种特殊情况进行交谈，做到良性的双向沟通。

（3）复合性。旅游会展活动是一种复合性的传播方式，它通常用多种媒介进行交叉混合传播，往往以实物展出为主，配以文字宣传资料、图片、幻灯、录像、计算机等媒介，再加上动人的解说、友好的交谈、优美的音乐、生动的造型艺术，综合了多种媒介的传播优势，营造出一种绝佳的宣传环境。在这种环境中，组织与公众最容易沟通和交流。

（4）高效性。旅游会展活动可以一次展示许多行业的不同产品，也可以集中同一行业的多种品牌来展示，是一种高度集中和高效率的沟通方式，为公众提供了选择、比较的机会，并节省了大量的时间和费用；同时，效率高，省时和省力，也可为组织的宣传促销节省大量时间和费用。

（5）新闻性。旅游会展活动是一种综合性的大型活动，除本身能进行自我宣传外，往往能够成为新闻媒介追踪的对象，成为新闻报道的题材。通过新闻媒介的报道传扬，展览活动的宣传效应将大大扩展，同时对提高展览组织的知名度和美誉度有很大帮助。

三、会展活动的组织实施

公展活动是一种综合性的活动，要耗费大量的人力、物力和财力。为保证展览活动的

成功举办，旅游组织公共关系人员需做好以下工作。

1. 分析举办或参加展览会的必要性

公展活动是大型的综合性公共关系活动，耗费较大，因而在举办或参加展览活动之前，旅游组织公共关系人员一定要对举办或参加会展活动的必要性和可行性进行分析研究，防止盲目投资、得不偿失，或因准备不足而起到不应有的作用。

2. 明确会展活动的目的和主题

任何会展活动都有一定的目的，即通过会展活动的举办或参与，要解决旅游组织的什么问题，达到一个什么样的目标。具体来说，是以促销为目的，还是以宣传组织形象为目的等。主题应是展览目的的概括体现，是会展活动的精神核心和指导宗旨，它通常用一两句高度概括的语言表现出来，并书写在会展活动醒目的位置上，给参观者留下深刻的印象。

3. 确定展览类型及参展单位和项目

有了明确的目的和主题，可以进一步确定会展活动的类型、参展项目及邀请对象。如举办大型综合会展活动，通常用广告和邀请函等形式向可能参展的组织讲明展览宗旨、类型项目、要求及费用等，为潜在参展组织提供决策所需的资料。

4. 选择展览场地

展览场地最好租用交通方便、设施齐全的展览馆，这样既方便展品运输，也方便参观者到会。此外，还应考虑展品的安全和保卫工作及与周围环境的协调等因素。

5. 了解参观者的类型

展览的对象是谁，范围有多大，参观者的层次、要求、数量等状况如何，这些都是旅游组织公共关系人员在展览活动前应分析研究的问题。这样在接洽、解说和材料上才能根据不同层次的参观者来准备，从而保证展览活动的顺利开展。

6. 准备各种宣传资料

会展活动需要的材料很多，如展览徽标、宣传招牌、图片、展品、广告、气球等；还有些要分发给参观者，如旅游组织及其产品或服务的简介、宣传画册、纪念品等。这些都应在会展活动前做好充分准备。

7. 培训展览工作人员

会展活动组织的成功与否、质量好坏，与工作人员的素质高低有很大关系，特别是一些专业性较强的展览，如果没有一定的专业知识，展览的组织、洽谈、解说、咨询等工作就会受到影响。此外，工作人员的公共关系素质、接待、礼仪、讲解的技巧，都会影响展览活动的效果。因此，必须对展览工作人员进行事前培训，提高他们的素质和技能。

8. 完善参展设施和配套服务

旅游组织公共关系人员筹办会展应准备好电源、电话、照明、音响、影像等辅助设施，以及邮政、检验、保险、银行、交通、住宿等配套服务，以保证展览活动能集中、高效率地进行。

9. 与新闻界的联络

会展活动会要利用一切可以调动的传播媒介进行公共关系活动，使公众通过视、听等多种渠道了解有关旅游组织的信息。会展活动前应组建专门的新闻机构，负责展览活动的新闻宣传，如新闻处、秘书处等。由他们邀请新闻记者参加开幕式和采访，与新闻媒介保持密切联系，举办记者招待会，为新闻记者采访提供方便和相关资料等。

10. 策划展览会的开幕式

会展活动的开幕式应隆重而热烈。可邀请政府官员、各界名人出席，请政府部门的负责人为开幕式剪彩，还可以邀请大型乐队来助兴，以造声势，烘托气氛，并请参观者、来宾签名留念。开幕式是展览活动的前奏，一定要搞得有声有色、富有吸引力，给参观者留下良好的印象。

11. 展览会费用预算

经费预算是把会展活动所投资的总金额落实到展览活动的每项具体项目中，使每一个项目的经费得以落实，如场地租金、设计装修、广告费、电费、运输费、接待费、资料费、劳务费等。旅游组织公共关系人员应有计划地分配展览所需的各项资金，防止超支和浪费。

12. 评估展览活动效果

会展活动带来的最直接的效果是旅游产品成交量的多少，这是评估旅游贸易展览活动的主要衡量标准。此外，还可以通过参观人数、新闻传播媒介的报道量、咨询台、留言簿、问卷调查、有奖测验、新闻分析等方法评估展览活动的效果。宣传展览活动不直接促销，因而多采用上述评估方法，通过评估总结出此次展览活动的成绩和不足。

四、会展活动的组织实施技巧

1. 确定时间的技巧

会展活动时间依据展销内容和规模而定。切记避开高温、严寒季节，最好与社会上的重大活动同步举行。

2. 安排好产品介绍人员

产品介绍人员应对旅游组织产品、服务、景观的特色、类型、价值、价位等情况以及旅游组织经济实力和信誉、组织发展远景等有较全面的了解，还要有一定的语言表达能力，面对客人的提问能对答如流。介绍人员应着装整齐、仪态端庄、面带微笑、尊重每一位顾客，可以身着绶带也可佩戴标签，绶带和标签上应有旅游组织名称或标志。

3. 安排团体订购室及工作人员

工作人员应懂得订购的相关程序和知识，并按组织订购规定进行工作；工作中应热情接待客户，主动介绍订购规定及优惠政策。

4. 安排迎宾礼仪小姐

展览会的场面大、来宾多，应专门安排礼仪小姐。礼仪小姐既要热情迎客，又要做好引导工作，还可为参展单位散发产品宣传单。

5. 公共关系活动安排

可采用一些公共关系技巧，使展览会办得生动活泼、别具一

知识链接

2011年秦皇岛南戴河荷花节·南戴河国际雕塑展展览策划

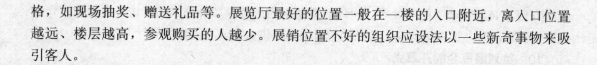

格，如现场抽奖、赠送礼品等。展览厅最好的位置一般在一楼的入口附近，离入口位置越远、楼层越高，参观购买的人越少。展销位置不好的组织应设法以一些新奇事物来吸引客人。

第五节　旅游庆典活动

庆典活动是旅游组织为了与内部和外部公众沟通信息、联络感情、增进友谊、提高知名度而利用重大节日或纪念日举行的庆祝活动，它包括开业庆典、周年纪念活动、节日联谊会、联欢会等。与旅游组织平常的活动相比，庆典活动更具有特殊性和隆重性，因而能引起公众较多的关注。

一、庆典活动的作用

庆典活动可引起三大效应，即引力效应、实力效应和合力效应。

（1）引力效应。指组织通过庆典活动吸引公众的注意力。

（2）实力效应。指通过举办大型庆典，显示组织强大的实力，以增强公众对组织的信任感。

（3）合力效应。指通过开展大型庆典，能增强组织内部职工、股东的向心力和凝聚力，提高公众对组织的信任感。

二、旅游庆典的类型

1. 开业庆典

开业庆典是指旅游组织在新近成立、一些重大活动开始或一些重要机构组建时开展的庆祝活动。通过开业庆典活动，旅游组织可以向社会公众和舆论界通报情况，扩大影响，得到公众的祝愿，获得今后事业的顺利发展。可以说，一个成功的开业庆典，就是旅游组织事业发展的第一个重要里程碑。

2. 周年纪念庆典

周年纪念庆典是旅游组织在开业纪念日举行的庆祝活动和纪念活动，可以每周年举行一次，也可以在五周年、十周年时举行盛大的庆典活动。周年纪念庆典是旅游组织进行公共关系活动的有利时机。通过这一机会向社会各界公众宣传自己的发展成就和社会贡献，制造出有影响的新闻，从而提高旅游组织的知名度和声望。

3. 庆功庆典

庆功庆典是旅游组织在工程竣工、建筑物落成或取得某项战略性成绩时为祝贺成功所举行的庆祝活动。庆功庆典起着锦上添花的作用。旅游组织趁着自身在公众中的良好印

象，再做出公关努力，就有助于进一步强化这种良好的形象。

4. 节日庆典

社会生活中有许多节日，包括国家法定节日（如元旦、五一国际劳动节、六一儿童节、七一党的生日、八一建军节、国庆节等）、民间传统节日（如春节、端午节、中秋节等）、国际性节日（如情人节、三八妇女节、圣诞节等）及其他重大节日，为庆祝和纪念这些节日而举办的典礼仪式或各种联谊活动（如大型游园、团拜会、嘉奖会等）统称节日庆典。旅游组织举行节日庆典活动，有助于借助热闹的节日气氛宣传本组织，融洽各种社会关系。

5. 表彰庆典

表彰庆典即发奖、授勋仪式，一般以表彰大会的形式出现。旅游组织举行这类庆典活动的目的在于宣传和弘扬先进模范人物或集体的优秀事迹及高尚精神，并授予其光荣称号、勋章、奖旗、奖状及物质奖品等，以此来激励组织内部员工更好地工作，向外部公众展示自身的良好形象。

三、庆典活动的组织实施

庆典活动是所有公共关系活动中表演色彩最为浓厚的活动。要把庆典活动开展得有声有色，引起公众的广泛注意，旅游公关人员应做好以下工作。

1. 确定庆典活动的主题

主题是一切活动的灵魂，是选择活动内容和形式的基本依据。从旅游公共关系角度看，每个庆典活动本身的名称，只是标明了形式上的主题，其中往往还蕴含着与旅游组织发展密切相关的更为重要的主题，如宣传企业精神、显示组织实力、传播经营方针信息等。旅游公关人员应当努力发掘那些与事业发展有本质联系的主题，从而把庆典活动的形式与主题有机地融合起来。

2. 设计庆典活动的形式和程序

庆典活动的形式是为表达主题服务的。同一事由的庆典活动，由于组织性质、特点及举办目的、主题的不同，也会呈现出不同形式。如何选择恰当的形式，是庆典能否成功的关键。要设计好庆典活动的形式，应做好两点工作：一是明确庆典活动的中心内容和辅助内容；二是明确庆典活动的具体做法和措施。此外，设计程序也是一项重要的工作。尽管各类庆典活动都有大致相同的基本程序，但具体到每个活动，又各有特殊性。程序设计要严密有致，做到隆重热烈并有条不紊，特别是如何渲染气氛和烘托高潮，则是庆典活动能否获得喜庆效果的关键。

3. 邀请庆典来宾

旅游公关人员应拟好庆典的来宾名单，并做好邀请工作。来宾的确定直接关系到庆典的规模、层次、宣传效果，乃至整个庆典活动的举办目的。邀请来宾不仅要考虑有关单位和左邻右舍，还要考虑邀请一些社会名流和新闻界人士，而且要考虑公众代表及员工代表等。拟好名单后，旅游公关人员应将请柬于一周前送到出席人员手中。请柬应新颖别致，并写明活动事由、方式、时间、地点等。对一些重要来宾，一般应当面邀请，以示尊敬和慎重。

4. 落实致辞和剪彩人员名单

在庆典活动正式开始前，旅游公关人员应落实致辞和剪彩人员名单。胜任这些工作的人应具有权威性和代表性。筹办人员要在事前把确定结果告诉当事人，必要时还要为本方致辞人拟好祝贺词等。

5. 安排礼仪队伍和工作人员

目前比较流行由礼仪小姐、礼仪先生担任礼仪、接待、服务等工作。礼仪人员应端庄大方，服饰统一，举止高雅。工作人员要职责明确，密切配合。入场、签到、奉茶、录音、摄像、留言、食宿现场布置等均应有专人负责。礼仪人员和工作人员一般都应进行事前排练和演习，使其在庆典活动中胸有成竹。

6. 组织庆典接待工作

庆典活动开始之前，旅游公关人员应组织好一切接待工作，接待人员各就各位。重要来宾应由旅游组织高层领导亲自接待，以示重视和礼貌。要设置专门的接待室，以便正式活动开始前让来宾休息。此外，还要准备好相关物质用品，包括款待顾客的茶水、糖果；乐队、音响、话筒、摄影器材；标语、鲜花、彩带、鞭炮；签名簿、纪念品等。

四、庆典活动的注意事项

庆典活动既是旅游组织面向社会和公众展现自身的机会，也是对自身的领导和组织能力、社交水平以及文化素养的检验。旅游组织可利用庆典的机会越来越多，组织的决策者们有必要适时地选择一些对组织和社会都有利的重要事件或重大节日来开展庆典活动。庆典活动开展得成功与否往往会成为社会公众取舍、亲疏的标准。因此，庆祝也好，典礼也好，都应有充分的准备，因天时、地利、人和等条件而开展。组织在进行这类活动过程中，一定要注意下列一些问题。

（1）要有计划性。旅游公关人员应对庆典活动进行系统策划。庆典活动应被纳入旅游组织整体经营计划，使其符合旅游组织整体效益提高的目的，把庆典目标和组织总目标及组织公共关系目标有机地融合在一起。切忌想起一事办一事，遇到一节庆一节。

（2）要选择好时机。庆典活动应在充分调查研究的基础上，抓住有利时机，尽可能使活动与旅游市场开拓相结合，与旅游组织的形象塑造相结合。所谓"机不可失，失不再来"，正是这个道理。

（3）科学性与艺术性相结合。公共关系活动是科学地推销产品和形象的过程，但要赋予其艺术性的化身，使其更具有魅力，这样会有更好的宣传效果，使企业形象更佳。

（4）要制造新闻。公共关系活动应能够为公众的代表——新闻媒介所接受，新闻媒介的反应是衡量活动成功与否的标尺，也是组织形象能否树立的重要环节。所以，庆典活动应尽量邀请新闻记者参加，并努力使活动本身具有新闻价值。

知识链接

"2016—2018韩国访问年"韩中文化旅游庆典活动在京举行

（5）要注意总结。组织的公共关系活动应讲求整体性和连续性，作为整体公共关系一部分的庆典活动，应与其他公共关系活动协调一致。为保持组织形象的一体化，保证今后开展活动的连续性，应当对每次庆典活动进行认真总结。

 **课堂讨论**

以"校庆"为内容可以策划哪些专题活动？如何策划？

 **技能操作**

西园大酒店拟赞助其所在市区的电视台举办春节文艺晚会，地点放在酒店会议大厅，请根据所学知识，制订一份详细的赞助活动计划。

课后习题

一、名词解释

庆典活动　社会赞助活动　新闻发布会

二、简答题

1．怎样策划和组织公共关系专题活动？

2．新闻发布会、展览会、赞助活动这三类公共关系专题活动的基本特点和基本要求有哪些？

3．新闻发布会的筹备应如何进行？注意事项都有哪些？

4．展览会的组织工作分哪几个步骤？参加展览会有哪些注意事项？

第九章 旅游公共关系危机处理

本章导读

➡ 旅游危机事件的发生有组织内部的原因，也有组织外部的原因。危机事件一旦发生，若处理不善则会使旅游组织陷入巨大的舆论压力之中，失去公众的信任，丢失旅游市场份额，甚至威胁旅游组织的生存与发展。旅游组织应树立危机意识，制定一套危机防范制度。其具体内容包括建立危机预警系统、设立危机处理机构、制定危机防范策略、危机防范方案演习、危机管理经验五个方面。危机事件的处理可遵循其一般程序，首先全面调查、收集信息；其次分析信息、确定对策；然后分工协作、落实措施；最后检测效果、改进工作。同时在处理危机事件时还应注意艺术性，遵循一定的原则。

学习目标

➡ 了解旅游公共关系危机的含义、特征及类型。
➡ 理解旅游公共关系危机发生的原因。
➡ 掌握旅游公共关系危机防范策略。
➡ 理解旅游公共关系危机处理原则。
➡ 熟悉旅游公共关系危机处理程序。

章前案例

客人头被砸破后……

住在上海好望角大饭店1012房的客人是一位美籍华人，此次受美国公司经理之命到上海郊区某茶叶公司谈一笔生意。他在饭店安排妥当后，即安排第二天洽谈生意的事情。翌日上午9点，客人接到大堂打来的电话。原来茶叶公司副经理亲自前来迎接，现已等候在大堂的休息厅里。挂好电话，客人便乘电梯直奔大堂。一阵寒暄后，立刻出发朝大门走去。也真不巧，就在两人将走出大门的瞬间，上面突然掉下一块木制饰片，不偏不斜，恰好落在饭店客人的头上，鲜血立刻从伤口处渗出来。前厅部经理闻讯立即驱车送客人到最近的中山医院，又是包扎，又是拍片。一会，大饭店柳副总又赶来，代表饭店向客人道歉，一直等到X光片结果出来，客人无甚大伤，才一起回到大饭店。客人一时是无法再去谈生意了，一方面是头部包扎后有损形象，另一方面是客人情绪大受影响，亟待休养。饭店派专人伺候客人，正副总经理多次到房间慰问，送鲜花、水果，叫厨师针对客人口味每天送上不同花样的菜和点心。

"我眼下是走不了了，"客人不无担忧地说，"但我在美时已订了来回票，现在看来要到拆线后方可回去，麻烦你们把机票日期给改一下。"

总经理答应马上派人去办，并再三安慰客人把身体先休养好，其他事情都可商量，饭店应对这一事故负全部责任。第四天，客人告诉前来慰问的保安部经理，他在美国是打工的，经理一共只给6天假期，这次不幸至少把日程推迟了半个月，他无法回去交代，怕被炒掉，所以心急如焚。保安部经理请示总经理后决定先给他在美国的公司发一份传真，说明原委，再给他出个证明，让他随身带去交给经理。

12天后，客人伤口愈合，医生给拆了线，茶叶厂经理又来接他前去商谈业务。4天后，客人在上海的事情全部办完，第二天就要乘机返美。饭店总经理又一次郑重向客人道歉，不仅承担全部医药费用，还免去了这半个月客人在店里的一切开支。客房部根据客人的口味，特地送了不少宁波土特产和其他珍贵礼品，还给客人所在公司的经理带去几件有着浓厚中国特色的工艺品。事后，好望角大饭店没有忘记责成工程部对所有建筑作一次全面检查。

由于善后工作做得好，本来准备通过法院来处理的一起恶性事故，却在饭店的真情厚意中化解为零了。客人临走时说，他要对每个人说，如果去上海，一定要住好望角大饭店。

案例分析

本案例中，酒店总经理在面对突发危机事件时，积极主动地采取措施，将客人及时送去医治，并亲切慰问，关怀备至，将客人的利益放在第一位。总而言之，酒店总经理在处理这次危机时，遵循了公开性、诚实性、主动性、及时性和补偿性的原则，从而很好地化解了危机，维护了酒店的形象。

第一节　旅游公共关系危机处理概述

社会组织的持续分化使旅游组织面对越来越复杂的社会环境，公众的复杂性、需求的多样性也使旅游组织不断面临新的挑战，危机事件随时可能发生。在强大的公众舆论压力和危机四伏的社会公众环境之下，危机事件不仅会使旅游组织的经济利益蒙受损失，而且可能导致组织形象和声誉严重受损，并且危及社会和公众。

一、旅游公共关系危机的含义及类型

1. 旅游公共关系危机的含义

旅游公共关系危机，也称旅游公共关系突发事件，是指突然发

知识链接

十大危机公关经典案例分析

生的、严重损害旅游组织形象，甚至危及生命财产安全，给旅游组织带来严重后果的重大事件和工作事故。如自然灾害的恶性事故、人为造成的工作事故、不利的社会舆论、公众的指责批评与对抗行为等都属于旅游公关危机。这些危机会使旅游组织陷入巨大的舆论压力之中，严重阻碍旅游组织的生存和发展，甚至给整个旅游产业带来严重的恶性影响，造成旅游市场的一蹶不振。

2. 旅游公共关系危机的类型

（1）行为不当危机。由于旅游组织内部的战略决策、投资选择、经营运作、财务管理、人事安排等方面的失误而造成产品和服务质量下降、公众利益受损等状况；由于旅游组织与外部公众沟通不畅而引起公众误解、旅游组织信誉受损等状况；由于与同行关系处理不当而引起竞争对手的恶意攻击，如假冒伪劣、制造谣言、诽谤中受伤等状况。上述这些危机都可能引起公众的激愤和反感，造成严重的信用危机或经营危机，影响旅游组织的生存和发展。

（2）突发事件危机。按照突发事件与旅游组织的相关性，突发事件危机可分为内部突发事件危机与外部突发事件危机。内部突发事件危机发生在旅游组织内部，对本组织的影响最大，对本组织的合作单位影响次之，对其他社会组织影响较小。外部突发事件危机发生在旅游组织的外部，影响多数社会组织的利益，旅游组织是其受害者之一。

按照突发事件的基本原因，旅游公共关系突发事件还可分为人为突发事件、非人为突发事件两类。人为突发事件是指由旅游组织内部或外部的人为原因造成的突发性事件，这类事件通常具有可预见性、可控性的特点。非人为突发事件是指非人为原因造成的突发性事件，如不可抗力的自然灾害、流行疾病等造成的重大伤亡事故。非人为突发事件大部分不可预见，不具有可控性，造成的损失通常是有形的。

（3）媒介报道危机。指旅游组织的有关事件被新闻媒介报道后，事实真相对旅游组织的发展非常不利，使组织形象严重受损的事件；或者是由于新闻媒介的误解而导致对旅游组织的报道不准确、不公正，从而引起公众对旅游组织造成威胁性影响的事件。

（4）政治法律危机。指由于国家的政治体制、政权格局、政府态度、政策法规以及国际关系、外交政策的变化，对旅游组织的发展造成不利，甚至构成潜在威胁的事件。国际贸易战是旅游组织面临的主要政治法律危机。

（5）环境问题危机。指旅游组织为了追求经济效益，无法兼顾社会效益和生态效益，造成生产和销售过程中的资源浪费、环境污染或产品质量下降等现象而引起公众的抗议和反对，致使旅游组织形象受损的事件。

旅游公共关系危机所造成的损失可分为有形损失和无形损失。有形损失是指人员伤亡或财产的重大损失；无形损失是指事件对旅游组织形象的严重损害。有形损失明显、难以挽回、易于评估，如果不采取措施最终会导致旅游组织的无形损失。无形损失尽管在始发阶段并不明显，但是如果不采取紧急有效的措施，随着时间的推移，旅游组织的形象将变得越来越坏，最终必然蒙受更大的有形损失。

二、旅游公共关系危机的特征

1. 突发性

危机事件都是意想不到，突然爆发的，如飞机出事、火车出轨、大规模食物中毒等。由于事故来得突然，又有很强的力度，往往使相关组织措手不及，给组织造成很大冲击。

2. 危害性

公关危机事件的发生，可能使组织的各种社会关系朝着不利的方向变化，使组织的社会地位和信誉迅速下降，形成组织发展障碍。在组织内部，它会危害成员之间的团结，挫伤组织成员的积极性，涣散组织的凝聚力；在组织外部，会给社会公众带来恐慌与损失，也可能给社会生活带来危害。

3. 关注性

重大突发性事件往往成为社会舆论关注的焦点，成为新闻传播媒介的素材，牵动社会公众。同时伴随事件而来的强大社会舆论压力，更成为危机处理中最为复杂和棘手的问题。

4. 警示性

公关危机事件，既会给组织和社会造成很大危害，也会给组织和社会某种警示作用，提醒人们要"居安思危"，要求旅游组织对每件事要进行缜密的考虑，在复杂变化的各种关系中，尽量避免发生危机；万一发生了危机，则要尽量减少危机造成的损害。

由于危机事件的这些特点，危机事件的处理不但事关重大，而且具有相当大的难度。因此，它越来越被人们视为公共关系活动中最具挑战性的工作，也越来越被公关界所重视。

三、旅游公共关系危机的成因

旅游公共危机产生的时间、地点难以预料，涉及的范围有大有小，产生的原因也不尽相同。总的说来，危机产生的原因有两类：一类是旅游组织可以在事前事后加以控制的内部原因；另一类是旅游组织难控制的外部原因。

（一）旅游组织内部原因

旅游组织内部的因素一般来说是可以控制的，但是由于管理、决策、公关等方面的失误，导致了危机的发生。

1. 管理不善

过度地追求经济利益而忽视公众利益、社会利益，可能造成宾馆、酒楼发生严重的食物中毒，游乐设施毁坏、旅游高山缆车坠落等事故。因这类原因导致的危机事件完全是组织的责任，最易激起公愤，受到公众和社会舆论的强烈抨击，对组织形象的损害极为严重。

2. 决策失误

如果旅游组织行为短期化、急功近利，对纷繁复杂的现实环境

知识链接

北京一日游街头
虚假广告

认识不清，而使旅游组织的总体目标、公共关系目标与内部的现实条件和外部的客观环境严重脱节，其结果势必使组织受挫、出现危机。如1996年一哄而上的人造景观热，如老北京微缩景观、各地新建民族村等，由于市场定位不当，重复建设等诸多决策的失误，至今有的景点艰难经营，有的进退两难，有的倒闭破产，造成人、财、物的重大浪费。

3. 疏于沟通

由于旅游组织忽视与公众之间的信息交流，以取得公众谅解与支持为目的的信息发布不及时，缺乏针对性等，从而导致公众对旅游组织形成误会和隔阂，出现对组织不利的社会舆论。

（二）旅游组织外部原因

现代旅游业一方面显示出强大的生命力，另一方面又有其脆弱性。自然灾害、政治事件和经济形势变化等，都可能导致旅游公关危机事件突然发生。

知识链接

雅安地震对旅游
业的影响

1. 自然灾害

自然灾害包括地震、海啸、恶劣天气、洪水、疫病流行、火灾等，这是人们难以预料的，一旦发生，对旅游业的影响极大。

2. 社会政治

社会政治因素包括国家的政策、战争、社会动乱、发生恐怖事件等势必危及旅游组织的经营活动，给一个国家和地区的旅游业造成巨大的损失，带来严重的危机。劫机、绑架、劫船等恐怖事件对旅游业的影响尤为严重。

3. 经济形势

经济形势包括本国经济发展状况、区域性经济发展状况和世界经济发展状况，特别是世界经济发展状况对国际旅游业的发展影响很大。1997年5月泰国发生的金融危机，波及整个东南亚、韩国、日本等，各国家、地区货币纷纷大幅度贬值，也对我国旅游业产生了冲击。

4. 人为破坏

人为破坏包括某些社会组织或个人采用不正当竞争手段，如造谣、诽谤；也可能是不法分子针对旅游组织的破坏或发生于旅游组织内的破坏案件等。

四、旅游公共关系危机发生的过程

旅游公关危机发生的过程大致可分为四个阶段。这四个阶段是危机发生的周期，也是危机处理的过程。

1. 危机初期

危机初期的主要现象是各种消息模糊不清，谣言四起，前后矛盾，造成社会公众对企业的误解、偏见，甚至敌视。在这一阶段，旅游组织公共关系人员还没有做具体的危机处理工作，有的"不识庐山真面目，只缘身在此山中"；有的缺乏对危机的预见，麻痹、轻

视,最终铸成大错。

2. 危机稳定期

进入这一阶段,危机发展已经明朗化,危机的真相基本上公之于众,公众都比较清楚到底发生了什么。这时,旅游组织也已经开始行动,公共关系人员已经认识到危机的危害性,将相关资料分发给新闻媒介,谣言被驳斥,社会舆论有所转变。

3. 危机抢救期

这一阶段,是危机发展到顶峰的阶段,也是公共关系人员采取行动进行抢救的关键阶段。此时,旅游组织公关机构应设立专门的"信息发布中心",配合危机抢救的具体措施,及时将危机抢救工作的最新消息传播给新闻媒介和社会公众。在发表各种消息时,一定要坚持"公开事实真相"的原则,以避免新闻媒介和社会公众猜疑。

4. 危机末期

这一阶段,危机抢救工作即将结束,旅游组织管理层和公共关系人员还需要进行一些具体的工作,妥善处理危机后事和安抚人心。同时,公共关系人员还应对危机发生的原因进行调查,写出详细的调查报告,并提出防止危机重演的计划与具体措施。

第二节　旅游公共关系危机防范

旅游组织的决策者必须充分认识到,"凡事预则立,不预则废"。虽然危机的发生有偶然性和突发性,但这绝不意味着可以不做计划,听天由命。恰恰相反,与每个旅游组织相关的公众是有明确范围的,旅游组织与社会,以及公众的联系也是基本明确的。因此,危机应急计划的制订也完全是可行的,而且"积极的计划在管理危机情境时能更省时、有效"。

 知识链接　避免"温水煮青蛙"现象

　　如果你将一只青蛙放进沸水中,它会立刻试着跳出来;但如果你将青蛙放进凉水中,然后慢慢加温,青蛙会显得若无其事,直到被煮熟。在《第五项修炼》一书中,彼得·圣吉用这则寓言来说明:导致许多组织失败的原因就在于人们对缓缓而来的致命威胁习而不察。

　　事实上,造成危机的许多诱因早已潜伏在组织日常的经营或管理之中,只是由于管理者麻痹大意,缺乏危机意识,对此没有足够的重视。有时,看起来很不起眼的小事,经过"连锁反应""滚雪球效应""恶性循环",有可能演变成摧毁组织的危机。

　　组织要避免"温水煮青蛙"现象,首先要求其最高管理层具备危机意识,组织整体才不致在战略上迷失方向,不经意之间滑入危机的泥潭之中。值得重视的是,危机管理并非是组织的最高管理层或某些职能部门,如安全部门、公关部门的事情,而应成为每个职能部门和每位员工共同面临的课题。在最高管理层具备危机意识的基础上，组织要善于将这种危机意识向所有的员工灌输，使每位员工都具备居安思危的思想，提高员工对危机发生的警惕性，使危机管理能够落实到每位员工的实际行动中，做到防微杜渐，临危不乱。

一、具备长远的管理观念，居安思危

旅游组织的决策者不仅要有敏锐的危机感，在顺境中感觉未来日子可能会到来的危机，更应随时了解危机可能发生的范围、时间以及如何在危机来临时加以妥善处理，正如萨姆·布莱克所讲的，危机管理"最基本的要求是能够预见到将要发生的事，而不至于在问题突然出现时措手不及"。

二、建立危机预警系统

一般而言，除了一些自然灾害、车船失事等非人为突发的危机事件外，大多数旅游公关危机事件都有一个潜伏期，在这个过程中，无论如何隐蔽，总有一些先兆表现出来。因此，在旅游组织内部建立预警系统可以使公关人员及早发现危机的早期征兆，使旅游组织有可能将危机消除于它的萌芽状态。这是危机预防最重要的手段，其核心是善于监测和积极反馈信息。

建立危机预警系统，需要做好以下两个方面的工作。

1. 对旅游组织的行为进行监测

主要工作在于分析和研究旅游组织的生产、经营、管理活动等环节，经常检查与相关公众发生业务联系部门的工作情况，及时向旅游组织的决策者通报所发现的种种问题。

2. 对社会舆论进行监测

主要工作在于及时收集涉及旅游组织经营管理活动的社会舆论及公众对旅游组织的态度，对此进行认真的分析和研究，从中发现它的发展动向及趋势。特别是要善于从这些信息中寻找那些容易引起危机事件的先期征兆，一旦发现这些征兆，要及时向组织的领导人作出汇报，提出消除这些征兆的办法和措施。

三、设立危机处理机构

尽管危机是旅游组织较少遇上的特殊状态，但是它有极大的危害性，必须像灭火一样迅速果断地将其扑灭。旅游组织设立危机处理机构（简称"危机小组"），通过行之有效的工作，可在有危机先兆时防患于未然；而一旦危机发生，即能加以遏制，以减少其对旅游组织形象的损害程度。

"危机小组"应由职位相对较高的管理者、专业人员及公关人员组成，由于他们在组织中的地位、身份，他们对组织和环境熟悉了解，可在危机处理中发挥最大的功效。"危

机小组"应抓好以下几方面的工作：

（1）"危机小组"根据本组织或其他组织发生过的相类似的危机，对组织可能发生的各种类型的危机作出预测和分析，哪些危机可能发生，对其性质、规模、影响范围等作出恰当的估计。

（2）针对已发生过的危机和可能发生危机的种类、性质、规模、影响范围，制定出相应的应急方案，并由专人负责。

（3）将危机预测和处理的设想编印成小册子，发给组织内每一个成员（小册子内还应包括"危机小组"成员名单）。通过多种方式把处理危机的方法向组织成员介绍，让他们对危机爆发后的应对措施有一个大体的了解。

（4）确定新闻发言人。一旦危机发生，由新闻发言人代表组织向内外公众介绍事实真相和组织为此作出的反应。

（5）危机爆发后，由"危机小组"全权负责危机处理工作。

四、制订危机应急计划

应该认识到，事先周密的应急计划制订是控制潜在危机花费最少、操作最为简捷的方法，而不应在旅游组织已遭受危机的打击后，再亡羊补牢。

（1）制订应急计划应回答下列问题：

1）潜在的危机有哪几类？

2）危机一旦突发，将会影响的公众有哪些？他们会受到什么影响？

3）以什么方式，何种程序与有关公众进行沟通？沟通的渠道畅通了吗？

4）危机发生后负责各环节的合适人选是谁？他们都该做些什么呢？

5）各环节人选知道怎么做吗？

（2）针对上述问题，应急计划的主要内容包括以下几面。

1）对旅游组织潜在的危机形态进行分类，并制定各类危机预防的方针和政策。

2）为其中一类危机制定预防的具体战略和战术。

3）确定与旅游危机相关公众的范围及沟通方法。

4）建立有效的传播沟通网络，并明确具体的联系对象。

5）确认危机处理过程中各环节的具体人选，明确分工与各自的职责。

6）明确各类危机处理的"总指挥"人选。

此外，应急计划的制订还应注意：

1）计划应以旅游组织现有的人力、财力、物力可能为基础；

2）计划要点不应放在琐碎的目标和任务上，而要为需要管理之处和风险严重波及之处提供指导原则；

3）掌握"80—20法则"，即80%的设备和人员在任何时候都是可以使用的，但20%的人员和设备由于公出、休假或者无法操作有可能不能投入使用，其中，80%将会依据来自指挥中心的指示进行正常的危机反应，而余下的20%可能不能反应或拒绝反应。此外，计

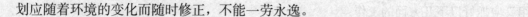

划应随着环境的变化而随时修正，不能一劳永逸。

五、进行危及应急方案演习

由于危机是较少遇上的特殊状态，而旅游组织内各种工作千头万绪，在长期"和平"环境中，从管理人员到员工都可能产生麻痹和松懈，一旦出现危机则手足无措、手忙脚乱，失去转危为安、化险为夷的最佳时机。为了使旅游组织在危机处理中掌握主动权，旅游组织应当未雨绸缪，每隔一段时间，举行一次危机演习，使全体管理人员及员工熟悉危机防范方案。一旦危机真正发生，能应变不惊，最大限度地减少危机对组织和对社会公众的伤害。演习后，由"危机小组"人员进行征询意见的活动，从中发现方案的不足之处，予以纠正。

六、危机管理经验

下面是国外社会组织总结出来的危机管理经验，旅游组织公共关系人员可以借鉴他们的经验，在公共关系工作中遇到危机事件时有备无患。

1．做好危机准备方案

（1）对危机持一种正确积极的态度。

（2）使组织的行为与公众的期望保持一致。

（3）通过一系列对社会负责的行为来建立组织的信誉。

（4）时刻准备把握危机中的机遇。

（5）组建一个危机管理小组。

（6）分析组织潜在的危机形态并进行分类。

（7）制定预防危机的方针、对策。

（8）为处理每一项潜在的危机制定具体的战略和战术。

（9）组建危机控制和检查审核小组。

（10）确定可能受到危机影响的公众。

（11）为最大限度减少危机对组织声誉的破坏性影响，建立有效的传播沟通渠道。

（12）在制定危机应急计划时，多倾听外部专家的意见，以免重蹈覆辙。

（13）把有关计划落实成文字。

（14）不断地对有关方案计划进行实验性演习。

（15）为确保处理危机时有一批训练有素的专业人员，平时应对他们进行培训。

2．做好危机传播方案

（1）时刻准备在危机发生时，将公众利益置于首位。

（2）掌握对外报道的主动权，以组织为第一消息发布源。

（3）确定信息传播所需要的媒介。

（4）确定信息传播所需针对的其他重要的外部公众。

（5）准备好组织的背景材料，并不断根据最新情况予以充实。

（6）建立新闻办公室，作为新闻发布会和媒介索取最新材料的场所。

（7）在危机期间为新闻记者准备好所需设备。

（8）设立危机新闻中心，以接受媒介电话询问，若有必要，一天24小时开通。

（9）确保组织有足够的训练有素的人员来应付媒介及其他外部公众打来的电话。

（10）应有一名高级公关代表参加危机管理小组，该小组须在危机控制中心工作。

（11）如有可能，在危机控制中心附近安排一间安静的办公室，以确保危机管理小组的负责人和新闻撰稿人在里面工作。

（12）准备一些应急新闻稿，留出空白，以便危机发生时可直接充实并发出。

（13）确保危机期间组织的电话总机人员能知道谁可能会打来电话，应接通至哪个部门。

3. 做好危机处理工作

（1）面对危机，应考虑到最坏的可能，并及时有条不紊地采取行动。

（2）危机发生时，要以最快的速度设立"战时"办公室或危机控制中心，调配训练有素的专业人员，以实施危机控制和管理计划。

（3）新闻办公室应不断了解危机管理的进展情况。

（4）设立专线电话，以应付危机期间外部打来的大量电话，并让训练有素的人员来接专线电话。

（5）了解公众以及他们的意见，并确保组织能把握公众的抱怨情绪，可能的话，通过调查研究来验证组织的看法。

（6）设法使受到危机影响的公众站到组织的一边，帮助组织解决有关问题。

（7）邀请公正、权威性机构来帮助解决危机，以确保社会公众对组织的信任。

（8）时刻准备应付意外情况，随时准备修改组织的计划，切勿低估危机的严重性。

（9）要善于创新，以便更好地解决危机。

（10）把情况准确地传给总部，不要夸大其词。

（11）危机管理人员要有足够的承受能力。

（12）当危机处理完毕后，应吸取教训并以此教育其他同事。

4. 做好危机中的传播工作

（1）危机发生后，要尽快对外公布有关背景情况，以显示组织已有所准备；准备好消息准确的新闻稿，告诉公众发生了什么危机，正在采取什么补救措施。

（2）当人们问及发生什么危机时，只有确切了解事故的真实原因后才能对外发布消息。

（3）不要发布不准确的消息。

（4）了解更多的事实后再发出新闻稿。

（5）宣布召开新闻发布会的时间，尽可能地减轻公众电话询问的压力；做好举行新闻发布会所需的各项准备工作。

知识链接

从希尔顿的"双树旅馆事件"看危机公关

（6）熟悉媒介通常的工作时间。

（7）如果新闻报道与事实不符，应及时指出并要求更正。

（8）要建立广泛的信息来源，与记者和当地的媒介保持良好的关系，及时通过他们对外发布最新消息。

（9）要善于利用媒介与公众进行沟通，以控制危机。

（10）在传播中，避免使用行话，要用清晰的语言告诉公众组织关心所发生的危机，并采取正确的行动来处理它。

（11）确保组织在危机处理中有一系列对社会负责的行为，以增强社会对组织的信任。

第三节　旅游公共关系危机的处理与策略

旅游公关危机管理，是指旅游组织调动各种可以利用的资源，采取各种方式，预防、控制和处理危机以及危机产生的消极影响，从而使潜在的或现存的危机得以解决，使危机造成的损失最小化的方法和行为。通过妥善处理已发生的危机，一方面争取公众的谅解，改变组织在公众心目中的印象；另一方面通过危机的警示作用加强组织自身的经营管理，改进不足，树立组织担负社会责任的良好形象。

旅游公关危机可以预防，但并不是都可以被消灭于潜伏阶段的，因此，还必须在公关危机预防的基础上，做好公关危机的处理工作。只有将两者紧密结合起来，才能取得旅游公关危机管理的最佳效果。

一、旅游公共关系危机处理原则

旅游公关危机处理起来有一定的难度。要有效地处理危机，最大限度地消除负面影响，改变组织不良形象，协调改善组织内外部环境，旅游组织及其公共关系人员在处理危机时应灵活掌握以下原则：

1. "公众利益至上"原则

保护公众利益，是处理旅游公关危机的第一原则。旅游公关危机发生后，旅游组织会遭受很大的损失，然而公关人员首先应考虑的是公众的利益，因为公众是组织存在的根基。旅游组织要有强烈的社会责任感，勇于承担责任，以公众利益为重，赢得公众的理解与支持。

2. 公开性原则

旅游公关危机一旦爆发，立刻会引起政府部门、相关媒体和社会大众的关注。此时，旅游组织作为当事人，不论危机产生的原因是主观的还是客观的，都应主动地与新闻媒介取得联系，向公众公开事实真相，公布事件的原因、结果、组织的态度和在危机处理中所

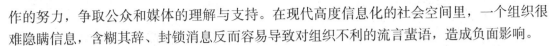

作的努力，争取公众和媒体的理解与支持。在现代高度信息化的社会空间里，一个组织很难隐瞒信息，含糊其辞、封锁消息反而容易导致对组织不利的流言蜚语，造成负面影响。

3. 真实性原则

在旅游公关危机的初发阶段，公众会产生种种猜测和怀疑。因此，旅游组织要想取得公众和新闻媒介的信任，必须采取真诚、坦率的态度，向公众提供真实的信息，并通过大众传播媒介进行宣传，从而消除误解。如果有些事项确实无法向公众公布，应说明理由。同时也可以说明组织为防止、解决危机所作的努力和已经取得的成绩，尽量引导公众对危机和组织获得全面的印象。

4. 及时性原则

旅游公关危机处理的目的在于尽力防止事态的恶化和蔓延，减少危机造成的损失，在最短的时间内重塑或挽回组织的良好形象。如果旅游组织在危机开始的突发期和扩散期积极反应，遏制危机，往往成本较低，效果也较理想。一旦到了爆发期，处理和平息危机的成本将呈几何倍数增长，事情处理起来就更棘手了。因此，危机发生后，"危机小组"一定要抓住处理问题的最佳时机，以积极的态度去赢得时间，以正确的措施去赢得公众，创造妥善处理危机的良好氛围。

5. 主动性原则

旅游组织如发生消费者投诉、新闻媒介曝光等危机后，不能回避和被动应付，而应迅速召集领导层和公关人员共同协商妥善的处理办法，主动面对危机，有效控制事态。如对消费者或社会公众造成人身伤害，应主动与新闻界沟通，并且开辟高效的信息传播渠道，以防止负面影响的扩大；对直接上门投诉的消费者，应热情接待，及时答复和妥善解决投诉纠纷。

6. 连续性原则

当旅游组织发生较大公关危机后，由"危机小组"拿出具体的解决方案，一方面处理有关事务，另一方面应通过新闻媒介向社会公众不断地公布调查取证、事故原因、组织采取的善后措施和改进办法等方面的消息，从而使公众对事件有一个全面、客观的了解，对组织所持的积极态度和工作效果产生良好的印象。

7. 补偿性原则

旅游组织的公关危机有时会造成人身危害和财产损失，旅游组织应对财产的损失给予相应的赔偿，对受到身体伤害的人员及时给予相应的治疗和补偿。

二、旅游公共关系危机处理的艺术

在处置突发性事件中，既要讲究方法，又要注重实效，还要有很强的艺术性。

1. "忌拖""求快"，取得时间上的主动权

处理危机事件，争取时间极为重要。该决断的时候，还要反复"研究""再看一看"，危机的规模可能扩大，处理的难度也增大。因此，要迅速受理，及时查处。要在众多矛盾之中，抓住主要矛盾，看准火候，果断处置，使一些别有用心的人来不及

钻空子。

（1）"忌拖"，危机公关如同消防救火，危机刚发生时如火苗初起，如果组织不迅速采取危机公关措施，就会使"火势"蔓延，事态扩大。原先可能只是一个于组织无大碍的小危机，最终会演变成致组织于死地的灭顶之灾。

（2）"求快"，组织在事先应对可能发生的危机有所预测，并制定一套切实可行的危机应急方案。当危机发生后，不要等到被媒介揭露，闹得沸沸扬扬时才匆忙进行补救，而应迅速将应急方案付诸实施，以最快的速度处理危机，保证公众的利益不受进一步伤害，防止事态的扩大，及时准确地传达组织的信息，赢得公众对组织的理解和同情，杜绝不利信息的传播。

2. "忌瞒""求坦"，取得决断上的主动权

"包公断案"的特点是重调查、重证据、严格依法办事。处置危机事件，同样需要这种艺术和风格。这就要求有关人员要勤于调查，把事件真相搞清楚，严格依法照章处置。在处置中不徇私情，不畏权势，真正做到"不唯书，不唯上，只唯实"。这样，决断正确，反响会更好。如果事实掌握不准，决断一错，会增加若干倍的工作量。若是事件处理当中有徇私行为，那更会引起公众不满，把事情弄坏。

（1）"忌瞒"，有些组织在危机发生后往往试图通过掩盖事实，不让公众了解真相而达到解决危机的目的。其实被公众知道了组织危机并不可怕，真正可怕的是公众知道了组织在百般掩盖它的危机，这会让公众有被欺骗的感觉，结果丧失了公众对组织的信赖。物质、资金丧失了可以再赚回来，信赖一旦丧失就会难以挽回。

（2）"求坦"，危机一旦发生，组织就应掌握信息传播的主动权，选择最恰当、最有效、最便捷的信息传播渠道（或是通过覆盖面广、具有权威性的大众传播媒介或是通过面对面的人际传播渠道），主动坦诚地告诉公众到底发生了什么事，组织面对危机采取了哪些积极有效的措施；同时对新闻媒介的采访报道采取积极配合的态度，力求给公众一个坦率真诚的印象，赢得公众好感，让公众了解危机的真相，争取公众的信任，并设法使受危机影响的公众站到组织的一边来，引导舆论向有利于组织的方面发展。

3. "忌乱""求齐"，取得工作上的主动权

处理危机事件，一般"宜粗不宜细"。要先抓主要矛盾，查主要对象，找主要原因。凡与事件无关的，对于一时难弄清的线索，特别是与事件关系不大的问题，可先搁一搁，必要时再补查。力求抓主要问题，及时公布事件真相，以便争取多数支持者，快速缓解矛盾，平息事端。

（1）"忌乱"，因为很多组织事先对企业有可能发生的危机缺乏心理准备，所以危机一旦发生，组织领导人往往会手忙脚乱，不知所措，致使企业内部人心涣散，管理失控。在接受外部新闻媒介采访时，组织内部人员说法不一，甚至出现自相矛盾的情况，这就会给公众一个组织内部管理混乱的印象，公众当然就得出组织产品不可靠的结论，那么组织的失败也就成为必然。

（2）"求齐"，在危机面前，组织上上下下要保留一致的状态，由专门部门负责危机公关的协调和策划，给公众留下组织在危机发生后仍然有条不紊地正常运行的好印象。

三、旅游公共关系危机处理的工作程序

旅游公关危机事件的处理，还需要有正确的工作程序和要求，这是规范化处理公关危机和事件的前提。

1. 全面调查，收集信息

出现危机事件后，旅游组织应及时组织人员深入公众，了解危机事件的各个方面，收集关于危机事件的综合信息，形成基本的调查报告，为处理危机事件提供基本依据。

（1）组织人员，奔赴现场。得知发生了危机事件后，立即组织有关人员，成立"危机小组"，迅速奔赴现场，开展工作。

（2）保护现场，寻求援助。"危机小组"赶到现场后，应该想尽一切办法保护现场，以便迅速、准确地查清事故的原委。如果危机事件还在继续，应及时采取紧急措施。根据现场情况与公安、消防、卫生等部门取得联系，使损失减少到最低程度。

（3）深入细致，了解情况。应迅速与目击者或当事人取得联系，了解事件发生的时间、地点、原因，了解人员的伤亡程度和人数，了解事态的发展及控制情况以及公众在事件中的反应，调查相关公众在危机事件中的要求，找出处理危机事件的关键。

（4）整理分析，形成报告。要将在现场听到的、看到的所有情况认真记录下来，在可能的情况下可用照相机、摄像机拍摄现场镜头，用录音机录下某些内容，以便帮助分析。在全面收集有关信息的基础上将材料进行分类整理。组织有关人员进行分析，认真查找事件的真正原因，形成危机事件调查分析报告，并上交有关部门。

2. 分析信息，确定对策

在全面调查了解事件的情况以后，要将所获取的信息整理分析，针对不同对象确定相应的对策。一般包括针对旅游组织自身对策、针对受害公众对策、针对上级领导部门对策、针对新闻界对策几个方面。

首先，针对旅游组织自身对策，主要有以下几点：

（1）根据需要，对"危机小组"进行调整，组建更有权威性、高效率的工作班子。

（2）迅速而准确地把握事态的发展。

（3）制定处理事故的基本方针和基本对策。

（4）把事故的发生和组织对策告知全体员工，使大家同心协力，共渡难关。本组织员工若有伤亡，应立即通知其家属或亲属，并提供一切条件，满足员工家属的探视或吊唁要求，还要组织周到的医疗工作和抚恤工作。

（5）如果是不合格产品引起的恶性事故，应立即组织力量，对不合格产品逐个检验，通知销售部门立即停止出售这类产品。

（6）如果是个别服务人员恶劣的服务态度引起恶性事故，"危机小组"应先稳定客人情绪，责成当事人向客人当面赔礼道歉；组织公关机构经理或该服务部门经理代表组织向客人道歉，并从精神上和物质上给客人以赔偿，以求得客人的谅解。制定妥善的公关宣传方案，采用新闻公关保护联系的方式，向外界公布事故的真相。

（7）制定挽回影响和完善组织形象的工作方案与措施。

（8）奖励处理危机事件有功人员，处理有关责任者，并通告各有关方面及事故受害者。

其次，针对受害公众对策，主要有以下几点：

（1）首先考虑受害者利益，全力解决受害者问题，力争将其损失减少到最低限度，以遏止危机的扩大，使事态朝有利于旅游组织的方向转化。

（2）如果责任在组织自身，就要公开道歉，认真听取受害者及其家属的意见，主动赔偿受害者的损失，尽量满足受害者的要求。

（3）如果责任在受害者或第三方，也要给予受害者适当的安慰。需要受害者承担责任的话，不宜马上追究，最好等危机事件平息后再妥善处理。

（4）如果双方都有责任，组织要注意避免尽力为组织辩护的言辞，要积极地争取受害者的谅解与合作，承担自身应负的责任，并给予补救。

（5）在危机事件处理过程中，如无特殊情况，不要更换负责处理问题的人员。

针对上级领导部门对策，主要有以下几项内容：

（1）事故发生后，应及时向政府及上级领导部门汇报，不要文过饰非，更不能歪曲真相，混淆视听。在事故处理中，应定期报告事态的发展，求得上级领导的指导和支持。

（2）事故处理后，详细报告处理经过、解决方法以及今后的预防措施等。

针对新闻界对策，主要包括以下几项内容：

（1）应对新闻媒介统一口径，注意措辞，尽可能以最有利于组织机构的形式来公布。

（2）设立临时性记者接待机构，专人负责发布消息，集中处理与事件有关的新闻采访，给记者提供权威性资料。

（3）主动向新闻界提供真实、准确的消息，公开表明旅游组织的立场和态度，以减少新闻记者的各种猜测，帮助新闻记者作出正确报道。

（4）必须谨慎传播，在事实未完全明了之前不要对事发的原因、损失以及其他方面的任何可能发布推测性的言论，不轻易地表示赞成或反对态度。

（5）对新闻界表示出合作、主动和自信的态度，不可采取隐瞒、搪塞、对抗的态度。对确实不便发表的消息也不要简单地"无可奉告"，而应说明理由，求得记者的同情和理解。

（6）注意以公众的立场和角度进行报道，不断提供公众所关心的消息，如补偿方法和善后措施等。

（7）除新闻报道外，可在刊登有关事件消息的报刊上发歉意广告，向公众说明事实真相，并向有关公众表示道歉及承担责任。

（8）当记者发表了不符合事实真相的报道时，可以尽快向该媒体提出更正要求，指明失实的地方，并提供全部与事实有关的资料，派遣重要发言人接受采访，表明立场，但要注意避免产生敌意。

除上述公共关系对策外，还应根据具体情况，分别对与事件有关的交通、公安、市政等机构，对社区、合作单位、消费者等公众采取适当的对策，通报情况、回答咨询、详细解释。调动各方面力量，协助本组织尽快渡过危机，使组织形象的损害程度降至最低点。

3．分工协作、落实措施

措施制定后，就要认真组织落实。在旅游组织全体人员中要统一思想、统一认识，尽心尽力减少事件造成的损失，为组织塑造良好的社会形象；认真领会实施方案，坚持灵活性与原则性相统一的方针，各负责处理事故的人员，要根据各自分工处理项目的特点，选择适当的方式、方法；各有关人员在有效分工的基础上进行密切配合，相互理解和支持，工作中力求果断、干练，以友善的态度，高效率的工作获得公众的好感与信任。

4．检测效果，改进工作

平息危机事件不代表危机处理程序的结束。公共关系人员要注意从社会效益、经济效益、心理效应、形象效应诸方面评估消除危机措施的合理性、有效性，并实事求是地撰写出详尽的事故处理报告，为以后处理类似的危机事件提供参照性依据。另外要调查公众的反应，调查组织目前的公共关系状态，以及通过危机处理，组织形象是否得到了恢复，与原有的形象相比，差距还有多少，以此作为评估危机公共关系工作的依据，并为下一步公共关系活动的开展明确努力的方向。

四、旅游公共关系危机处理的策略

尽管危机事件的发生对于旅游组织来说是极大的不幸，但是，如果采取恰当的处理策略，也可能变不利因素为有利因素，塑造和树立良好的组织形象。相反，处理不当就会使旅游组织的形象更坏，甚至危及组织的生存。

旅游公关危机事件处理策略就是在处理危机事件过程中，针对公众心意和需求，从维护、恢复发展旅游组织形象角度出发所进行的决策定位，具体来说有以下几个方面。

1．保持镇定，果断处理

当危机事件发生后，公关人员首先应该保持镇定，尽快全面了解事件的具体经过，判明有关情况。如果公关人员没有冷静的头脑，不能做到镇定自若，组织成员更容易产生心理震荡和情绪波动，这种大局未定、军心涣散的局面，将会给危机事件的处理带来更大的障碍，使事态进一步复杂化。因此公关人员这时必须沉着、冷静，尽快查明事实真相，把握事件的前因后果，确立处理决策，立即实施有效的措施。对于危机事件发生后，反应最为强烈的与事件有利害关系的组织、个人与新闻单位，组织要尽量稳定当事人，稳定局势，平衡协调各方面关系，努力挽回影响。

在处理危机事件过程中，要求公关人员通盘考虑，谨慎处事，切忌鲁莽武断；同时，也要避免畏缩不前，优柔寡断；应及时抓住处理事件的良机。对于较大的危机事件，采取单一的处理方法和单一的途径去寻求解决，显然有一定的局限性，难以奏效。必须

知识链接

从百度被黑事件
看公关危机

知识链接

日本震后恢复旅
游的措施及启示

综合运用多种形式，通过多种渠道，从多个侧面、多个角度来寻求解决方法，以求对危机的妥善解决。特别是对组织损失比较大的，有损组织形象的，在公众中造成恶劣影响的突发事件的处理，要改变组织在公众中的形象，打消公众的诸多猜疑，就更要很好地处置，这也是最大限度地挽回损失，重塑形象，最大限度地有利于己方的一个策略技巧。

2. 坦诚沟通，真实传播

一旦发生危机事件，组织与公众的沟通，特别是与新闻媒介的关系就显得分外重要。因此，组织在采取措施处理危机事件的基础上，要充分利用大众传播针对性、真实性的报道，加强与公众的沟通，来改善组织不利的舆论环境。

首先，要真诚、坦率地与新闻媒介合作，提供真实信息。危机发生后，组织应尽可能为新闻媒介报道事实真相提供方便，以引起社会公众的重视。如果组织不能有效地满足媒介要求，不能以敢于承担责任的姿态出现在公众面前，不及时调整或改变组织的政策与行为，便很可能在组织与新闻界之间、组织与公众之间形成一道鸿沟，从而丧失危机事件处理的良机。在危机发生时，公众对危机真相的知晓主要是通过新闻媒介来实现的。真诚、坦率不仅是旅游组织与新闻媒介合作的最佳态度，而且也是唯一应采取的态度。那些视新闻界为"冤家"的组织，拒绝向新闻媒介提供真实的信息，其结果往往是不仅无助于危机事件的平息、解决，而且也得不到新闻界的理解、原谅，以至令自身陷入传媒和公众同声谴责并孤立的境地，从而使组织面临着沉重的生存危机。

其次，面对公众疑虑，突出内容的针对性。在信息传播过程中，要根据公众的要求，危机事件的具体情况，有选择性地报道与危机事件相关的内容，开展针对性宣传，并不需要全方位的宣传。

另外，要统一对外口径，提高时效性。组织在发布信息时应确立专门的对外发布机构，统一对外新闻发布口径，这样可避免混乱，争取主动，否则口径不一致，前后矛盾或不同的人有不同的想法与提法，容易使处理工作部门被动，使舆论宣传不利于问题的解决。同时，在处理危机事件过程中，信息发布要迅速，以满足公众的心理，强化各项解决危机的措施和力量。

3. 心理疏导，情感沟通

在危机事件处理过程中，赢得公众对社会组织的情感是至关重要的一个环节。因为在危机事件中，公众除了利益之争外，还与组织存在着强烈的心理隔阂，对旅游组织充满不信任。优秀的公关人员不仅要解决直接的表面上的利益问题，而且要根据人的心理活动特点，采用恰当的情感沟通策略，解决深层次的心理、情感关系问题。要树立起强烈的公众意识，对公众有意识地进行情感投资，把旅游组织的关怀和温暖不断地送到公众心里，巧妙地利用各种社会环境条件，通过大众媒介、人际交往等方式，不断地满足公众的心理需求，关心公众利益，从而培养起公众对旅游组织的情感，消除心理障碍，恢复对旅游组织的信任，这样不仅可以为危机事件的处理创造良好的公众心理条件，而且可以大大强化其他各项措施的影响力，树立旅游组织的良好形象。

4. 区分类型，有的放矢

在危机公关工作中，导致危机事件发生的原因不同，危机事件的类型就不同，公关人

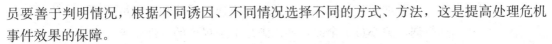

员要善于判明情况，根据不同诱因、不同情况选择不同的方式、方法，这是提高处理危机事件效果的保障。

（1）对于非人为的灾难事故所引发的危机，由于是由非可控因素造成的，一般来说，容易得到社会和公众的谅解，对组织声誉的损害也相应地小些，造成的影响也较容易消除。在这类危机事件的处理上，一方面，要迅速采取补救手段，尽可能做好善后处理工作，使受损害的公众及社会有关方面感到满意，并对组织认真负责的精神留下好的印象；另一方面，做好舆论宣传工作，制止各种谣言的流传，确保危机处理有一个较公正、有利的舆论环境。此外，为了有效减少灾难性危机所造成的巨大损失，平时要有针对性地做好预防工作，树立危机意识，做好应急准备：包括制定应急对策、准备应急物资、准备好备用的通信信息系统，保证灾难发生后对外联络的畅通，有可能的话，经常进行防灾避难的演习。

（2）对于因旅游组织在发展过程中由于自身的失职、失误，或因管理工作出现问题，或者产品质量出现问题，所引发的事故性危机，责任完全在旅游组织。因此，公共关系人员处理此类危机事件时，应该采取以下几个方面的措施：即果断采取措施，有效防止事态扩大；诚恳地向公众道歉，以期迅速获得公众的谅解、宽容，防止敌意的产生和蔓延；了解公众需求，及时弥补公众损失；认真检查、切实做好改进工作；适当宣传，将事态的发展情况、改进措施、对公众的承诺和服务等内容通过适当的媒介、传播方式公之于众，以消除公众的不良印象，恢复公众的信任。在实际工作中，公关人员处理这类事故性危机一般要结合运用多种措施，谋求综合效应。

（3）由于被公众误解或怀疑，受到无端指责，从而陷于危机之中。对这种误解性危机的处理应立足于增加沟通，增进信任。因为当误解性危机事件发生时，公众之所以轻易听从他人的意见，主要是由于平时沟通不够，他们对旅游组织的具体情况不了解，不信任旅游组织。公关人员应高度重视公众对旅游组织的误解，及时采取措施，消除它的影响。但对那些恶意中伤、歪曲事实的宣传所引发的危机在处理上要持严正态度，及时作出有力的反应，最主要的是要拿出科学有力的证据，公开进行驳斥，并利用一切手段进行正当的信誉防卫，以抑制可能带来的市场快速萎缩的局面。

20世纪80年代初期，在我国，宾馆的形象在一般人的心目中并不好，特别是那些以接待外宾为主要任务的高级宾馆。由于这些宾馆与国内市民缺乏有效的沟通，普通老百姓往往敬而远之。如前面提到的北京长城饭店的案例：北京的长城饭店一度在市民心中是"洋人出没的地方，可望而不可即"的印象，社会舆论对长城饭店十分不利。为了改善长城饭店在市民心目中的形象，1988年春节前夕，长城饭店公关部在《北京日报》《北京青年报》上刊登广告，通过《中国青年报》、中央人民广播电台发布消息，每个普通市民都可参加长城饭店举办的婚礼，还可以带上15位亲友。不到一周时间，名额全部爆满。当95对新婚夫妇和他们的1 500名亲友步入长城饭店大厅时，他们的心情是激动的。在公关部的努力下，集体婚礼的实况通过中央电视台、北京电视台以及多家中外报刊传到国内外，受到人们的赞扬，消除了市民的隔阂，避免了一场因误解而导致的信誉危机。

（4）对于因劳资问题等引发的规模较大的纠纷事件应妥善处理。因这类事件具有可预见性、可控性特点，涉及范围不广，主要是影响本组织的利益。责任归咎对象是本组织的部分人，相对来说，只要加强日常管理层与员工的沟通，承认和尊重员工的个人价值，改善工作条件和福利待遇，关心员工全面发展，满足员工提出的合理要求，事件大部分可以避免或减少发生。但是，如果忽视这类事件的妥善处理，所酿成的纠纷将使组织形象蒙上阴影，从而使内部纠纷事件转变为形象危机事件。

 知识链接 七小姐辱走天鹅湖

> 1995年轰动深圳的"七小姐辱走天鹅湖"事件，其起因是深圳五星级酒店——天鹅湖大酒店在新员工培训过程中一些做法不妥当，粗野对待员工，导致员工的不满。在短短的一两个月中，新录用的7名女大学生纷纷辞职，此事被新闻媒体曝光后，受到社会舆论和饭店同行的一致抨击，最终经深圳市劳动局调查核实，对天鹅湖大酒店这一劳资纠纷事件中所引发的酒店劳动管理中存在的问题发出整改通知。天鹅湖大酒店不得不向新闻媒体和社会公众公开致歉并承认错误。一起完全可以通过组织内部解决的纠纷，终于演变成一场危机事件，给天鹅湖大酒店在形象上带来了较大的损害。

（5）对于因收购与兼并引发的危机的处理。随着我国旅游产业结构调整步伐的加快和资本市场的发育、发展，以及旅游上市公司的不断发展，收购与兼并行为，作为市场经济不断发展成熟的产物，将不断出现。因此，当收购与兼并行为出现时，防御方企业必须进行全力抗争，立即公布令人信服的数据，阐明股东们不能接受收购或兼并的理由；撰写出关于企业经营策略的报告，并向所有与企业业务有关人员进行传达或与股东全面沟通信息；特别是那些机构投资者，还要与证券经纪人和新闻界人士经常举行会议，这有利于企业形象的维护和减少意外的麻烦。

 课堂讨论

假设某一情境一个小男孩在家长的带领下，到一家酒店用餐，其间，小男孩在其父亲的陪同下去该酒店的厕所，由于厕所门的把手脱落，门上残留的螺丝钉在门反弹时将小男孩左眼眶扎伤，当即血流不止。随后，家长找到酒店经理，要求该店马上完善店内设施，并索赔5 000元。

如果你是该酒店的经理，面对此突发事件，你会如何处理？

技能操作

每两个同学为一组，两位同学相互提出某一种类型的旅游危机事件的情况，并针对对方提出的危机事件拿出危机解决方案，并提交小组讨论。

课后习题

一、名词解释

旅游公共关系危机　危机小组　旅游公共关系危机管理

二、简答题

1．导致旅游公共关系危机事件的发生的原因有哪些？分别应该采取怎样的策略来对待？

2．旅游公共关系危机的防范应包含哪些方面的内容？

3．如何正确、有效地处理旅游公共关系危机事件？

4．处理旅游公共关系危机事件时，应采取怎样的策略来面对新闻界媒体？

5．旅游公共关系危机有哪些处理艺术？试举一例来详细阐述某一种艺术手段的运用。

第十章　旅游公共关系礼仪训练

本章导读

➡ 人类社会学家曾断言，农业文明时代以道德制胜，工业文明时代以法制制胜，而信息文明时代则以形象制胜。优雅的举止、端庄的仪态、合体的服饰是呈送给对方的无声名片。旅游从业人员在公共关系过程中所展现的基本礼仪，直接影响其个人、旅游组织的公关形象，以及公众对旅游产品的评价。旅游从业人员的基本礼仪包括仪容、仪表、仪态、礼貌、礼节。旅游公共关系人员要了解不同的仪容、仪表、仪态、礼貌、礼节在不同的场合针对不同的对象使用有着不同的含义，准确应用才可以塑造旅游从业人员良好的形象和服务品质，在国际交往中游刃有余。

学习目标

➡ 认识旅游公共关系礼仪的内涵和作用。
➡ 熟悉个人仪表仪容礼仪、言行举止礼仪的基本内容。
➡ 全面熟悉掌握旅游公关涉及社交方面的礼仪，包括迎送礼仪、会见礼仪、电话礼仪、接待礼仪、宴请礼仪等。
➡ 了解酒店、旅行社服务礼仪的内容。
➡ 熟悉了解多种客源国不同的风俗习惯和礼仪禁忌等。

章前案例

某公司业务员不文明就餐礼仪

　　某公司的业务员张先生晚饭时走进一家西餐厅就餐。服务员很快把饭菜端上来了。张先生拿起刀叉，使劲切割牛排，刀盘摩擦发出阵阵刺耳的响声，他将牛排切成一块块后，接着用叉子叉起一大块一大块地塞进嘴里，狼吞虎咽，并将鸡骨、鱼刺吐于洁白的台布上。中途，张先生随意将刀叉并排往餐盘上一放，将餐巾撂在桌上，起身去了趟洗手间。回来后却发现饭菜已经被端走，餐桌也已收拾干净，服务员站在门口等着他结账。张先生非常生气，在那儿与服务员争吵起来。

张先生的行为首先不符合道德，行为并不文明，其次张先生没有正确使用西餐礼仪。他的行为不仅会影响到周围用餐者，还会令人感到厌恶。作为业务员，个人礼仪也代表着公司形象，对公关形象的塑造具有很大的作用。细微之处见精神，涉及不同国家不同方面的礼仪，我们应当遵循其正确礼仪，才能在生活及公关活动中，给人以良好的印象，对公司业务发展也具有一定的帮助作用。

第一节　基本礼仪——仪容、仪表、仪态

旅游公共关系人员要塑造良好的自我形象，首先应该考虑通过有效的手段，发挥自身容貌的优势，弥补自身的缺陷与不足。仪容仪表仪态，是一个旅游公共关系人员精神面貌的外观体现，也是公共关系人员道德修养、文化水平、审美情趣和文明程度的综合表现。旅游公共关系人员可以借助于大方得体的仪容反映自身的精神面貌、朝气与活力，从而传达给公众最直接、最生动的第一信息。

一、仪容

仪容主要是指人的容貌，包括头发、面部等。仪容是可以修饰、完善和自我塑造的。良好的仪容能够给人以端庄、稳重、大方的印象，既能体现自尊自爱，又能表示对他人的尊重与礼貌。仪容美是内在美、自然美、修饰美这三个方面的统一。仪容礼仪讲究三个规则：整洁、自然、互动。它主要包括以下几个方面。

1. 头发及发饰

整洁的头发和恰当的发型、发饰是礼仪的重要表现形式。头发气味、头发颜色、发质、发饰等无不体现出一个人的精神面貌、生活习惯、职业修养等。

头发应清洁整齐、柔软、有光泽、无异味、无异物，不染鲜艳的颜色。要勤洗头发，保持清洁，同时需要做好头发的健康护理。勤洗头发是为了去除灰垢，消除头屑，防止异味。

女士发型要求美观、大方、整洁、实用，旅游公共关系人员的发型基调是：活泼开朗、朝气蓬勃、干净利落、持重端庄。一般不宜留长发，发不遮脸，不能过低，也不可染彩发，避免使用色彩鲜艳的发饰。另外，旅游公共关系人员的发型还应注意与脸型、体型、年龄相协调。

男士发型基本要求是：头发不能触及后衣领，不留鬓角，不染烫彩色头发。发型要与脸型、体型和服装搭配。

2. 面部修饰

对于旅游公共关系人员来说，面部化妆要少而精，强调和突出自身所具有的自然气

质，减弱或掩盖容貌上的某些缺陷，一般以淡妆为宜，避免使用气味浓烈的化妆品。面部化妆要注意和肤色、脸型匹配。

（1）眼部。眼睛是心灵的窗户，旅游公共关系人员在进行眼部修饰和化妆时，首先应重视眼部的保洁，及时去除眼角分泌物，注意眼部卫生，预防眼病。旅游公共关系人员如果需要佩戴眼镜，应选用质地优良、款式大方的眼镜，注意保持镜片清洁，定期清洗镜架。

（2）鼻部。旅游公共关系人员要保持鼻部周围以及鼻腔清洁，经常清理鼻腔，修剪鼻毛，切忌在公众面前有挖鼻孔、拔鼻毛等不文雅行为。

（3）口部。保持口腔清洁是旅游公共关系人员讲究礼仪的先决条件。要采用正确的刷牙方式，做到"三个三"，即每天刷牙三次，每次刷牙在餐后三分钟内进行，刷牙时间不少于三分钟。公共关系人员在上班前不喝酒，忌吃大葱、大蒜、韭菜、虾酱等有刺激性气味的食物，进餐时应闭嘴咀嚼，不可发出声响，餐后保持唇部干净，避免唇边残留食物。平时注意呵护嘴唇，尤其是干燥严寒的冬季，可以用专用唇膏避免唇部干裂、爆皮。男士还应注意每日上班前剃须。

总之，面部修饰的总体原则为：

（1）洁净。标准是无灰尘、无污垢、无分泌物、无其他不洁之物。勤洗脸，洗脸时要耐心细致、完全彻底、面面俱到。

（2）卫生。旅游公共关系人员在进行个人面部修饰时，要注意个人卫生健康状况，面部的卫生要兼顾讲究卫生和保持卫生两方面。面部出现明显的过敏症状、疖子、痤疮、疱疹等，必须及时治疗，避免与顾客进行正面接触。

（3）自然。旅游公共关系人员面部修饰的关键是要做到"秀外慧中"，保持清新自然而不过分做作。

3. 手部

在交际活动中，手占有重要的位置。如接待客人时，通常以握手礼节来表示对客人的欢迎，伸出手递送名片以相互认识等，在这一过程中客人总是先接触到我们的手，形成第一印象。手部清洁状况可以判断出一个人的修养与卫生习惯，甚至对生活的态度。因此，手部的清洁与一个人的整体形象密切相连，应当引起足够的重视。

旅游从业人员应随时保持双手的清洁，并定期修剪、洗刷指甲，避免指甲缝内有污垢。指甲应该光亮整洁、长度适当。不可涂有色指甲油，不宜进行美甲镶饰。另外，在任何公共场合修剪指甲都是不文明、不雅观的行为。

二、仪表

仪表是人的外表，包括人的容貌、姿态、服饰、风度等。仪表的重点在于着装。在社交中，一个人的仪表反映出其精神状态和礼仪素养，是人们交往中的"第一形象"。

心理学中的"首因效应"指出对人的观察规律是由远及近，由视觉观察到声音交流再到皮肤感触（如握手、拥抱等）。因此，仪表是最先进入人们眼帘的，对方所获得的印象基本是由仪表传递的，而仪表的80％体现在着装上。得体的穿着不仅使人显得更加美丽，还可以体现良好的修养和独到的品位。

（一）服饰选择原则

（1）TPO原则。TPO原则是目前国际上公认的着装标准。TPO概念是由日本男装协会于1963年提出的，T时间（Time）、P地点（Place）、O场合（Occasion），即要求仪表修饰根据时间、地点、场合的变化而相应变化，使仪表与时间、环境氛围、特定场合相协调。

（2）适应性原则。仪表修饰往往通过服饰的形式呈现出来。服饰是一种文化，可以反映一个民族的文化素养、精神面貌和物质文明的发展程度；服饰又是一种"语言"，能反映一个人的社会地位、文化修养、审美情趣，也能表现出一个人对自己、对他人以至于对生活的态度。服饰应与自身的性别、年龄、容貌、肤色、身材、个性、气质以及职业身份等相适宜，是基于自身的阅历修养、审美情趣、身材特点，根据不同的时间、场合，力所能及地把所穿戴的服饰进行精心的选择、搭配和组合。

（3）协调性原则。仪表修饰既要关注整体美感，也要关注局部细节，发挥服饰的修饰功能，追求刻意雕琢而又不露痕迹的效果，呈现自然适度、风格各异、个性鲜明、浑然一体的仪表风采。

（4）整洁性原则。仪表修饰不一定追求高档时髦，但必须端庄整洁，避免邋遢。整洁原则：整齐，不折不皱；清洁，勤换勤洗，不允许存在明显的污垢、油迹、汗味和体臭；完好，无破损、无补丁。

（5）文雅原则。文雅原则要求仪表修饰文明大方，符合社会的传统道德和常规做法，体现旅游从业人员文雅的气质。在工作中忌穿过露、过透、过短、过紧的服装，不能为了展示自己的线条，打扮得过于性感，更不能不修边幅，使自己的内衣、内裤轮廓凸显在过紧的服装之外。

（二）服饰礼仪规范

1. 西装礼仪规范

西装是一种国际性服装，是世界通行的正统服装，已成为现代公共关系活动中最得体的服装。西装七分在做，三分在穿，非常讲究礼仪，旅游公共关系人员在穿着西装时，需要注意一些基本问题。

（1）讲究规格，注意搭配。男士西装有两件套、三件套之分，穿着时必须整洁、挺括。正式场合应穿同一面料、同一颜色的套装，搭配单色衬衫，系领带，带领夹，穿皮鞋。新西装第一次穿着前，要取下袖口的西装商标。裤管应盖在鞋面上，并使其后面略长，裤线应熨烫挺直。

（2）穿好衬衫。衬衫的领子要有领座，领头硬扎挺括，衬衫下摆要塞进裤子里。领口、袖口要分别高于和长于西装1～2厘米。衬衣内一般不穿棉毛衫，正式场合，衬衫外面不加毛背心或毛衣，如果天气较冷，可在衬衣外面穿羊毛衫，以"V"字领羊毛衫为宜。

（3）系好领带，夹好领夹。领带处于西装脖领间的V字区，是整套西装最为显眼的中心部位，因此，领带的色彩、图纹要根据西装的色彩和质地进行合理搭配。领带的领结要饱满，与衬衫的领口吻合要紧凑，领带的长度以系好后，垂到皮带扣处为宜。穿羊毛衫时，领带应放在羊毛衫内。领带夹一般夹在衬衫的第三和第四个纽扣之间。

（4）用好口袋。西装上衣两侧的口袋只做装饰用，不可装物品，左上外侧衣袋只可放装饰性手帕，手帕装入口袋三分之一，上衣内袋用于存放证件、名片、香烟等物品。背心的四个口袋用于存放怀表等珍贵小物件，左胸口袋可用于插放钢笔。西装裤袋用作插手，不可装物品，以求裤型美观，左后裤袋可放手帕，右后裤袋用于存放零钱或轻薄之物。

（5）系好纽扣。西装有单排扣、双排扣之分。双排扣西装在正式场合应全部扣好纽扣。单排两粒扣只系第一粒或"风度扣"，也可全部不系；正式场合要求把第一粒纽扣系上，坐下可解开。单排三粒扣只系中间一粒或第一、二粒扣。穿好皮鞋、袜子。穿西装一定要穿皮鞋，不能穿旅游鞋、轻便鞋、布鞋或凉鞋，皮鞋的颜色要与西装颜色协调。女士着西装时不宜穿高跟皮鞋，而应该穿中跟皮鞋，应穿深色袜子，不可穿白色或色彩鲜艳的花袜子。

2. 制服礼仪规范

制服是旅游公共关系人员职业性的标志。公共关系人员穿着得体的制服，不仅是对公众的尊重，也便于公众辨认，同时也使公共关系人员有一种职业的自豪感、责任感和可信度。旅游公共关系人员在穿着制服时的基本要求如下。

（1）整齐、大方。制服必须整齐、合身，款式简练、高雅，线条自然流畅，便于旅游公共关系人员从事公共关系活动。注意四长：即袖至手腕、衣至虎口、裤至脚面、裙至膝盖；四围：即领围以插入一指为宜，胸围、腰围及臀围以穿一套羊毛衣裤为宜；内衣不能外露；不挽袖卷裤；不漏扣、掉扣；领带领结与衬衣领口吻合紧凑、端正；名牌佩戴在左胸正上方。

（2）清洁、挺括。制服应该无污垢、油渍、异味；领口、袖口要勤洗，保持干净；制服穿前要烫平，穿后要挂好，做到上衣平整、裤线笔挺，不起皱。

（3）讲究文明。根据旅游公共关系人员礼仪的基本要求，旅游公共关系人员身着制服时不仅要展示旅游企业的公众形象，还要显示出自身文明高雅的气质，因此，在穿着制服时还应讲究文明。避免过分裸露，胸部、腹部、腋下、大腿是公认不准外露的四大禁区，尤其是女士穿着裙装时，更应注意。制服衣料不应过分透薄，以避免内衣透出，使人尴尬。制服尺寸避免过分肥大或瘦小，影响旅游公共关系人员的整体形象。

3. 饰品的选择与佩戴

饰品是人们在穿着打扮时所使用的装饰物，它可在服饰中起到烘托主题和画龙点睛的作用。旅游公共关系人员在饰品的选择和佩戴上应该注意遵循以下原则。

首先要符合身份。旅游公共关系人员的工作主要是面向旅游者和公众，因此一切要以服务对象为中心，在工作岗位上，选择和佩戴饰品一定要符合公共关系人员的工作身份，

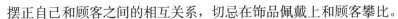

摆正自己和顾客之间的相互关系，切忌在饰品佩戴上和顾客攀比。

其次必须点到为止。旅游公共关系人员在工作中佩戴饰品应该和生活中区分开，应该少而精、点到为止。一味地贪多求全，不仅起不到装饰作用，还会画蛇添足，破坏服装的整体美感。

另外，要区分种类。旅游公共关系人员因职业身份、工作性质的原因，在饰品的选戴时有局限性，所以应该对不同种类的饰品进行区别对待。一般来讲，可以选择佩戴的饰品有以下种类：

（1）领带和领结。旅游公共关系人员在穿着西装时，必须佩戴领带或领结。在选择和佩戴领带或领结时，应注意面料和颜色要与西装搭配。

（2）胸花。又叫胸针，一般佩戴在女士的上衣左侧胸前或衣领上。旅游公共关系人员在外出进行公共关系活动时可佩戴，但是在工作时间若佩戴有身份牌时，不宜同时佩戴胸针。

（3）首饰。旅游公共关系人员在工作中佩戴的首饰较为简单，男士一般只允许在无名指上佩戴结婚戒指，女士除戒指外，其他首饰如项链、耳环、手镯等要少带，或者酌情佩戴。

（4）发饰。常见的发饰有头花、发带、发箍、发卡等，旅游公共关系人员在佩戴发饰时，更多强调其实用性，头花以及其他鲜艳、花哨的发饰都不宜在工作中选用。

（5）皮包。因工作和个人生活需要，旅游公共关系人员也需要携带皮包，尤其是外出工作时。男士一般可以选用款式大方的黑色皮包，女士皮包的颜色和款式应该注意与服装色彩、体形相协调。

三、仪态

在人际交往中，人们的每个动作都会影响到对方的情绪，都会给对方一定的感染，这对从事服务行业的人来说尤其应该引起重视。仪态美，属于人的行为美学范畴，它以无声的体态语言向人们展示一个人的道德品质、礼貌修养、文化品位、人品学识等。仪态美主要表现在站姿、坐姿、行姿等方面。

1. 站姿礼仪

站立是旅游公共关系人员最基本的举止，站姿是静力造型动作，体现的是静态美，又是训练其他优美体态的基础，其基本要求是：端正、自然、亲切、稳重、挺拔，即"站如松"。

立正站直，头、颈、身躯和双腿应与地面垂直，身体的重心在两腿之间；头正目平，面带微笑，双肩放松，双臂自然下垂，手指稍许弯曲；腰部直立，挺胸、收腹、提臀；双腿相靠，双膝与双脚跟部紧靠一起，肌肉略有收缩感，双脚呈"V"字形分开。站立太累时，可变换姿势，将重心移在左脚或者右脚上，切忌身躯歪斜、弯腰驼背、趴扶倚靠、半坐半立、全身乱动等不良站姿。正式场合还要避免做有失庄重的小动作，如摆弄衣服、咬指甲等。

旅游公共关系人员的站姿有四种。侧放式是男女通用的站姿，要领是：脚掌分开呈"V"形，脚跟靠拢，双膝并拢，双手放在腿部两侧，手指稍弯呈空心拳状；后背式是男士常用的站姿，要领是：双腿分开与肩同宽，双脚平行，双手轻握放在后腰处；前腹式是女士常用的站姿，要领是：脚掌分开呈"V"形，脚跟靠拢，双膝并拢，右手搭在左手上，贴在小腹部；丁字式是女士专用的站姿，要领是：一脚在前，脚跟靠于另一脚内侧，双脚尖向外展开呈"丁"字形，双手在腹前相交，重心在双脚上。

2. 坐姿礼仪

优雅的坐姿是体现旅游公共关系人员姿态美的主要内容。其基本要求是：坐得端正、稳重、亲切、自然，给人以舒适感，即"坐如钟"。

入座与离座的礼仪要求。入座时，轻而缓，从座位的左侧走近座椅，背对其站立，右腿后退一点，以小腿确认座椅位置，顺势就座，女士入座时，要用手把裙子向前拢平再就座；要在他人之后入座，要坐在椅、凳等常规位置，不能坐在桌子、窗台、地板等处；与他人同时就座时，要注意座位的尊卑，上座留给客人；就座时，若有熟人，应主动打招呼，对陌生人点头示意；坐下后需要及时调整体位，使坐姿端正舒适。离座起身时，动作轻缓，避免弄响座椅，或将椅垫带到地上；身旁如有人在座，需以语言或动作示意以后，方可起身；与他人同时离座时，需注意起身先后次序，身份高者先起身；离开座椅后，站定从左侧离开。

坐下的礼仪要求。上身正直，头正目平，面带微笑，双手相交放在腹部或双腿上，双脚平落地面，男士双膝间距离一拳，女士双膝不可分开。切忌双腿叉开过大、架二郎腿、双腿过分伸张、腿部抖动摇晃等不雅的腿姿以及不知所措的手姿，如以手触脚、手置于桌下、双肘支于桌上、双手抱腿，手夹在腿间等。

坐姿要根据有无扶手与靠背以及凳面的高低来调整，并注意双手、双腿、双脚的正确摆法。

（1）双手摆法。有扶手时，双手轻搭或一搭一放；无扶手时，双手交叉或呈八字形置于腿上，或右手搭右腿，左手搭左腿。

（2）双腿摆法。凳面高度适中时，双腿相靠或稍分，不能大于肩宽；凳面高时，一腿略搁于另一腿上，脚尖向下；凳面低时，双腿并拢，自然倾斜于一方。

（3）双脚摆法。脚尖脚跟靠拢，或一靠一分，也可一前一后；或右腿放在左腿外侧。

3. 行姿礼仪

行姿是在行走时所采取的一种动态姿势，以站姿为基础，是站姿的延伸动作，旅游公共关系人员在行走中要保持正确的节奏，才能体现优雅稳重的动态美。其基本要求是：上身挺直，头正肩平，双臂自然摆动，双腿直而不僵，步伐从容，即"行如风"。

旅游公共关系人员在行走时，首先要方向明确，双眼平视，挺胸收腹，脚尖正对前方，使行走的路线呈一条直线；保持相对稳定的速度，一般每分钟走60~100步为宜；行进时注意步幅不要过大或过小，应与本人一只脚的长度相近，即男士每步约40厘米，女士每步约36厘米，注意重心，身体保持协调，行进中，脚跟先着地，膝盖伸直，使身体的重心随着脚步的移动，不断向前过渡，落在前脚上。要避免一些错误的行进姿态如：横冲直撞，抢道先行，摇头晃脑，连蹦带跳，制造噪声，步态不雅等。

4. 其他仪态

（1）蹲姿。蹲姿是由站姿转变为双腿弯曲和身体高度下降而来的相对静止的姿态，是旅游公共关系人员在比较特殊情况下所采取的一种暂时性的姿态，时间不宜过久。如整理工作环境时、给予客人帮助时或捡拾地面物品时。

蹲姿的礼仪：规范由于蹲姿是暂时性的姿态，因此下蹲时速度切勿过快，应与他人保持一定的距离；在他人身边下蹲时，不能面对他人或背对他人，应与之侧身相向；女士下蹲时，要注意保护隐私。

旅游公共关系人员常用的标准蹲姿有四种：

1）高低式蹲姿。基本特征是双膝一高一低。要求是：左脚在前，完全着地，小腿垂直于地面；右脚稍后，脚掌着地，右膝内侧靠于左小腿内侧，形成左膝高右膝低的姿态；臀部向下，以右腿支撑身体。

2）交叉式蹲姿。多为女士采用，基本特征是蹲下后双腿交叉在一起，造型优美典雅。要求是：右脚在前，全脚着地，右小腿垂直于地面；右腿在上，左腿在下，双腿交叉重叠；左膝由后下方伸向右侧，左脚在后，脚掌着地，左脚跟抬起；双腿前后靠近合力支撑身体，上身略前倾，臀部向下。

3）半蹲式蹲姿。多为行进中使用，基本特征是身体半立半蹲。要求是：上身稍许弯下，与下肢成钝角；双膝略微弯曲；臀部向下，重心在一条腿上。

4）单跪式蹲姿。是非正式蹲姿，多用于下蹲时间较长时，基本特征是双腿一蹲一跪。要求是：一腿单膝点地，脚尖着地，臀部坐在脚尖上；另一腿全脚着地，小腿垂直于地面；双膝同时向外，双腿尽力靠拢。

（2）手势礼仪。手势是旅游公共关系活动中富有表现力的一种动态语言，得体适度的手势可帮助旅游公共关系人员增强感情的表达，起到锦上添花的作用。其基本要求是：庄重含蓄、彬彬有礼、优雅自如、规范适度。

手势是国际交往中用得较多的动态语言，因此在使用手势时，应符合国际规范、国情规范、大众规范和服务规范，才不会引起交往对象的误解；使用手势时候要注意区域性差异，在不同的地区，人们使用的"手语"会有很大差别；公共关系人员的手势宜少不宜多，动作幅度也不宜过大。旅游公共关系人员在使用手势时还应避免使用不恰当的手势，如指指点点、随意摆手、端起双臂、双手抱头、摆弄手指、手插口袋、搔首弄姿、抚摩身体等。

旅游公共关系人员常用的手势有以下几种：

1）引导手势。多用于介绍某人，或为宾客引路指示方向时。引导时，五指伸直，掌心斜向上方，腕关节伸直，手与前臂形成直线，以肘关节为轴，弯曲上身稍倾，面带微笑，以眼神关注目标方向，并兼顾宾客。

2）握手。握手是见面之初常用的手势。握手时首先走近对方，由地位高者向地位低者先伸手，右手向侧下方伸出，双方互握对方的手掌，目视对方，握手时力量适中，时间以2～3秒为宜，尤其是与女士握手时，更应注意时间不宜过长。

3）鼓掌。主要用于欢迎宾客到来，他人发言结束或观看比赛演出时。用右手手掌拍左手掌心，力度和时间视当时情况灵活变化。

4）递接物品。递送物品时，应用双手或右手递送，切忌用左手递接；递接过程中，应为对方留出便于接取物品的地方；带有文字的物品递交时，以正面朝向对方，方便对方阅读；带尖刃或易于伤人的物品递接时，应使尖刃朝向自己或别处。

5）展示物品。展示物品时，将被展示物品放在身体一侧，正面朝向观众，并举到一定高度，不能挡住本人头部，注意展示时间，观众多时，还应变换不同角度，方便观众观看。

6）举手致意。举手致意多在打招呼、道别或引起他人注意时使用。举手致意时，目视对方，全身直立，面带微笑，手臂上伸，掌心向外，同时配以"您好""再见"等礼貌用语。

（3）表情礼仪。表情是指通过人的面部形态变化所表现出来的神情态度，来表达人的内心思想感情。其基本要求是：谦恭、友好、适时、真诚。旅游公共关系人员常通过眼神和微笑来表达内心丰富的情感。

首先，要注意用眼睛来表达情感。眼睛是心灵的窗户，旅游公共关系人员应掌握眼神的有关礼仪，懂得合理、适当地运用不同眼神来帮助表达情感，促进人际沟通。

1）注视的部位。注视对方的双眼表示对对方全神贯注，或洗耳恭听；注视对方的面部常用于与对方长时间交谈时，最好是对方的眼鼻三角区，以散点柔视为宜；注视对方的全身适用于与对方距离较远时。

2）注视的角度。正视对方是一种基本礼貌，表示重视对方；平视对方表示双方地位平等，不卑不亢；仰视对方表示对对方尊重、信任。

旅游公共关系人员与宾客进行交流时，忌用冷漠、傲慢、轻视的眼神；不得左顾右盼、挤眉弄眼；不可白眼或斜眼看人；不可长时间盯着对方，尤其是女性；不可上下打量别人，含有轻视的意味；不可怀有敌意，带有挑衅性的盯视。

其次，用微笑表达情感。微笑是旅游行业最基本的礼仪要求，是一种特殊的情绪化语言，旅游公共关系人员可以通过微笑和有声的语言及行为配合，沟通人的心灵，给宾客以美的享受。在工作中，正确运用好微笑应注意以下几个方面：

1）掌握微笑要领。面含笑意，嘴角微微翘起，嘴唇呈弧形，在不牵动鼻子、不发声、不露齿的前提下，轻轻一笑。还可借助于一些单词，如"茄子"等，达到最佳的微笑效果。

2）注意整体配合。微笑是面部各部位的综合运动，整体协调的微笑应该是目光柔和发亮，双眼略微睁大，眉头自然舒展，眉毛微微翘起。

3）力求表里如一。微笑应该发自内心，需要和良好的心境与情绪相配合，才能表现出亲切、自然、大方、真诚的笑容。

4）兼顾具体场合。旅游公共关系人员在微笑时，还应注意具体的场合，不能任何时候都以微笑面对宾客，必须注意对方的具体情况。如宾客有某种缺陷时、宾客出洋相时、宾客满面哀愁时或其他比较庄重严肃的场合，便不适合微笑。

知识链接

公关礼仪知识
问题拓展指导

第二节 公共关系社交礼仪

　　旅游公共关系的社交礼仪是指在日常旅游公关事务、社会交往等活动中约定俗成的、为旅游组织成员共同遵守的、尊人、敬人的一系列行为规范与准则。旅游公关社交礼仪几乎涉及日常旅游公关工作的方方面面，它具有较强的实用性，在一定意义上反映了一个旅游组织及其全体成员的精神风貌与文明程度。日常旅游公关活动所涉及的事务性工作纷繁复杂、头绪万千，有关这些工作的礼仪规范也不胜枚举。由于篇幅所限，这里将其中较为主要的旅游公关的公务、社交礼仪作简要介绍。

一、见面、拜访与道别常用礼节

1. 见面时常用的礼节

　　（1）介绍。

　　1）自我介绍。举止庄重、大方，有自信；表情亲切，关注对方，善于使用眼神、微笑和亲切自然的表情；介绍时可将右手放在自己的左胸上，忌在自我介绍中躲闪，以留给他人清晰的印象；措辞坦然、直率，可直接介绍自己的姓名、身份、单位；如对方希望进一步认识，可介绍其关心的内容，如兴趣、爱好等。

　　2）介绍他人。把握时机，如对方正在与别人交谈，不能随意打断别人的谈话；分寸恰当、实事求是，切忌刻意吹捧，使被介绍人感到尴尬；同时介绍几个人与对方认识，通常对其中身份高者或年长者进行适度重点介绍；注意先后有序，国际上一般先把身份低的介绍给身份高的，把年轻的介绍给年长的，把男士介绍给女士，把未婚的介绍给已婚的，把客人介绍给主人，把后到者介绍给先到者；商业性介绍不分性别，总是把身份地位低的介绍给身份地位高的。

　　3）他人介绍。如作为身份高者被介绍后，应立即主动与对方握手；如想要认识某人，又不适合自我介绍，要委托他人介绍；介绍时，除女士和年长者可以就座外，一般应起立、微笑致意或说"认识你很高兴"之类的礼貌用语；宴会桌上、会谈桌上不必起立，只需微笑点头，相距近者可握手，远者可举手致意。

　　（2）握手。在旅游接待工作中，通常在见面时、分别时、问候时、祝贺时以及表示友好、和解时都会使用握手礼。

　　1）握手顺序。根据身份由位尊者决定，通常由主人、年长者、身份高者、女士先伸手，客人、年轻者、身份低者、男士先行问候致意，待对方伸手后再握手；身份相当时，谁先伸手，谁最有礼；祝贺对方、宽慰对方、谅解对方时，为显示诚意应主动伸手。迎接客人时，主人先伸手，以示热烈欢迎；客人告辞时，客人先伸手，主人伸手回握。礼节性握手应坚持对等、同步原则，一方伸手，另一方应及时回握；如反应迟钝，或拒绝握手，都会让对方感到尴尬。

　　2）握手姿势。掌心向下显得傲慢，掌心向上是谦恭顺从的；在旅游接待场合，双方手

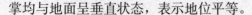

掌均与地面呈垂直状态，表示地位平等。

3）握手时间。初次见面时，握手时间不宜过长，以三秒钟左右为佳；握手时间不宜过长，除非遇到老朋友或敬畏的客人，则时间越久显得越亲切。

4）握手力度。握手力度要适度，用手掌和手指全部握住对方的手，然后微微向下晃动，握得紧一些代表热情，不宜用蛮力以至于对方感觉粗鲁；不宜太轻，仅用指尖与对方接触会使对方觉得你在敷衍。

5）握手禁忌。忌交叉握手，左手握手，不摘手套、双手与异性握手、戴墨镜握手。

（3）鞠躬礼。

鞠躬礼分为90°、45°、15°，以不同躬身角度表示敬重或感谢。

90°为最高礼节，通常适合于庄重严肃的场合。

45°用于比较隆重的庆典仪式，通常对来宾行45°鞠躬礼，表达谢意。

15°适合一切社交场合，使用频率高。

（4）递接名片。

1）递送名片。名片放在容易拿出的地方，便于需要时迅速拿出，男士可放在西装内的口袋里或装在公文包里，女士可放在手提包内。

递出名片时，应双手递送，尤其是下级递给上级、晚辈递给长辈；

递出名片时，应将名片上的姓名朝向对方，便于对方观看；

递出名片时，还可以说"这是我的名片，请多多关照"等；

递出名片时，动作洒脱大方，态度诚恳，表情要谦恭。

2）接收名片。双手接过名片后，应从上到下、从正面到反面认真观看，以示尊重，如有不认识的字可当面请教；看完后，应郑重将名片放于名片夹内，表示谢意；如暂时放于桌上，忌随意乱故。

一般是地位低者、晚辈或者客人先向地位高者、长辈或主人递上名片，然后再由后者予以回赠；若上级或长辈先递上名片，下级或晚辈应礼貌双手接过，道"谢谢"，再予以回赠。

2. 拜访时常用的礼节

拜访即旅游组织的有关人员出于一定的目的而主动前往某单位或某住所进行的一系列访问活动。这是一种行之有效的沟通信息、交换意见、融洽关系、增进感情的工作方式，常见于旅游公关活动之中。旅游组织的拜访一般有两种形式：一为事务性拜访；二为礼节性拜访。相比于会见与会谈，拜访则多了些随意与灵活，而少了些程式化的色彩。如果有人因此认为拜访就一定无章可循，可以随心所欲的话，那么这不能不说是一种偏见或误解。旅游公关活动中的拜访不同于一般的私人拜访，是有一定礼仪规范的。对此，每一位旅游组织成员在从事拜访活动时，都应自觉予以遵守。

（1）拜访前的礼仪。

1）事前预约。旅游公共关系人员在进行正式拜访前，事先一定要与被拜访者取得联系，这样，双方都能有效地控制和利用时间，也可以使双方对拜访中要讨论的内容做好充分的准备工作，有利于沟通，提高拜访的效率。预约可以采用电话、书信、传真或当面

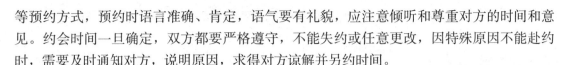

等预约方式，预约时语言准确、肯定，语气要有礼貌，应注意倾听和尊重对方的时间和意见。约会时间一旦确定，双方都要严格遵守，不能失约或任意更改，因特殊原因不能赴约时，需要及时通知对方，说明原因，求得对方谅解并另约时间。

2）注意仪容仪表。注重拜访时的仪容仪表是对被访者的尊重，因此拜访前，旅游公共关系人员要对自己的仪容仪表做精心的准备，要着正装，保持干净、整洁、端庄、大方、稳重的形象，以便给被拜访者留下深刻的印象。

3）做好充分的准备工作。一方面对拜访时需要谈论的内容做好充分的准备，以免拜访时出现分歧；另一方面需要准备好名片，放在最容易取出的地方。另外，名片在印刷时，要注意简单、大方，只需要把有用的必要信息印上即可，切忌头衔过多，过乱。

（2）拜访中的礼仪。

1）守时。这是拜访中必须遵守的礼节。拜访时既不能去得过早，让对方措手不及，也不能迟到；应该严格遵守时间，掌握到达时间。

2）注重进门前后的礼仪。进门前应先轻声敲门或按门铃；进门后，主动向相识的人打招呼；对陌生人点头示意，若主人不主动介绍，不应过多询问；双方见面以后，如果是初次见面，应先做自我介绍，同时双手和对方交换名片；就座时，注意主、客位置。

3）注意行为礼仪规范。主人上茶时，应欠身双手相接并致谢，喝茶应该慢慢品饮。要控制拜访时间，掌握交流技巧，事情谈完之后，应适时告辞。

二、接待、宴请常用礼节

（一）接待时常用礼仪

旅游企业经常会有上级领导、客户、顾客以及各种团体到企业进行检查、参观、投诉和学习，因此，旅游公共关系人员会面临很多繁杂、琐碎的接待工作，稍有疏忽就会给企业形象带来不良影响，要使整个接待工作能够顺利圆满地完成，旅游公共关系人员必须做到礼节周到，细致入微。

1. 准备接待礼仪

准备阶段是接待工作的重要环节，首先要了解客人的基本情况，客人的名字、单位、接待级别、人数、来访目的、日程安排等；其次根据客人的基本情况确定接待方案，根据具体方案进行会场布置，包括：场地清洁，桌椅、茶具、鲜花，客人名牌等必要物品的摆放等，都需按接待的规格礼仪进行；最后接待人员要注意自身的仪容仪表。若有客人需要住宿的，要在客人尚未抵达前就安排好食宿，根据客人的民族、习俗、身份及要求，本着交通便利、就近安排、吃住方便的原则来制订具体安排计划；并注意住宿布置是否整洁美观，通信、卫生设施是否使用正常，宣传、介绍材料是否备齐送到，茶叶、报纸等细节问题也不可疏忽。

2. 接待过程礼仪

（1）迎接客人。根据来宾的身份、地位、规格及本单位的具体情况制定接待规格。一般客人由普通工作人员迎接，只须安排好接见会面时间、地点及交换的资料等。

如果是级别、规格较高的来宾，要陪同本单位高层领导或委托上级主管领导前往迎接来宾，与宾客见面时，应由接待方中级别地位最高者率先与来宾握手致意、表示欢迎。重要客人应安排有关领导前往迎接，外地客人，还要安排人员到机场、车站、码头等地迎接客人。

（2）乘车礼仪。请客人乘车，注意乘车礼仪，合理安排车内座次，接待人员先打开车门，请客人上车，以手挡住车门上框，提醒客人避免磕碰，待客人坐稳后关好开车，沿途介绍客人关心的相关事宜，车停后，接待人员先下车打开车门，再请客人下车。乘车时要注意座次礼仪。小轿车的接送，如有司机驾驶时，以后排右侧为首位，左侧次之，中间座位再次之，前坐右侧随后，前排中间为末席；如果由主人亲自驾驶，以驾驶座右侧为首位，后排右侧次之，左侧再次之，而后排中间座为末席，前排中间座则不宜再安排客人；旅行车接送客人时，旅行车以司机座后第一排，即前排为尊，后排依次为小，其座位的尊卑，依每排右侧往左侧递减。

（3）接待客人。客人抵达后，不论来访目的怎样，通常应先安置客人休息，如果是近路来客，可在单位会议室或接待室稍作休息，接待方应提供茶水、饮料等；如果是远道而来的客人，更要考虑到旅途劳累，安置客人住宿后再商议活动日程，接待人员在向宾客告别时应留下自己的名片或通讯电话以备客人随时联系。然后，按照对等礼仪，于当天或次日安排身份相当的领导前往客人下榻处看望来宾，以便相互熟悉。

（4）引领礼仪。客人到达企业，旅游公共关系人员应该为客人引路，注意引领礼仪：二人并行，以右为上，拐弯时，应前行一步伸手指引，同时口中做必要的提醒。三人并行，中间为上，右侧次之。乘电梯时，自己先行一步，挡住电梯门，待客人进入后，启动，出电梯应由客人先行。到达门口，应主动为客人开门，并请客人进入，入室以后，请客人先坐下，在敬烟、献茶以后再坐下，接待过程中，注意行为礼仪。

（5）送别客人。接待工作结束后，征求客人对接待工作的意见，以便改进工作，安排送行人员和车辆送客。了解来访宾客的离程时间以后，要及早预订机票、车票或船票，安排送行人员和车辆，并通知对方人员安排接站。根据车次、航班的时刻，及时与负责行李的部门、人员约定提取行李的时间，并通报客人递交行李的时间，到达机场、车站后要安排好客人等候休息，办理好有关手续后要将有关票证、证件等一起交给客人。规格较高的来宾，还要在机场或车站举行送行仪式，致简短欢送词。

3. 接待礼仪的禁忌

接待活动，不论来访对象是谁、来访内容怎样，作为接待者都应表示欢迎的态度。迎接活动，一忌迎而不欢，既不欢迎，又不真诚，不"欢"而迎，不如不迎；二忌不分"迎来"对象，礼仪失节，不管什么人都鸣放礼炮；三忌不顾"来者"身份、规格；四忌不分相互关系而礼仪失态；五忌在接待过程中出风头，卖弄自己的才华。

送别时也有很多禁忌，一般送别时要有一种离情别意，不奏乐、不鸣炮，所以一忌不分关系乱表感情；二忌过分缠绵依恋；三忌言语失态；四忌不顾亲疏关系乱抢镜头。接待过程中，不仅要十分注意接待的规格和场面、规模，当客人与接待人员见面时，接待人员应主动热情地走上去握手欢迎，并主动介绍前来欢迎的主要人员，但忌戴手套，忌为客人

代提随身小包或随身物。接待方的领导或官员忌为客人代提行李箱包，以免有失身份和尊严。忌大声喧哗或打闹说笑。

在安排出面接待的主人时，最好安排周到一些，宜固定为好，切忌经常更换，接待工作不连续，容易使客人感到陌生拘谨。在安排接待人员时，人数要比较适当，人员过少显得不热情、不礼貌，人员过多，既浪费又容易使客人产生一种紧张感，感觉不自在。

（二）宴请时常用礼仪

国际惯例遵循"中尊，右高，左低"原则摆放桌次牌，方便宾、主入座。宴请可以用圆桌、长桌或方桌。宴请座席间的距离要适当，各个座位间距离要相等。

（1）确定主位。包厢内，面对正门的正中位为主位，通常是主人或主客所坐；大厅内，主位应是最不易受打扰的位置，如离上菜位最远处。

（2）以右为尊。除主位外，主位右边的座位尊于左手边。

（3）方便交流。身份相近、同一专业或同一语种的人排在邻近座位；主人方的陪客应安排于客人之间，以便同客人接触交谈；宾客间关系紧张者，应尽量避免把座次排在一起。

（4）夫妇不相邻原则。按西方习俗，男女依次相间而坐。女主人坐在男主人对面，男主人的右侧是第一女主宾，左侧是第二女主宾；女主人的右侧是第一男主宾，左侧是第二男主宾。

三、社交舞会常用礼节

1. 舞会组织礼仪

（1）确定适当时间。舞会时间一般安排在周末、节假日或开幕式、闭幕式的晚上举行，此时气氛活跃，便于大家尽情娱乐，而不影响工作。

（2）选择好场地。舞会的场地要考虑人数的多少，大小适中，场地地面清洁平整，光线柔和，要有彩灯、彩条装饰，准备休息的椅子，必要时可准备茶点。

（3）发出邀请。正式隆重的舞会，应该向每一位来宾发出邀请，同时要注意邀请客人的男女比例，避免同性共舞。

2. 参加舞会礼仪

（1）着装礼仪。参加舞会服装要整洁、大方、时尚，注意整理发型，女士必须化妆，男士也可洒些淡味香水。

（2）邀舞礼仪。正式舞会，第一曲为主人、主宾夫妇首先共舞，第二曲主、宾夫妇交换共舞，第三曲开始自由邀舞。一般情况下，由男士邀请女士，男士应选择没有舞伴的女士，女士邀请男士时，男士不应拒绝；邀舞时，男士应走到女士面前，微微躬身，彬彬有礼地摊开右手，不需言语；邀舞者表情应谦恭自然，不紧张做作，不能叼着香烟邀请，也不能在邀舞时兼做其他事情。

（3）拒绝邀舞礼仪。若女士不想跳舞时，应礼貌谢绝，态度和蔼，表情亲切，一曲终了以后不应马上同其他男士共舞；如果女士已经答应和别人跳舞时，应向男士表示歉意，说明原因，并表示可以等下一次；当女士拒绝男士邀请后，如果男士再次邀请，无特殊情况，应答应共舞；两位男士同时邀请时，可都礼貌拒绝，也可接受其一邀请，并对另一位表示歉意。

（4）跳舞礼仪。跳舞时，姿态端正，身体正直、平稳，切勿轻浮，也不能过于严肃，双方眼睛自然平视，目光从对方右上方通过；不可面面相向，不能摇摆身体，不要把头伸到对方肩上；男士握女士手时，要注意以力量大小变化带舞，不可握得太紧；跳舞时，应注意前后左右，尽量避免碰撞；踩到对方或者碰到其他人时应道歉；一曲终了，男士应该向女士致意，并将女士送回原处；休息时，不要大声说话，不在场内来回走动。

四、电话礼节

电话作为一种现代化通信工具，对现代人而言已成为一种生活必需。不知道电话的人很少，但打好电话未必人人都能。人们借助于电话进行着"只闻其声，不见其人"的信息沟通与思想交流，通过听觉对对方产生形象知觉，而这种知觉又成为双方建立友谊与信任的契机。而今，电话在组织形象塑造中所扮演的角色也日渐重要。接打电话的态度不仅反映着个人的涵养，更体现着一个社会组织的文明程度。

接打电话也是一门艺术，如何接电话、怎样打电话，应是旅游组织成员的一门必修课。接打电话的礼节很多，归纳起来说有以下几点。

1. 打电话前的准备

选择合适的时间，白天应该在早8点以后，节假日9点以后，晚间应该在22点前。午休时间也不宜打电话，如果打国际长途，应该注意不同国家的时差。选择合适的通话地点，通话内容具有保密性的，不宜使用公用电话或他人电话，工作中不宜打私人电话。

打电话前，要对电话内容心中有数，拟好谈话要点和顺序，切忌语无伦次，耽误时间。

确认电话号码，必要时应准备好联络对方的其他有效方式，注意拨打对象，不同的对象要用不同的口气。

2. 打电话中的礼仪

电话接通后，主动自报家门，同时确认接听对象。打错电话时，要向对方道歉："对不起，打错了""打扰您了"等，切忌不做解释直接挂断电话。

注意自身形象，姿态正确。通话时听筒靠近耳部1厘米处，话筒距离口部1厘米左右，应该坐正或站好，不能随意走动，或兼做其他工作，更不能倚靠桌子或墙壁等。通话时，注意语言和内容。要求咬字准确、音量适中、语句简短、语速适中。通话内容紧凑，主次分明，必要时重复重点，积极呼应以示关注。

掌握通话时间。拨打电话时切忌电话时间过长，长话短说，出于对对方的尊重，每次通话时间以3～5分钟为宜。

3. 接电话的礼仪

在工作场所，凡听到电话铃响，三声之内必须应接，因故没能及时接听，应向对方致歉。一般拿起话筒应直接问候、自报家门，如"您好，公关部"，或"早上好！这是办公室。"而不得出现"喂！"字。在整个通话过程中，接听方应始终积极呼应，不时答"对"、道"是"，以表明正在认真倾听，并对有关征询简要作答，切不可一声不吭。

传接电话要有礼有节。若对方报明姓名并指定受话人时，应说"请您稍候"后随即寻找受话人；若指定的受话人外出，则可主动提供一些必要的帮助，如"您有事需要转告吗？"或"您愿意留言吗？"而不应立即挂机或对来电者无端盘询。若有留言必须作好笔录，并及时、准确地转达；重要来电记录后应认真进行核对，以防有误。

通话完毕，应待对方挂机后再放下话筒，不得仓促挂断电话，甚至对方话音未落就挂机，以免失礼。遇到错误来电，也应礼貌相待，向对方说明后轻放话筒，而不应冷言恶语数落误打者。另外，接听电话过程中尽量不要干其他事，如中途有事必须离开一会儿，时间也不应超过30秒钟，并且应恳请对方谅解。

知识链接

接电话态度不好
惹的祸

五、馈赠礼节

馈赠即赠送礼品，是人际交往中一种表达友情、敬意与感激的形式。馈赠的目的在增进感情和维系关系。真诚、正当的馈赠应该是馈赠者真情实意的体现，同时也能够给受礼者带来欢乐。

旅游公关虽然以传播为手段，旅游组织与其公众的关系虽然也不完全以物质手段加以维系。但是，正常、有效的旅游公关活动有时也少不了借助于一定的物质——礼品。这里需要指出的是，公关礼品较之于一般礼品，其交际价值远大于其使用价值，换言之，公关礼品在馈赠时更强调"礼轻情义重"之内涵。那么，在工作中如何更好地做到"为情而赠，赠而增情"呢？这里就涉及馈赠礼仪的一些基本内容与要求。

1. 有的放矢，因人馈赠

馈赠之前，应了解与掌握受礼对象的有关情况。如人数、性别、爱好、习惯、身份、地位及身体状况等，千万不能不知对象、不知情况，随意无的放矢地馈赠，虽有情有义，但难免也会事与愿违。

2. 精心挑选，表情达意

所赠礼品一定要精心选择，在考虑受礼对象情况的同时，还应充分体现礼品的情感性与纪念性，即所选礼品不仅能为对方接受，甚至钟爱，而且通过礼品还应该能够更好地传达馈赠者的深情厚谊，力求达到"以物传情"的馈赠效果。

3. 把握时机，方法得当

馈赠应把握好时机，礼品应适时相送，一般在节日、纪念日或其他重要时节之前将礼送到为宜。事后补礼是不礼貌的，事过境迁再送礼就更不合时宜了。当然，毫无理由地过早赠送也难以让人接受。另外，馈赠方式的选用应慎重，只要心存诚意，无不大方之理；双手捧送，同时送上几句祝福语，则更能悦人。不声不响放下礼物悄然离去，反倒会令对方不知所措。

第三节　服务礼仪

一、酒店服务礼仪

（一）前厅接待礼仪

前厅是酒店中十分重要的部门之一，是酒店服务的第一站，需要为客人提供登记、接待、订房、问讯、电话、订票、留言、行李、退房等各项服务，前厅在某种程度上体现了酒店的整体形象，是酒店的"窗口"。因此前厅对服务人员的素质和礼貌礼仪服务有着很高的要求。

1. 迎送服务礼仪

着制服上岗，制服要求挺括、华丽，仪容端庄大方，按服务规范站立于门厅两侧，注意观察往来车辆和客人，随时准备提供服务。

宾客光临，应主动亲切问候，对宾客的到来表示热忱欢迎；同时用手示意客人进入酒店，如非自动或旋转门，应为客人拉开酒店正门。客人集中到达时，应不厌其烦地向宾客微笑、点头示意、问候，使每一位客人都能得到亲切的问候。

注意疏导车辆，保持门前畅通，宾客乘坐的车辆到达酒店时，要热情相迎。车辆停稳后，如是大客车，应主动上前招呼，并站在车门一侧，帮助客人下车，指引客人进入酒店；如是小汽车，应一手拉车门，一手挡住车门框上沿，以免客人下车时碰头，但是如客人是佛教及伊斯兰教人士，则不能挡，以免把"佛光"等遮住。

客人行李较多时，应帮助客人提拿行李，待进入大厅以后，以手示意行李员接手。如客人不愿接受帮助时，要适可而止，尊重客人个人意愿。

如是老、弱、病、残、幼、孕等特殊客人，应先问候，征得客人同意后，予以必要的扶助照顾，以示关心。客人不需特殊照顾时，不必勉强。

遇雨雪天气不好时，要撑伞迎接，以防客人淋湿。若客人带有雨具，应帮助客人收起，必要时可将客人雨具放在专设的架子上，代为保管。

客人离店时，要提前引导车辆等候客人，帮客人拉开车门，待客人上车坐好后，轻关车门，同时向客人挥手道别："谢谢光临，祝您一路顺风"，面带微笑目送客人离开。

2. 行李服务礼仪

着装整洁、利索，仪容端庄，按站立规范要求，立于门厅两侧，恭候宾客。客人抵达时，微笑问候，帮助客人提携行李，并问清行李数量，必要时记住送客来车号码，以备日后查找。客人行李较多时，用推车装运，注意轻拿轻放。

团队客人行李到达时，清点行李件数，请团队领队核实无误后，用推车把行李一一送入客人房间。

陪同客人到总台办理入住手续，客人登记时，等候在客人身后1.5米处，待客人办妥手

续，护送客人回房间。引领客人时，走在客人左前方两三步远，并不时回头点头、微笑或用语言向客人示意。

陪同客人乘电梯时，行李员打开电梯，用一手挡住电梯门，请客人先进，随后携行李跟进。在电梯内，行李员尽量靠电梯按钮一边侧立，并将行李靠边，以免妨碍其他客人通行。到达楼层后，示意客人先行，如大件行李挡住客人出路，可先运出行李，然后挡住电梯门，请客人出梯。

引领客人进房时，先按门铃或敲门，确认房间内无人时，用钥匙开门。进门后，先打开过道灯，环视房间无问题后，退至房门一侧，请客人入内。将行李放在行李架上，箱子正面朝上，把手朝外，核对无误后，可以介绍房间设施。如客人无其他要求时，应及时告别并祝客人愉快。倒退两步，转身走出房间，把门轻轻关上，及时返回大厅工作岗位。

客人离开酒店时，行李员接到通知，敲门获得允许后，进入客房搬运行李。与客人确认行李件数后，负责帮客人把行李运到车上，客人上车后，向客人礼貌道别，并祝旅途愉快。

3. 总台服务礼仪

着装整齐，仪容端庄，站立迎宾。

接受客人预订，应先介绍不同房间的类型、价格、付款方式、折扣等，并介绍确认、修改、取消预订的方法和途径。应详细询问客人姓名、抵离店日期、时间及所需房间的种类、数量、朝向等要求。

客人到达总台时，面带微笑，热情问好，开始办理相关业务。遇有客人较多时，应注意接一应二招呼三，使客人不受冷落。

指导客人填写入住登记表，按客人要求分配房间，核对客人证件时要礼貌，归还证件时应致谢。把房间钥匙交给客人时候可直接加上客人姓氏，以示尊重，如"王先生，这是您的房间钥匙，祝您愉快。"如客房已满，要向客人解释、道歉，并主动推荐附近同等档次酒店，必要时，可帮助客人联系。

当VIP客人进客房后，按照惯例，应予以特殊照顾，在合适的时间，打电话征询宾客的意见，以示酒店对VIP客人的重视和关心。

接待客人问讯时，要热情主动、微笑相迎、有问必答、百问不厌、口齿清楚、用词得当、注意倾听，目视对方眼鼻三角区。对不同的客人，应注意采取相应的处理方式。确有不清楚的疑难问题，应诚恳地向客人表示歉意，并迅速采取措施，给客人满意答复。多人同时问讯时，应先问先答，急问快答。

有住店客人的朋友前来问讯时，要及时和住店客人取得联系，征得同意后，指引来访者上楼。如客人不在房间，或一时找不到客人时，可请来访者留言，等客人回来后及时通知客人。

问讯处还要负责把客人信件、电报、邮件及时送交客人，递送时要微笑招呼、敬语当先。对离店客人的信件要及时按客人留下的新地址转出，或退回原处。客人离店时，服务迅速、准确。核对客人住店时的一切账目，确认无误后结账，并向客人致谢，欢迎再次光临。

4. 大堂清洁服务礼仪

穿着制服，保持整洁，讲究个人卫生。

在客人较少时清除大堂地面，留意客人，主动让道，不妨碍客人的走动。

及时清理大堂休息处烟灰缸、废纸杂物，动作轻、快，清理时为客人微笑，求得客人理解。

保持大堂公共卫生间清洁，客人进入洗手间时候，应点头致意，留意客人需求，及时提醒。

（二）餐饮服务礼仪

餐厅是酒店宾客用膳的主要场所，是酒店重要的服务部门，要求服务人员必须全面掌握和遵守服务中的各种礼貌礼仪，在服务中做到热情、亲切、周到、细致、富有人情味。

1. 迎宾服务礼仪

着装华丽、整洁、挺括，仪容端庄、大方，站姿优雅，开餐前恭候在餐厅大门两侧，面带微笑，做好拉门迎客的准备。

宾客到来，热情迎上，并致以礼貌用语："您好，欢迎光临，请问您几位"等，如果男女宾客一起来，应先问候女宾。如果是年老体弱的客人，应主动上前悉心照顾。

引领客人入座，用手示意，并说："请跟我来"，根据客人的具体情况，把客人引领到不同的位置。例如，重要客人引至餐厅最好位置或包间；情侣引至较为安静的位置；年老体弱客人引至出入方便的位置；有明显生理缺陷的客人引至不显眼的位置等。引领时，还应考虑客人人数，尊重客人意愿，兼顾餐厅的忙闲程度，合理调配客人。

客人入座时，主动协助客人挂好衣帽，切勿将衣物倒提，以防袋内物品掉落，贵重衣物要用衣架。按照先主宾后主人、先女后男的顺序为客人拉椅让座，客人人数较多时候，仅为重要客人拉椅即可。拉椅动作适度，用双手拉开椅子，待客人屈膝入座时，右膝轻推座椅，使客人坐稳。

客人入座后，迎宾员及时把宾客介绍给台面服务人员，并将客人人数等一些基本情况介绍给服务员，方便餐间服务。

2. 用餐服务礼仪

开餐前，服务员着制服在服务区内，按规范站好，随时恭候客人。客人入座后，及时递送香巾、茶水，按顺时针方向从右到左进行，递送香巾应用夹钳。

递送菜单。客人到齐后，双手从客人左侧递上菜单，菜单应递给主宾或女士。征询客人需要何种酒水、饮料，得到确认后，复述一遍，及时下单，减少客人等候时间。

接受点菜。面带微笑站在客人一侧，上身稍倾，认真记录客人所点菜式，点菜完毕务必复述一遍，防止差错。积极帮助客人点菜，适时进行推销餐厅名菜、特色菜、创新菜以及时令菜，同时细心观察客人喜好，注意客人需求。客人所点菜式已售完，应致歉解释，求得原谅。

斟酒服务。斟酒之前先示酒，服务员左手托瓶底，右手扶瓶颈，商标面向客人，待客人确认后方可打开，打开时应在客人右侧后方，防止酒水溅到客人身上。斟酒时先给主宾，再给主人，然后顺时针方向在客人右侧依次进行。

上菜服务。讲究效率，点菜之后10分钟内凉菜上台，热菜不超过20分钟。用托盘上菜，注意菜式质量，数量不足、温度不够、颜色不正、配料不齐、器皿不洁破损等都不能上。走菜时，应走路轻、说话轻、操作轻。上菜口要在陪座位置，上菜时，报上菜名，并加以简单介绍，然后将菜转至主宾面前。掌握上菜时机和间隔，随时整理台面，及时撤走空盘。菜上齐后，应告诉客人"菜已上齐，请慢用"。

其他服务。席间如客人不慎将餐具及物品掉落，应迅速更换。随时注意客人需求，及时为客人提供所需服务。及时为客人更换骨碟、烟灰缸。为客人点烟要掌握点烟礼仪，一根火柴只给一个客人点烟。及时更换撤餐具，按逆时针方向，从客人左侧用左手撤下。

3. 收银送客服务礼仪

客人用餐完毕，核实客人消费，开出账单，把账单正面朝上，放在托盘或收银夹中，从客人左侧递上，或放在主人的桌边，并小声报出总额。客人付款后，表示感谢。客人起身离座时，及时拉椅让路。提醒客人是否遗忘随身物品，并礼貌告别："欢迎下次再来，再见"，躬身施礼，目送客人离去。

（三）客房服务礼仪

1. 楼层服务礼仪

着装上岗，整齐自然，端庄大方。

掌握客情，客人到达前，了解预订客人的姓名、房号、生活习惯、爱好等，全面检查房间设备、用品，恭候客人光临。

接到来客通知后，有礼貌地站在电梯口，恭候宾客的到来。客人到达，主动向客人问好，并引导客人进入房间。

时刻注意观察楼层情况，对客人的去留做到心中有数。熟悉客人身份、观察客人喜好、注意客人身体变化、掌握客人特殊需要，及时为客人提供相关服务。随时向过往的客人问好。

日常服务过程中，要坚持不叫不扰、随叫随到、仔细稳妥、热情周到。避免与客人发生口角，保持冷静、有礼有节、不卑不亢。

客人离店时，送客人到电梯口，并礼貌告别。客人离开后，迅速检查客人房间，是否留有客人物品，如有要及时上报。

2. 客房清洁礼仪

客房清洁前，看清门把手上是否挂有"请勿打扰"的牌子，若超过下午两点，应及时通知主管，打电话询问客人是否需要整理房间。

进入房间时，必须讲究礼节，先按门铃或敲门，征得客人同意后方可进房间清扫。若无人应答，再用钥匙打开房门。清扫时，房门要敞开，不得擅自翻阅客人物品，不得在房内观看电视、接打电话。不得向客人索取物品或小费。

整理房间时，若客人在房中，应尽量避免打扰客人，整理动作轻而迅速，不要与客人长谈，清扫完毕后，主动询问客人是否需要其他服务，然后道谢退出房间。

整理过程中，客人回来，应礼貌地请客人出示房卡，确认后，询问是否继续整理，如可继续整理，应尽快清理，以便客人休息。

二、旅行社服务礼仪

（一）导游服务礼仪

导游是旅游从业人员中与旅游者接触最多的人，其言谈举止都会给旅游者留下深刻的印象，因此，导游在接待过程中的礼貌礼仪将直接影响到整个旅行社的形象。其基本要求是：守时、尊重客人信仰和习俗。

1. 迎送礼仪

迎接客人之前，注意自身仪容仪表，佩戴导游证，事先掌握客人基本情况和日程安排，协助司机把旅游车打扫干净。备好接团标志及相关物品，提前到达接团地等候。客人到达后，挥手示意，并礼貌问好，进行简单的自我介绍。与领队做好沟通，安排客人及行李尽快安全上车。

客人上车坐稳后，再次进行自我介绍并介绍司机，致欢迎辞，分发日程安排。回答客人疑问，语言要清晰流畅。沿途视客人精神状况，介绍沿途景观。抵达酒店前，向客人介绍所住酒店基本情况及其周围环境。抵达酒店后，协助客人登记入住，帮助客人解决住宿中遇到的各种问题，做到有问必答，不急不躁。

行程结束后，提醒客人整理好自己的行李，通知客人行李交运时间、地点。安排客人上车，清点人数，及时送客人到达机场、车站或码头。

2. 游览购物礼仪

出发前，应在客人用早餐时向他们表示问候，了解客人身体情况，重申出发时间、乘车地点，提醒客人带好必备物品。

出发乘车时，导游应站在车门口照顾客人上车，客人上车后，清点人数，无误后示意司机开车，行驶中问好，报告天气情况，重申当天活动安排，旅游须知等，耐心回答客人疑问。

乘车途中，介绍市容，到达景点前介绍参观具体事宜，下车前宣布集合时间、乘车位置，提醒客人记住车号，并留下联系方式，方便出现意外时联系。

游览过程做到服务热情、主动、周到、讲求讲解效果，注意给客人留出摄影时间。提醒客人注意人身和财物安全。对于客人中年老体弱者，要特别照顾。

合理安排客人购物时间，讲清停留时间和有关购物注意事项。购物遇到语言不通时，应及时给客人以帮助。遇到强拉强卖者，应提醒客人不要上当，积极维护客人权益。客人提出日程外购物时，应征得大多数团员的同意。

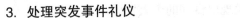

3. 处理突发事件礼仪

遇有客人改变旅游路线的要求时，必须由领队提出，经与接团社研究，并提出意见请示组团社后，方可实施新的旅游计划。

客人因住宿、膳食、游览等原因，进行投诉时，应端正态度，诚恳、热心地为客人服务，并对有关问题积极做好解释工作。

如遇天气或其他原因，没有订上预计航班或火车票，应及时向客人解释，积极安排客人住宿、就餐等，征得客人谅解，并合理安排后面的行程。

行李发生丢失时，应主动安抚客人情绪，积极协助客人回忆丢失时间和地点，及时与有关部门联系、挂失。行李发生损坏时，应掌握谁损坏谁赔偿的原则，查不清责任时，应请示旅行社，再做相关的修理或赔偿。

客人在旅游过程中，生病或发生其他意外时，要及时汇报，积极组织抢救。有人死亡时，应立即报告组团社、接团社和保险公司，作出相应处理。

旅途中发生交通事故时，要及时通知旅行社派人到达现场，同时导游应立即拨打急救电话，救护伤者，保护现场，尽快通知交通部门，做好善后处理工作，待旅游结束后，写出事故发生原因及处理的书面报告。

（二）旅行社商务洽谈礼仪

旅行社的公共关系营销人员为了拓展旅行社的业务，需要采取接待、拜访或谈判等形式，与客户进行业务磋商活动。在进行商务洽谈时，应注意谈判双方代表恰到好处的礼节（接待、拜访礼仪见本章第三节），这是谈判得以顺利进行的重要因素之一。

1. 洽谈人员应有的礼仪

自我介绍要得体。介绍时，不必过于拘泥礼节，应表现自然轻松，问及对方姓名时，注意礼貌用语。

注意提问方式。洽谈中提问要讲究礼仪，不要一直追问对方难以应付的问题，发问方式要委婉，要善于调换话题。

要用心倾听。洽谈人员要做一个很好的聆听者，可以从对方谈话中，发现问题，有的放矢。

重视洽谈对手，保持大将风度。洽谈之前，应当充分了解对方的动机、心态、优劣势，做到知己知彼，百战不殆。要时时保持头脑冷静、从容不迫、沉着应战，以智取胜，以礼相待，以情感人。洽谈中应相互尊重，切不可以大欺小，以强凌弱。在洽谈过程中要态度诚恳、语言随和，以事实为依据，以理服人。

掌握好洽谈的时间和步骤。洽谈时间长短要视具体情况而定，不宜过长，使双方都感到疲劳。事前要妥善准备，掌握洽谈步骤，以提高效率。

2. 谈判的礼仪规范

参加谈判，出于尊重对方的原则，应着正装，服装要熨平，给人整洁、规范的良好印象。

谈判者的行为举止应热情、豁达、庄重，表现出良好的个人气质。

谈判开始时，双方代表见面，应相互招呼，热情友好，营造良好的谈判气氛，话题最好从中性话题开始，使双方感觉轻松。

谈判中，应遵循平等互惠、友好合作、诚实守信的原则，善于倾听，恰当运用谈判技巧。

谈判结束，无论是否达成一致，都应保持良好的教养和风度，主动与对方握手言欢，切忌表现出愤怒、拂袖而去等有失风度的举动。

3. 谈判的语言规范

谈判的语言应以协商性为主，恰当运用风趣、幽默和刚柔相济的综合性语言技巧。

运用语言营造融洽、友好的气氛，语言表达文明，分寸得当。出言不逊会引起对方的反感和不满，给谈判造成障碍甚至导致谈判的破裂。

谈判中，语言既要文明，又不能放弃原则。应借助高超的技巧，富有文采的语言，制造出和谐礼貌的气氛，并明确表达自己的观点和立场。

语言表达要紧扣主题，尽可能就事论事，不能无故打断对方的谈话，岔开话题。谈判中特别是开始时，说话要注意分寸，留有余地，使语言具有一定的弹性，使企业进退自如，获得更大的利益。

第四节　主要旅游客源国礼仪禁忌

一、日本

在日常交往中，日本人大多彬彬有礼。见面时，互相致意问候已成习惯。初次见面，互相鞠躬，交换名片，一般不握手。没有名片就自我介绍姓名、工作单位和职务。如果是老朋友或比较熟悉的人，就主动握手或鞠躬，甚至拥抱。妇女则以深深一躬表示敬意。男士对女士，只有女士主动先伸手时才握手，但时间不太长也不过分用力。在室外一般不作长时间谈话，只限于互致问候。

1. 行礼礼仪

日本人最常用的"屈体礼"可分为"站礼"和"坐礼"。行"站礼"时，双手自然下垂，手指自然并拢，随着腰部的弯曲，身体自然向前倾。最庄重的站礼，腰要弯到脸面几乎与膝盖相平的程度。接受晚辈行礼时，背和脖颈要挺直；平辈之间，腰要稍弯，背要直，头不宜向下耷拉，腰弯曲，上身向前倾。"坐礼"一般在日本式房间的"榻榻米"上进行，最常见的坐礼有三种：

（1）指尖礼。行礼者端跪在"榻榻米"上，双手垂直在双膝的两侧，指尖着席、身体向前倾5°，多用于接受晚辈施礼和向对方问问题时使用。

（2）屈手礼。行礼者双手着地，身体向前倾5°，脸面基本向下，多用于同辈之间以

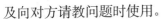

及向对方请教问题时使用。

（3）双手礼。行礼者双手掌向前合拢着席地，脊椎与脖颈挺直，整个身子向前倾伏，几乎达到面额着席的程度，这是日本的最高行礼方式之一，多用于下对上或对尊贵客人使用。

另外，在以椅子为座席行礼时，也有三种不同的施礼方式：在上对下行礼时，可坐在椅子上稍将身子前倾一下即可；在同辈之间行礼时，应从椅子上站起，行与站礼相同的礼节；在对尊贵客人或上级行礼时，应到对方座前去施礼，等对方就座后再回到自己的座位坐下。

2. 拜访礼仪禁忌

日本人拜访他人时一般要避开清晨、深夜及用餐等时间。拜访要预先约定，突然访问是失礼的。在进日本式房屋时，要先脱鞋并将鞋尖向门放整齐。日本人在拜访他人时时常带些礼物，礼品一般送奇数，表示"阳""吉"（偶数则表示"阴""凶"）。吉事礼品应为黄白色或红白色，不幸的事送礼应为黑色、白色或灰色。

3. 餐饮礼仪禁忌

日本人餐前餐后喜欢喝一杯茶，特别喜喝绿茶。早餐喜欢喝热牛奶、吃面包、稀饭等，晚餐一般吃米饭，副食以蔬菜和鱼类为主。日本人一般喜欢吃清淡、油腻少、味鲜带甜的菜肴，爱吃牛肉、鸡蛋、野鸡、清水蟹、海带、精猪肉、青菜和豆腐等，不喜欢吃羊肉、猪内脏和肥肉。日本人用筷有八忌，称为"忌八筷"，即舔筷、迷筷（持筷子在菜上游移，拿不定主意夹什么菜）、移筷（夹动了一个菜不吃，又去动另一个菜）、扭筷（扭动筷子）、插筷（把筷子插在饭菜中或用筷子插食吃）、掏筷（在菜中央用筷子掏着吃）、跨筷（筷子跨放于碗或盘上）、剔筷（用筷子剔牙）。

4. 通信禁忌

在通信交往中，日本人忌邮票倒贴，因为这表示绝交。

5. 习俗禁忌

日本人还讨厌金银眼的猫，认为看了要倒霉。他们还忌三人并排合影，因为中间的人有受制于人之嫌，是不幸的预兆。菊花是日本皇族的标志，尤其是黄色的十六瓣的菊花，被认为是日本皇族的徽号，一般不能用来送礼。荷花，在日本人心目中象征宇宙精髓，有佛教的神圣含义，所以不可用作商标。探望病人忌送带根的花，因为"根"和"睡"字同音，以避免有卧床不起的恶兆。日本人忌讳绿色，认为是不祥的颜色。忌"九""四"等数字，因日语中"4"发音近"死"，"9"发音与"苦"相似，所以住饭店不要把他们安排在4号楼4层或第4餐桌等。日本商人忌2月和8月，因为这两个月是营业淡季。

二、美国

美国人生活比较随便，性格开朗，乐意与人交际，不太拘泥于礼节。美国人有晚睡晚起的习惯，但他们与人交往，时间观念强，很少迟到。美国人一般不送名片给别人，只是想保持联系时才送。

美国人独立性强，充满信心，就是孩子也不例外。对美国妇女绝不可以使她们感到有男女区别的意思，但美国人也崇尚"女士优先"。美国人都忌讳"老"。因为美国是一个竞争激烈的社会，年老往往有"落伍"之意，所以怕老、讳老、不服老形成了一种独特的人生观。

在通常情况下，美国人一日三餐并不十分讲究，早餐一般是果汁、鸡蛋、牛奶、面包之类，午餐可以是三明治、水果、咖啡等，晚餐相对丰盛一些，最常吃的是牛排和猪排。快餐是典型的美国饮食文化。美国人不喜欢吃奇形怪状的东西，如鸡爪、猪蹄、海参等，不爱吃动物内脏，不爱吃肥肉、红烧和蒸的食物，口味上咸中带甜，比较喜欢清淡。烹调以煎、炸、炒、烤为主，菜的特点是生冷、清淡，就是热汤也不烫。他们喜爱的肉食有糖醋鱼、咕噜肉、炸牛肉、炸牛排、羊肉、炸猪排、烤鸡、炸仔鸡等。他们对所有带骨的肉类都要尽量剔去骨头，如鸡鸭要去骨、鱼要斩去头尾、剔除骨刺，虾要剥壳、蟹要去壳等。在素菜方面，喜欢吃菜心、豆苗、刀豆和蘑菇之类，喜欢吃我国北方的甜面酱、南方的蚝油、海鲜酱等。

美国人爱喝冰水和矿泉水、可口可乐、啤酒等。他们把威士忌、白兰地等酒类当茶喝。喝饮料喜欢放冰块。餐前一般饮番茄汁、橙汁，吃饭时饮啤酒、葡萄酒和汽水，饭后喝咖啡，一般不喝烈性酒。

美国人忌讳13日与星期五重合的日子，忌用蝙蝠作图案的商品、包装品，因为他们认为这是凶神的象征。一般情况下送礼忌送厚礼，忌对妇女送香水、化妆品或衣物（头巾例外）。

三、英国

英国人比较矜持、庄重、含蓄、自谦、富幽默感。不少人追求绅士和淑女风度，重视礼节和自我修养，衣着比较讲究。英国人很少在公共场合表露自己的感情，时间观念很强，赴约十分准时。"女士优先"在英国比其他国家都明显。英国人特别是年长的英国人，喜欢别人称他们的世袭头衔或荣誉头衔，至少要用"先生""夫人"或"阁下"等称呼。

要避免称英国人为"英格兰人"，而要称"不列颠人"，因为他可能是爱尔兰人或苏格兰人。与英国人谈话不要将政治倾向或宗教作为话题，绝不要将皇家的事作为谈笑的资料。他们不喜欢谈私事，如职业、收入、婚姻等，英国人在下班后不谈公事，特别讨厌就餐时谈公事，也不喜欢邀请有公事交往的人来自己家中吃饭。若请英国人吃饭，必须提前通知，不可临时匆匆邀请。英国人若请你到家里赴宴，你可以晚去一会儿，提前赴宴是失礼的行为。

英国人每天分四餐，即早餐、午餐、午后茶点和晚餐。英国人爱吃牛羊肉、鸡、鸭、野味等，不爱吃带粘汁和辣味的菜。在斋戒日和星期五，英国人正餐吃炸鱼，不食肉，因为耶稣受难日是复活节前的那个星期五。英国人讲究就餐座次排列，对服饰、用餐方式等都有规定。他们每餐都吃水果，晚餐还喜欢喝咖啡，进餐时爱喝葡萄酒、香槟酒、冰过的威士忌、苏打水等。英国人爱喝茶，一般在清早、每顿饭后、午茶时分和临睡前。英国人爱喝红茶，倒茶前，要先往杯子里倒入冷牛奶。

英国人除西方人普遍忌讳的数字"13"外，还忌"3"，特别忌用打火机或用一根火柴同时为三个人点烟。他们相信这样做，厄运一定会降临到第三位被点香烟的人身上。

英国人忌用人像作商品装潢，还忌用大象图案，认为大象是蠢笨的象征，还把孔雀看作淫鸟、祸鸟，连孔雀开屏也被视为是自我吹嘘。忌送百合花，认为百合花意味着死亡。

四、法国

法国人性格比较乐观、热情，谈问题不转弯抹角，爱滔滔不绝地讲话，说话时爱用手势加重语气。传统的法国公司职员习惯别人称呼其姓而不是名。不送人或接受有明显广告标记的礼品，喜欢有文化价值和美学价值的礼品。不喜欢听蹩脚的法语。

法国的烹调技术和菜肴居欧洲之首，烹调用料讲究，制作精细，品种繁多，享有"食在法国"之美誉。法国人讲究吃，口味喜欢肥嫩、鲜美、浓郁，不喜辣味，注重色、形的应用。喜食猪肉、牛肉、羊肉、香肠、家禽、蛋类、鱼虾、蜗牛和新鲜蔬菜，喜欢水果和酥牡蛎食点心，不太喜欢吃汤菜。法国的干鲜奶酪世界闻名，它们是法国人午餐、晚餐必不可少的食品。法国人家家餐桌上都有葡萄酒，各人自选饮料，无劝酒的习惯。

法国人也有一般西方人的数字和礼节禁忌。法国人忌黄色的花，认为是不忠诚的象征；忌黑桃图案，认为不吉利；忌仙鹤图案，认为仙鹤是蠢汉和淫妇的象征；忌墨绿色，因为墨绿色是纳粹军服的颜色。一般在男女交往中，忌送香水给法国女士，如果这样就意味着求爱。

五、德国

德国人勤勉、矜持、守纪律、爱清洁、喜音乐。德国人重视交往，在交往中，时间观念十分强，准时赴约被看得很重。与德国人交谈，可谈有关德国的及个人业余爱好和体育足球之类的运动，不要多谈篮球、垒球和美式橄榄球运动的话题。称呼德国人的姓名最好前边加头衔。

德国人早餐比较简单，一般只吃面包，喝咖啡。午餐是他们的主餐，主食一般是面包、蛋糕，也吃面条和米饭，喜欢吃瘦猪肉、牛肉、鸡蛋、土豆、鸡、鸭、野味，不喜欢吃鱼虾等海味。不爱吃油腻、过辣的菜肴，口味喜清淡、酸甜。德国人特别爱喝啤酒，啤酒杯一般很大，一般情况下不碰杯，一旦碰杯，则需一口气将杯中酒喝光。他们也爱吃水果及各种甜点。

除西方人一般的禁忌外，德国人在颜色方面的禁忌较多，忌茶色、红色或深蓝色，忌吃核桃。服饰和其他商品包装上禁用类似纳粹标志的图案。

知识链接

不懂礼仪闹出笑话

课堂讨论

　　一次某公司招聘文秘人员，由于待遇优厚，因此应聘者很多。中文系毕业的小张同学前往面试，她的背景材料可能是最棒的，大学四年，在各类刊物上发表了3万字的作品，内容有小说、诗歌、散文、评论、政论等，还为六家公司策划过周年庆典，一口英语表达也极为流利，书法也堪称佳作。小张五官端正，身材高挑、匀称。面试时，招聘者拿着她的材料等她进来。小张穿着迷你裙，露出藕段似的大腿，上身是露脐装，涂着鲜红的唇膏，轻盈地走到一位考官面前，不请自坐，随后跷起了二郎腿，笑眯眯地等着问话，孰料，三位招聘者互相交换了一下眼色，主考官说，"张小姐，请回去等通知吧。"她喜形于色，"好！"挎起小包飞跑出门。

　　问题：小张能等到录用通知吗？为什么？假如你是小张，你打算怎样准备这次面试？

 **技能操作**

　　策划一次班级舞会活动，注意相关礼仪，并对活动策划过程中的失误作一个小总结，写下活动策划的感受。

　　选择一家酒店进行实习，接受标准站姿、坐姿、外表仪容等礼仪规范的训练，并学习实践前厅、餐厅、客房服务礼仪。提交实习报告。

课后习题

一、名词解释

礼仪　旅游公共关系的社交礼仪　言谈举止　接待礼节　社交舞会礼节

二、简答题

1．谈谈你对旅游公共关系礼仪的理解，并简述旅游公共关系礼仪的作用。

2．如何穿西装做到得体、规范？

3．制服的着装应遵循哪些原则？饰品的选择与佩戴的原则是什么？

4．面部礼仪与肢体礼仪包含哪些内容？

5．旅游公共关系人员需要掌握的礼貌用语规范和礼仪有哪些？

6．简要说明对旅游公共关系人员的举止要求。

7．在旅游公共关系活动中如何做好各项迎送、拜访、接待工作？

8．出席宴会的礼仪有哪些？

9．馈赠礼品时需注意些什么？

10．在公共关系活动中，应如何对待各国不同的风俗习惯和礼仪禁忌？

11．请结合自己曾经策划的一次旅游公共关系活动，指出在策划活动过程中需要注意哪些相关的礼仪。

第十一章　旅游公关人员的语言交际训练

← ← LY

本章导读

➡ 旅游公关人员在公关活动过程中，应该具有良好的语言交际能力和交际技巧，积极主动地接受、重视、赞美公关对象，通过语言交流使之感到满意与舒适，从而在旅游公关人员、旅游企业、公众间建立起良好、稳定的联系。旅游公共关系从业人员在公关工作中应自觉遵守交际法则。平等、宽容、诚实地对形形色色公众的服务并对各种各样公关问题的有效解决，展现完美的公关交际技巧与高效的处理问题技能。

学习目标

➡ 了解旅游公关人员礼貌用语的常用类型。
➡ 了解旅游公关人员在语言方面的规范、交际方法与技巧。
➡ 掌握公关交际的原则、法则及要素。
➡ 熟悉公关交际中常见问题并掌握一定的处理方法。

章前案例

服务人员称呼不当影响宾馆形象

一天，有位斯里兰卡客人来到南京的一家宾馆准备住宿。前厅服务人员为了确认客人的身份，在办理相关手续及核对证件时花费了较多的时间。看到客人等得有些不耐烦了，前厅服务人员便用中文跟陪同客人的女士作解释，希望能够通过她使对方谅解。谈话中他习惯地用了"老外"这个词来称呼客人。谁料这位女士听到这个称呼，立刻沉下脸来，表示极大的不满，原来这位女士不是别人，而是客人的妻子，她认为服务人员的称呼太不礼

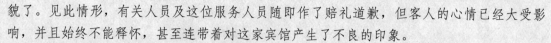

貌了。见此情形，有关人员及这位服务人员随即作了赔礼道歉，但客人的心情已经大受影响，并且始终不能释怀，甚至连带着对这家宾馆产生了不良的印象。

案例分析

在涉外政务交往中，常见的称呼除使用"先生""小姐""女士"之外，还有两种称呼：一是称其职务；二是对地位较高的官员，可称其为"阁下"，这一般指的是部长以上的高级官员。在本案中，前厅服务员对这位外国客人可称其"先生""外宾"或是"这位外国朋友"都可以，而不应该称呼其"老外"，这是非常不礼貌的行为。

称呼是重要的见面礼仪之一，是人际关系融洽的晴雨表。社交礼仪等于仪表，始于见面。社会的一切礼节、仪式，都是建立在人与人的交往、合作过程中，而见面是交往与合作的起始。研究表明，人们初次见面时对他人所形成的印象最深刻，这就是所谓的"首位效应"。选择正确、得体的称呼，既体现了对对方的尊重，也反映着自身的修养，表达着交往双方的关系，因此，在交往中，称呼是不能疏忽大意的，更不能随便乱用。在本案例中，前厅服务员没有想到这位女士与外宾的关系，直接称呼外宾为"老外"，给这位女士造成了不愉快，也影响了宾馆的形象。但是，不管知不知道这位女士与外宾的关系，都应该使用尊称，"先生"或"外宾"。

第一节　旅游公关人员的语言交际

哈佛大学前校长伊力特说："在造就一个有教养的人的教育过程中，有一种训练必不可少，就是优美高雅的谈吐。"人与人之间的交往，在很大程度上也是情感的交流，礼貌用语最能体现对他人人格、情感的尊重和关怀。在礼貌言谈的原则中，最明显的表现是尊他。所谓尊他，就是指对听者和与其相关的事物表示尊敬之意。其次，礼貌用语还体现出自谦的意味。尤其是其中的"您好""请""谢谢""对不起""再见"这些基本的、常用的口语化礼仪用语，看上去简单平常，但其所蕴含的社会意义和历史经验却非常丰富。

一、语言礼仪的基本要求

语言礼仪运用到工作中，具体要求大致可以用6个字概括：信、达、雅、清、柔、亮。

"信"是要求讲真话，不讲假话，表达诚实，态度诚恳，不夸夸其谈，不虚言妄语，不无中生有，不虚情假意。所谓"言必信，行必果"，遵守诺言，实践诺言。

"达"主要指用词标准，词达意至，表意清楚、明白、顺畅、完整，切忌冗长烦琐、词不达意。

"雅"是要求用词文雅，多用谦辞敬语，给人以谦恭敬人、有涵养的感觉，杜绝粗话、脏话、黑话、怪话。

"清"是要求咬字准确，吐字清楚，语音标准，清晰入耳。

"柔"是要求语气柔和亲切。

"亮"是要求声音欢快活泼，抑扬顿挫，悦耳动听。

二、礼貌用语的常用类型

1. 礼貌的称呼语

一般称呼：这是最简单、最普通，特别是面对陌生公众最常用的称呼，如先生、小姐、夫人、太太、女士、同志等。

按职务称呼：也是一种非常常见的称呼，以职务相称，以示敬意。

按职称称呼：对具有高级职称或拥有博士学位者，以职称相称，以示敬意。

按职业称呼：直接以职业作为称呼，如医生、会计、老师、律师、法官等。

按尊崇称呼：宗教界：牧师、神父等；君主制国家：陛下、爵士、王子、公主、亲王、阁下等。

按亲属称呼：交往中参照亲属关系称呼：爷爷、表姐、姨妈等。

按姓名称呼：除好友之外，姓名称呼一般要加上职务、职称等才合适，如王杰科长、张佳教授。

旅游从业人员最常用的称呼语是：①泛尊称，如先生、女士、小姐、夫人等；②姓氏加上职务、职称等，如李书记、冯校长、陆教授等。

2. 亲切的问候语

标准式问候用语：直接向客人问候，其常规方法是在问候之前加上适当人称代词或者其他尊称，如"你好""您好""各位好""大家好""先生们好""王先生好"等。

时效式问候用语：在一定时间范围内使用的问候用语，如"早上好""晚上好""各位上午好""王先生，早上好"等。

根据接待地点使用问候用语：在宾馆时可以说"您好，欢迎下榻我们的宾馆（饭店）！"或"您好，欢迎您的光临!"等；在博物馆时可以说"您好，欢迎您来参观访问!"或"您好，欢迎您的光临!"等。

非正式问候语：一些非正式问候语，如"吃饭了吗?""来了?""忙什么呢？"等不宜在旅游接待工作中使用。

3. 热情的迎送语

客人第一次到来："欢迎您""欢迎光临""欢迎您的到来""见到您很高兴"。

客人再次到来："欢迎您的再次光临"；加上姓氏、身份等的称呼，以示尊重。如"李小姐，欢迎您"；加上问候语，以示对对方的重视和友好，如"张先生，您好!欢迎您再次光临"。

致欢迎语时，通常会综合使用称呼语和问候语，并伴随符合礼仪规范的神情动作，如注目、微笑、点头、鞠躬等。

送别语是送别客人时必须使用的语言，常用的有"再见""您慢走""欢迎再

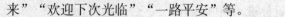

来""欢迎下次光临""一路平安"等。

4. 委婉的请托语

标准式请托语：以"请"来表达请托内容，如"请稍等片刻""请跟我来""请让一让"等。

求助式请托语：最常见语言是"拜托""劳驾""请关照"等，通常是在向他人提出某一具体要求时使用。

组合式请托语：请求或者拜托他人时，可以将标准式与求助式请托语组合在一起使用，如"请您帮我拿一下杯子，可以吗""麻烦您让一让""打扰了，劳驾您帮我照看一下"等。

5. 真诚的征询语

主动式征询语：适用于主动向客人提供帮助的时候，如"您需要帮助吗""我能帮您做点什么？"等。其优点是节约时间，直截了当；缺点是如把握不好时机，则会使人感到有些唐突、生硬。

封闭式征询语：适用于向客人征求意见或建议，往往只给对方一个选择方案，以供对方及时决定是否采纳，如"您觉得这种形式可以吗？""您要不先试试？""您觉得这道菜的口味怎么样？""您不介意我来帮帮您吧？"等。

开放式征询语：提出多种方案以供对方选择，显示尊重和体贴，如"您是喜欢浅色还是深色？""您是想住单人间还是双人间？""您觉得哪一种好，是这边的，还是那边的？""您打算预订豪华包间、雅间还是散座？"等。

6. 恭敬的应答语

旅游从业人员在使用征询语时应把握分寸，兼顾客人的态度变化，切勿滥用，否则会令人产生被强迫服务、强买强卖的感觉。

应答语是旅游从业人员在回应客人召唤回复客人提问时的礼貌用语。应答语是否规范，直接反映服务态度、服务技巧和服务质量的优劣。旅游公关工作中使用应答语的基本要求是随听随答、有问必答、灵活应变、热情周到、尽力相助、不失恭敬。

用来答复客人的请求，如"是的""好的""随时为您服务""好，明白了""请您跟我来""这边请"等。

客人对被提供的服务表示满意，或是直接对旅游从业人员进行口头表扬、感谢时使用，如"这是我的荣幸""您客气了""谢谢，您过奖了""不用谢，我乐意为您服务""不用谢，这是我应该做的"等。

在客人向自己致歉时，应及时予以接受，并表示必要的谅解，如"没有关系""没关系，这算不了什么"等。

对前来的客人进行接待，在客人开始之前或没听清时使用，如"欢迎光临，我能为您做什么？""您好，我能为您做什么""很对不起，我没听清，请您再说一遍好吗？"等。

在不能立即满足或无法满足宾客需求，拒绝客人无理或过分的要求时使用，如"对不起，请您稍候""对不起，让您久等了""很抱歉，我无法满足您的这个要求""对不

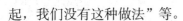

起，我们没有这种做法"等。

在需要客人合作时使用，如"有劳您费心了""能请您……吗？""请您不要这样做……""拜托您……"等。

三、礼貌用语旅游行业规范

1. 饭店业常用礼貌用语

（1）对初次见面的入住客人应该说"欢迎您下榻我们的饭店!""欢迎您光临"等。

（2）在引路时应面带微笑，一边以手势指路，一边配以礼貌用语"请走好!""请这边来!""请往这儿走!"等。

（3）将客人安排好后，临走前应说"祝您住店愉快!""您有什么需要我帮助的，请尽管告诉我"等。

（4）饭店员工不得在工作区与客人并排而行，更不得从后面超到客人前面。如有急事，应首先同客人打声招呼，道一声"对不起!"或"对不起，打扰您了!"

2. 旅游业常用礼貌用语

（1）对前来咨询的客人应说"您好，请问您需要了解哪条线路？""请问，您喜欢哪种类型的旅游?是风光游，还是……"等。

（2）对刚接到的客人应说"您一路辛苦""您好，辛苦了""欢迎光临!"等。

（3）在游览观光中提醒客人注意有关问题时应说"请小心""请注意安全!"等。

（4）送别客人时应说"祝您旅途愉快!""祝大家一路平安!""欢迎您再来!"等。

3. 旅游交通常用礼貌用语

（1）对旅客乘坐本交通工具表示感谢时应说"欢迎乘坐本次列车（本次航班、本次客轮）！"等。

（2）旅途中提醒旅客注意有关问题时应说"请大家照顾好自己的行李物品!""请大家注意随行儿童的安全!""请大家不要把头和胳膊伸出窗外!"等。

（3）因道路不好或水上航行因风引起颠簸向旅客致歉时说"对不起，让大家受苦了!"等。

（4）对下车（或其他交通工具）旅客主动说"请慢走!""欢迎您再次乘坐本次列车（本次航班、本班客轮）"等。

四、礼貌用语的技巧

1. 言谈技巧

以语言的"美"吸引人，以语言的"礼"说服人。掌握以下言谈技巧，在服务中有可能达到较为理想的效果。

（1）有效聆听，适当呼应。聆听需要思维的参与，需要通过表情、肢体动作和语言回应来向对方传递一种关注、重视的信息。有效聆听的关键是要让对方知道你对其谈话内容的关注，在聆听过程中要适当呼应。

（2）善于提问，巧妙插话。有效提问可以打破僵局、营造和谐关系、创造友好环境，可以帮助旅游从业人员发现和收集客人的需求与期望，提供有效服务。

（3）委婉拒绝，温和缓解。拒绝是语言表达的一种逆势，将对方的想法和行动否定，触及他人的自尊心理，容易招致抱怨和不满。因此在旅游公关工作中，"不"，的表达更需要技巧，以便将客人的失望和不满限制在最小范围内。

（4）幽默表达，从容行事。幽默是一种特殊的情绪表现，是人们面临困境时减轻精神和心理压力的方法之一。幽默是建立在丰富的知识的基础上的，拥有广博的知识，才能做到谈资丰富、妙言成趣，从而作出恰当的比喻。幽默是一种宽容精神的体现，善于体谅他人，学会宽容大度、乐观地看世界，就会给生活增添一些趣味和轻松，使人与人的交往多一些善意和笑容。

2. 言语禁忌

语言禁忌是指旅游公关人员应尽力避免使用的言语。

（1）俚语。俚语是指那些粗俗的、通行范围极窄的方言，它们的使用太过随便，不宜用于旅游公关工作。

（2）不尊重客人的蔑视语。对客人缺乏尊重之意，如面对残疾人或肥胖者时，随意谈论对方生理缺陷，有诸如"傻子""呆子""瞎子""聋子""麻子""瘸子""胖子"之类不敬称呼；面对老年人时，有"老家伙""老东西""老废物"等不敬称呼。

（3）自以为是的低俗语。沟通交流时，忌用匪气十足的用语，如以"老大""兄弟"称呼，谈论低级趣味话题。

（4）缺乏耐心的烦躁语。缺乏足够的耐心与热情，对客人的询问表现冷漠，以"着什么急""你问我，我问谁"之类的言语打发客人。

（5）刁难客人的斗气语。以鄙视的语气回应客人，如"你买得起吗""弄坏了你赔得起吗"等。

（6）莫问个人隐私。在言谈上要注意莫问个人隐私。所谓个人隐私，指某一个人对于个人尊严或者其他方面的特殊考虑而不愿意对外公开、不希望外人了解的私人事宜或个人秘密。因此，在旅游公关工作中要注意：莫问年龄大小、莫问收入支出、莫问健康状况、莫问家庭状况、莫问政见信仰、莫问个人经历、莫问生活习惯、莫问所忙何事。

第二节　旅游公关人员的交际技巧

一、公关交际原则与法则

人际交往活动是组织开展公共关系的基础，是公共关系极其重要的一项日常工作。公关交际是围绕目标与公众进行思想、态度、情感、价值观、行为意向交流，运用人际沟通技巧实现信息传递的过程。在公关交际过程中，需要遵循相关原则与法则。

（一）公关交际原则

1. 平等原则

平等，是人与人之间建立情感的基础，也是人际交往的一项基本原则。每个人都希望得到别人的平等对待，获得友爱、受人尊敬。在与人交往过程中采取平等、尊重的姿态，才能形成人与人之间的心理相容，产生愉悦、满足的心境，出现和谐的人际交往关系。

2. 宽容原则

世界上没有两片完全相同的叶子，更没有两个完全相同的人。每个人的思想观念、脾气性格、认识问题的角度都可能不一样。"严于律己，宽以待人"，应允许他人有不同想法。宽容原则要求换位思考，设身处地为他人着想，理解他人的心情，容忍他人的缺点与不足，尊重他人的兴趣和行为习惯，肯定他人的立场、观点。

3. 互惠互利原则

公关交际应考虑双方的共同价值和共同利益，满足共同需要，互惠互利、相互补偿、相互满足。遵循互惠互利原则应注意明确互惠互利是以不损害第三方的利益为前提的，任何以损害第三方的利益来达到互惠互利目的的行为都是不被允许的；注意精神的互惠互利，考虑他人在精神上的、心理上的需要，关心他人，爱护他人，从而使交往双方得到心理上的满足，这是必不可缺少的互惠互利；注意经济上的互惠互利，驱使人们去交际的动力既有情感因素，也有明显的利益要求。

4. 诚实守信原则

公关交际的诚实原则表现在为人处世言行一致、表里一致，任何时候、对任何人都是尊重事实、心口如一。守信原则表现在交往中讲信用，说到做到，言必信，行必果。守信原则是处理人际关系的重要准则，无论在公务交往、社会交往，还是礼节性的交往中，都要对人讲信用。由于种种原因，交际双方有时会产生误会，如果双方都以诚相待、讲信用，再大的误会也是可以消除的。

（二）公关交际法则

1. 白金法则

1987年，美国学者亚历山大德拉博士和奥康纳博士提出"白金法则"，在人际交往中要取得成功，就一定要做到交往对象需要什么，我们就要在合法的条件下满足对方什么。在国际社会，尤其是在旅游行业里，白金法则早已被普遍视为交际通则和"服务基本定律"。

白金法则的要点：在交际过程中必须自觉地知法、懂法、守法，行为必须合法；交际的成功有赖于凡事以对方为中心。具体而论，白金法则对交际活动有两方面启示：

（1）摆正位置。旅游从业人员为客人提供服务，应强调在交际过程中互动，坚持以客人为中心，能够进行换位思考，令自己站在对方的位置来观察思考问题，从而真正全面而深入地了解对方的所思所想、所作所为，以求更好地与之进行互动。旅游从业人员要主动热情地接待对方，并善于观察对方、了解对方、体谅对方，才能为客人提供令其满意的服务。

（2）端正态度。旅游从业人员要想真正地摆正自己与交往对象之间的位置，首先应端正自己的态度。心态决定一切，要做到善待自己，善待他人，和而不同。善待自己是指在工作与生活中应具有健康的心态，要尊重自己、爱护自己。善待他人是指接受他人，不要主动站在客人的对立面，不要有意无意地挑剔对方、难为对方、排斥对方，而是要容纳对方、善待对方。善待自己与善待他人实际上互为因果，往往缺一不可。和而不同是指尊重多样性，真正承认了这一点，就容易理解他人、尊重他人，承认相互依存。从本质上看，旅游从业人员与客人是相互依存的。

2. 黄金法则

对客服务的黄金法则要求旅游从业人员想要客人怎样对待自己，就要怎样去对待客人，"己所不欲，勿施于人"。美国著名作家、学者爱默生在《报酬》中写道："每一个人会因他的付出而获得相对的报酬。在生活当中，每一件事，都存在着相等与相对的力量。"

对客服务的十条黄金法则：

（1）干净、整洁；

（2）给予客人直接关注；

（3）显示自豪感；

（4）微笑、热情地招呼客人；

（5）积极聆听；

（6）保持目光接触；

（7）称呼客人姓氏；

（8）保护客人的隐私；

（9）永远为客人多做一点；

（10）重视客人的询问，或尽可能向其提供帮助。

二、公关交际四要素

交际的核心部分是合作与沟通，在旅游接待工作中，与客人进行有效合作和沟通，是旅游从业人员必须掌握的核心技能。

1. 沟通合作

沟通是人与人之间传递情感、态度、事实、信念和想法的过程，以友善的姿态进行沟通是沟通的基础，也是合作的基本保证。要用温暖、尊重、了解的方式去沟通，以对方的立场和观点去设想，用听众的心灵去倾听对方的想法与感受。交际是人与人之间的一种互动，良好的交际能力是积极向上的。

2. 察言观色

善于了解对方、懂得察言观色是取得交际成功的前提。所谓察言观色，就是要认真细致地观察对方的言谈、举止、神情等，由此洞悉其心理活动。洞察别人的心理状态是交际能力的重要一环，既要提高对自己及别人的需要、思想、感受的洞察力，又要细心观察不同的情境和人物，分辨其中不同之处并加以理解分析，以加强对千变万化的社交环境的掌握。

3. 理解宽容

理解像是春风，能化干戈为玉帛。理解是交际活动的桥梁，表现为设身处地的为他人着想、善解人意。宽容是人格的魅力，表现为豁达大度、有很强的容纳意识和自控能力、谅解他人的过失。宽容的人大多善良而真诚，人们乐意向他们献出一颗爱和理解的心。宽容是建立良好交际的润滑剂。

4. 真诚谦虚

真诚是为人之本，真诚的交往是心灵的沟通，只有真诚才能赢得真诚的拥戴和回报。真诚是社交的纽带，只有真诚才能收获信赖，长久维系人与人之间的关系。没有真诚的社交是没有生命力的。在交往的过程中，打动人的是真诚。以诚交友、以诚办事，才能换来与别人的合作和沟通，才会被尊重、受欢迎。真诚是人类最珍贵的感情之一，是交际的金字招牌。

交际活动中，真诚比技巧更高尚，更重要。除了真诚，还需要谦虚，一个真正有教养的人从来都是一个真诚而谦虚的人。谦虚被视为一种美德，谦让、虚心、尊重别人、不自以为是；谦虚是一种学问，领悟了它就获得了一种交际能力和魅力，能够赢得别人的欢心和支持。

三、交际过程的关键技巧

1. 3A原则

美国学者布吉林教授等人提出了"3A原则"：在交际活动中要成为受欢迎的人，就必须善于向交往对象表达自己的善良、尊重、友善之意，只有恰到好处地表达对交往对象的善意才能够被交往对象容忍和接受，其中最关键的是以实际行动去接受对方、重视对方、赞美对方。

（1）接受——Accept。容纳对方，不排斥对方。任何人都没有力量改变另一个人，但如果你乐于按照一个人的本来面目去欢迎他，你就给了他一种改变他自己的力量。接受对方包括接受交往对象、接受交往对象的习俗、接受交往对象的交际礼仪。在交际活动中，要成为受欢迎的人，一定要宽以待人，不要求全责备，不要刁难对方、排斥对方、冷落对方、打断对方，尤其注意不能拿自己的经验去勉强别人，应当积极、热情、主动地接近对方，淡化彼此之间的戒备、抵触和对立的情绪，恰到好处地向对方表示亲近、友好之意。

（2）重视——Appreciate。欣赏对方，重视对方。要让对方感觉自己受到重视，而不是被冷落。重视对方，要重视对方的优点，而不要重视对方的缺点。对旅游从业人员来说，重视服务对象的具体方法包括牢记服务对象的姓名、善用服务对象的尊称、倾听服务对象的要求。

（3）赞美——Admire。赞美对方，卓然不凡。人类行为学家约翰-杜威认为："人类本质里最深远的驱策力就是希望具有重要性，希望被赞美。"赞美是一种理想的黏合剂，也被称为公关润滑剂。赞美别人是社交活动中一种重要的礼仪，它表现赞美者的坦荡胸怀和积极的生活态度，善于发现对方所长，及时、恰当地表示欣赏、肯定、称赞与钦佩。真诚的赞美能鼓励自己，鞭策别人，激发潜能，获得良好的人际关系。赞美出自真诚，源自真心；知己知彼，投其所好；从小事做起，无微不至。

2. 关键技巧

（1）积极的心理状态。交际是心理接触和心理活动的过程，积极心态是一种对任何人、任何情况或环境所持的具有建设性的思想、行为或反应，是面对挑战应具备的良好进取心态。交际者具备积极的心理状态是交际成功的重要条件，好的心态可以带来好的行为，好的行为可以带来好的结果。

（2）善于求同存异。人际关系首先讲究求同，即在目标、方向、整体利益等方面求得一致，以作为人际交往的基础。如果不能求得一致，那就失去了人际交往和维系关系的基础。所谓存异，是指在原则一致的基础上可以允许交往双方各自保留"分歧点"，如方法上的差别等。

（3）适当赞美对方。赞美是对他人表示钦佩和羡慕，真诚的赞美使接受者心情愉快，同时也可使赞美者乐观向上。赞美别人必须发自内心并符合实际，真诚坦白、措辞恰当、恰如其分。

（4）投其所好。情感引导行动。在交际过程中要富于洞察力，善于发现对方的亮点，寻找对方的兴趣点，抓住最佳切入点，投其所好，从而使彼此在交际过程中产生更深厚的情感。

（5）魅力展示。交际魅力包括谈吐、仪表、气质、风度、才华、学识、品德、性格等内涵。富有魅力的人会微笑和记住别人的名字，能在精神方面影响周边的人积极进取，在交际时通常整个身体都参与表达。

1）丰富多彩的语言表达。富有魅力的人在适当的场合往往能借助不落俗套、丰富多彩、令人难忘的表达方式，增加语言的说服力，从而增加魅力。

2）敏锐的洞察力。富有魅力的人能正确地估计形势，看透人的心思，具有敏锐的洞察力，捕捉发展趋势、诠释事件，帮助他人更为清楚地了解情况，对他人产生强烈的吸引力。

3）表达积极的思想。富有魅力的人知道在适当的时候表达积极的思想，善于用积极的语言表达消极信息。

（6）善于使用身体语言技巧。

1）得体的着装和外表。着装简朴、清淡而自然，避免杂乱。

2）优雅的举止。优雅与个人魅力是密切相关的，如聆听时身体前倾，感谢时稍作鞠躬，肯定时点头微笑，欢迎时有力地握手等都会给人留下有魅力的印象。

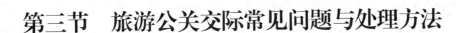

第三节　旅游公关交际常见问题与处理方法

一、旅游公关交际常见问题的原因

1. 旅游从业人员忽视礼仪或礼仪不到位

（1）不了解游客习俗。在旅游接待过程中，要了解并尊重客人的风俗习惯，这样既对他们表示了尊重，又不失礼节，否则就可能导致客人抱怨与不满的发生。

（2）不注重礼貌用语。旅游从业人员在提高业务技能的同时，更不能忽略礼貌用语使用的准确与到位，这也是公关交际礼仪的基本要求。

（3）不遵循礼仪规范。旅游从业人员在旅游接待过程中，如果忽略了礼仪规范或没有意识到礼仪规范的重要性，会使得客人在体验旅游产品的过程中得不到愉悦、开心、满意的享受。

（4）不讲究服务个性化。旅游从业人员接待的客人形形色色，并不是在对客服务中使用了礼貌用语、注重了礼仪的基本规范，就可以让客人满意，避免抱怨与不满的产生。交际活动中的接待礼仪不是一成不变的机械式服务，必须考虑到客人的个性需求，因地、因时、因人而异地提供礼仪服务。只有建立在客人需求基础上的礼仪服务，才有可能赢得客人的认同。

2. 客人主观需求难以满足

客人作为旅游服务的消费者，是来寻求享受的人，是具有优越感的人，是情绪化的"自由人"。因此，清晰认识客人十分重要。只有充分了解客人的角色特征，掌握客人的心理特点，提供有针对性的服务，才能打动客人的心，赢得客人的认可。

（1）求全心理。每种旅游产品都是多项服务的组合，其中任何一项出现让客人不满的问题，损害的不仅是此项服务的声誉，而且会影响整个旅游产品的声誉。对客人来说，服务质量只有好、坏之分，而不存在较好、较差的比较等级，好就是全部，不好就是零。

（2）求尊重心理。尊重客人是基本的礼仪原则，也是客人的基本心理需求。旅游从业人员要善于分析客人心理以及其所能接受的方式或解决方法，让客人可以显示其优越感和突出地位，进而变得大度，以缓解矛盾，化解危机。

（3）求平衡心理。在旅游接待过程中，应时刻关注客人消费时求平衡的心理状态。客人消费心理随时会受到社会环境及个人情绪的影响，心随境转。如果把个人的负面情绪带到旅游消费活动中，就必然会影响到整个消费过程。

二、旅游公关交际常见问题应对策略

（1）善解人意，关注客人需求。"善解人意"，所谓"人意"，即人的心理。心理状况是非常微妙复杂的，有的能明显表现出来，有的则是深藏着的潜意识；有的能真实地表达，有的则真真假假，或羞于表达。对此，需要我们给予充分的"善解"。

善解客人心理，设法满足客人需求。在旅游接待工作中，应注意观察、用心了解、换位思考，通过细致入微的服务，满足客人心理上的需要，让客人产生良好的心理感受。如客人在饭店入住时，在房间温馨提示牌上写下"欢迎光临!别忘了给亲人打个电话，请拨××号……"。

（2）妙语连珠，注重语言技巧。在旅游接待工作中，面对客人的抱怨与不满，巧妙地运用语言技巧是解决问题的重要手段。

1）巧用幽默。幽默可以化沉闷为笑声、化干戈为玉帛。旅游从业人员与客人初次接触，需主动与人交谈，巧用幽默能融洽关系，给人以信赖感和亲近感。运用幽默语言应注意三点：把握时机、夸张模仿、优雅敏捷。当然，使用幽默也有禁忌：勿取笑他人，忌不合时宜的幽默，不要重复、预先交底或自己先笑，禁止黄色、黑色的幽默。

2）用语灵活。在旅游接待过程中，面对各种各样的情况、形形色色的问题，旅游从业人员应对时要遵循灵活的原则，讲究技巧。所谓灵活，就是要根据具体场合、具体对象以及个人的实际情况，灵活采用应对方式。

课堂讨论

自己设定一种场景，讨论在该场景中，都需要注意到哪些交际礼仪，假设遇到一种问题，应当如何处理。

技能操作

1．实地观察本地一家五星级饭店，观察饭店工作人员在接待客人服务过程中会使用哪些礼貌用语，并结合课程内容进行分类。

2．课堂上请一位同学用一张纸把眼睛以下部位遮住，通过目光来表达老师给定的情绪词汇，让其他同学猜测该同学表达的是什么情绪。

课后习题

一、名词解释

公关交际四要素　公关交际法则　礼貌用语技巧

二、简答题

1．公关交际的四要素分别是什么？

2．旅游公关人员在语言交际中有哪些技巧？又有哪些禁忌？

3．公关交际的原则是什么？

4．简述旅游公关人员应当具备的心理素质。

5．简述旅游公关职业道德的基本内容。

第十二章　旅游CIS和TDIS

本章导读

　旅游企业在公众心目中树立并传播怎样的一种形象，它到底是怎样的一个组织，这种形象将成为吸引人们前来购买产品或服务的动力源泉，并成为今后旅游企业的发展定位。旅游公共关系形象策略，是企业建立良好的品牌形象，创造品牌竞争优势的经营战略。旅游企业的文化特征、经营内容、产品特点乃至企业精神，必须通过整体的视觉系统，尤其是具有强烈冲击力的视觉符号来传达。将具体可见的视觉形象与内蕴的抽象概念融为一体，可以传达企业的情报信息，达成与公众的有效沟通，促进产品的销售，提升品牌知名度，创造品牌的形象价值。

学习目标

　了解旅游CIS、TDIS的起源和发展状况、内涵和作用。
　掌握旅游CIS的构成。
　掌握旅游CIS的导入程序。
　掌握旅游企业CIS设计与TDIS设计的基本内容和步骤。

章前案例

麦当劳导入CIS的成功实践

　　从1937年麦克和迪克兄弟俩创立麦当劳餐厅到1961年克罗克取得所有权创建麦当劳公司，麦当劳的事业如火如荼，在全球建起了汉堡王国。麦当劳的成功源自决策者克罗克为适应顾客需求而导入CIS战略的成功。

　　一、鲜明的"Q、S、C、V"，企业理念

　　品质（Quality）。麦当劳的管理严格，品质高。例如，牛肉原料必须挑选精瘦肉，脂肪含量低于19%，绞碎后一律按规定做成直径为98.5毫米、厚为5.65毫米、重43.72克的肉饼。在50秒钟内制出一份牛肉饼、一份炸薯条及一杯饮料，汉堡包出炉后10分钟及炸薯条7分钟内若卖不出去就必须舍弃。

服务（Service）。麦当劳的服务质量高，主要表现在建筑及设施的舒适和美感上。营业时间的设定、服务态度、服务方式等皆从顾客角度考虑。例如，麦当劳的"微笑"服务以及所设置的适合小孩的洗手盆、对单一客人的位置等。

洁净（Cleanness）。麦当劳的员工行为规范中规定："与其背靠墙休息，不如起身打扫。"因此，麦当劳的店堂里处处给人留下清洁、清爽的良好印象。

价值（Value）。麦当劳始终强调"提供更有价值的高品质物品给顾客"的理念。

二、严格统一的"Q&T Manual、SOC、Pocket Guide、MDP"，行为规范

为了让"Q、S、C、V"企业理念能在连锁店中贯彻执行，麦当劳把每项工作都标准化、规范化，即小到洗手有程序，大到管理有手册。

麦当劳营运训练手册（Q&T Manual）是随着麦当劳连锁店的发展，在克罗克的快餐连锁店，只有标准统一且持之以恒地坚持标准才能成功的理念下编写的，它详尽叙述了麦当劳的方针政策及餐厅的各项程序、步骤和方法。40多年来，麦当劳公司不断丰富和完善营运手册，使它成为指导麦当劳公司运作的"圣经"。

岗位工作检查表（Station Observation Check list，SOC）详尽说明在工作站，应先准备和检查的项目、操作规程、岗位职责、岗位注意事项等。麦当劳有20多个工作站，每个工作站皆有一套。员工进入麦当劳后将按操作规程逐步实习，表现突出者晋升为训练员，训练员负责训练新员工，训练表现好者晋升到管理组。

袖珍品质参考手册详尽说明各种半成品接货温度、贮存温度、保鲜期、成品制作时间、原料配比、保存期等与产品品质有关的数据。麦当劳公司管理售货员每人分发一本手册。

管理发展手册（MDP）是麦当劳公司专为餐厅经理设计的。由于麦当劳公司主要是依靠餐厅经理和员工把企业的经营理念"Q、S、C、V"传递给顾客的，因此，公司对餐厅经理和员工的培训极为重视，MDP一共4本，采用单元式结构，循序渐进。MDP介绍各种麦当劳管理方法，布置大量作业，让学员阅读营运训练手册和实践。

另外，麦当劳甚至研究出：厚度17毫米、气泡为0.5毫米的面包入口味道最好，在4℃时的可口可乐味道最美。所以，科学的态度，严格统一的行为规范是麦当劳的成功之道。

三、独特的金黄双拱门"M"，视觉识别标志

麦当劳用独特的"M"作为标志，标准色为黄色，以稍暗的红色为辅助色，弧形设计的"M"字非常柔和，与店名（McDonald's）和店铺大门形象搭配，十分耀眼醒目。它象征着欢乐和美味，象征着"Q、S、C、V"理念，像磁铁一样吸引顾客不断走进这座欢乐之门。另外，麦当劳大叔的标志象征祥和友善，象征着麦当劳永远是顾客的朋友。宣传标准语也十分独特："世界通用语言，麦当劳"，暗示了其生意领域广、深受顾客欢迎及统一的服务标准和服务态度。

麦当劳CIS战略的成功给你带来了什么公共关系启示？

案例分析

　　风靡世界的麦当劳快餐店之所以能够取得巨大的成功，本案例通过其CIS战略的一个侧面揭示了其中的奥秘。标准化、特色定位则体现在这一战略经营理念的始终。它和企业从外在实体、形象风格到内在精神都有十分具体的联系和运用。反观我们国内旅游行业、餐饮行业，很少有和麦当劳、肯德基相抗衡的成功的跨国连锁快餐经营集团。运用我们所学的知识，多多观察、多多思考，找出我们和国外竞争者的差距和不足，是我们在加入世贸组织后、融入国际竞争潮流的今天首先应该注意的问题。

第一节　旅游CIS简介

一、CIS的含义

　　CIS简称CI，是英文"Corporate Identity System"的缩写，通常译为"企业识别系统"。由于"Identity"具有"身份、个性、识别、同一化、证明"等多种意义，所以也有人译为"企业形象设计系统""企业形象战略"。

　　CI战略的定义众说纷纭，我们采取其中的一种来解释CI。CI战略是一种新型的经营管理技法和企业信息传播战略；其目的在于全面整理、革新、提升企业形象；它是将企业理念与文化，运用统一的传达识别系统，传达给企业的内外公众，并使其对企业产生一致的认同感和价值观。

　　旅游组织的CI战略就是为了塑造良好的组织形象，通过统一的视觉设计，运用整体传达沟通体系，将组织的经营理念、文化活动传递出去，以突出组织的个性和精神，与社会公众建立双向沟通关系，从而使社会公众产生认同感和共同价值观的一种战略性活动。

二、CIS的起源与发展

　　作为经济活动的经营管理方法和手段，CI最早运用于德国AEG电器公司，该公司的商标在系列性的电器产品上展示统一性视觉形象，可算作CI的雏形。

　　比较系统、全面应用CI战略的当数美国国际商用机器公司IBM。1956年，美国国际商用机器公司把产品识别标志和企业识别标志统一起来，建立了以企业识别标志IBM为中心的企业识别系统。它形象地传播和展示了企业发展战略和企业行为规范，为IBM公司成为全世界最大的计算机生产经营企业起了巨大的促进作用，也为该公司赢得了信誉和巨大财富。至此，以IBM企业形象设计为标志，世界进入了"CIS时代"。

　　IBM公司的成功实例，激发了许多美国的先进企业纷纷仿效，导入CIS。初期导入

CIS的企业有美孚石油公司、西屋电气公司、艾克逊公司等。1970年，被誉为"美国国民共有财产"的可口可乐，以视觉强烈的红色与充满波动条纹所构成的"COCACOLA"标志，在全球消费者心中成功地塑造了老少皆宜、风行世界的品牌形象，并促进了CIS在美国的发展及世界各地的普及。继美国之后，英国、法国、意大利等西欧国家的企业也纷纷采用识别系统。从20世纪60年代至今，可以说是欧美CIS全盛时期，其间产生了诸多有名的案例。

日本是亚洲国家引入CIS较早且有成效的国家。日本首先开发CIS的企业是东洋工业公司，它重新设计企业名称和标志，以蔚蓝色为标准色，将企业理念"创造的进取性、高度的品质感、丰富的人间性"转化为具体可见的视觉形象，塑造了全新的企业形象，很快产生了名牌效应。全公司迅速跃入全球500家最大工业公司行列，并且从第67位跃居57位，在日本产生了巨大的影响，成为成功建立企业识别系统的典范。在20世纪八九十年代，CIS成为日本企业改善体制，增强国际竞争能力强有力的武器。

欧美企业的识别系统，往往侧重于企业的视觉形象，把标准字、标准色及商标作为CIS核心。而日本企业的识别系统更注重与本国民族文化相结合，侧重于企业文化的设计，形成了所谓的"东方模式企业识别系统"，这从进入中国市场的丰田、三菱、日立、松下、东芝等日本企业形象上已得到充分的体现。

随后，CIS又在中国台湾、韩国等地盛行，并于20世纪80年代中后期从广东"登陆"进入中国大陆。1988年太阳神集团有限公司率先导入CIS新思路，先是在包装上与商标创意上巧妙地以带有东方神秘色彩的设计迎合中国人特有的本土情怀：典雅华贵、雍容堂皇、黑色三角形顶起红色圆形把天长地久的爱传送到消费者的内心深处。继而借助新闻传媒，从电视、广播、报纸到各类赛事，"太阳神"无处不在，无论男女老少都知道"当太阳升起的时候"的营销口号，几年之内，其产值激增至十几亿元。这种神话般的速度，也第一次让中国领悟了CIS的奇效。进入20世纪90年代，顺德的广东神州集团、广州浪奇实业股份有限公司、中山百德燃气具有限公司等企业先后引入CIS，创出品牌，获得了成功。

广东的成功范例很自然地激发起了中国企业界导入CIS战略的热情，再加上理论界的推波助澜，许多组织都纷纷导入CIS，进行自我完善，使企业更新了形象。目前中国导入CIS的企业已有1 000多家。

但是，从总体来看，我国旅游业真正全面导入企业比重并不大，较多的只是局部导入。不过，注重应用CIS战略来塑造企业形象的观念已被越来越多的旅游企业所接受，旅游业导入CIS，实施形象战略将成为必然。

三、CIS的构成

具体而言，CIS这一种旨在塑造企业新形象，创造良好营运环境的多媒体的综合性传播系统，是由企业理念识别（Mind Identity，MI）、行为识别（Behavior Identity，BI）和视觉识别（Visual

知识链接

世界知名大企业文化标语信念理念

Identity，VI）三个系统组成。

1. 企业理念识别系统

企业理念是特指个性化的企业经营活动的思想或观念，MI是CIS战略运作的原动力和实施的基础。其作用如同灵魂之于躯体，虽然看不见，摸不着，却足以影响企业的兴衰成败。企业的生存，其实就是一种理念的维系。就企业内部而言，一群素不相识的员工集合在一起，必须有一个共同的追求。因此，杰出的企业除实质性的目标追求外，一定要构建实现实质目标的理念，使组织成员认同这一理念，心悦诚服地接受这种处事方式和行为准则。另外，从市场竞争的角度看，企业的竞争力将主要表现在信息传达量和企业理念识别中所体现的人格力量和文化力量上。所以，完整的企业识别系统的建立，首先有赖于企业经营理念的确立。

企业理念系统主要包括四项基本内容：企业使命、经营理念、企业精神、行为准则。企业使命是指企业依据什么样的使命开展各种经营活动，它包括经济效益和社会责任。经营理念是指企业依据什么思想观念来经营，它实质上也反映了企业经营者及员工的思想水平、整体素质以及价值观念。企业精神是企业长期以来文化的积淀和现实主体意识的体现。这种意识包括共同的理想追求、价值准则、思想作风、道德情操、工作态度等。这种意识一旦为全体员工所接受，企业就有了向心力和凝聚力。行为准则是指企业内部员工应该以什么准则行动，它体现了企业对员工的要求。行为准则不同于岗位准则，它是企业上至总裁、下至员工，任何一个人，任何一个岗位都必须遵守的行为理念。大凡成就斐然的企业，往往有着明确的、积极的深入人心的企业理念。

 **知识链接**　　部分公司的企业理念

> 日本松下电器公司："工业报国、光明正大、团结一致、奋斗向上、礼貌谦让、适应形势、感恩戴德。"
>
> 希尔顿饭店："始终站在时代的最前端。"
>
> 波音公司："以服务顾客为经营目标。"
>
> 四通公司："吸引第一流人才，凝聚第一流人才，让第一流人才有超水平的发挥。"
>
> 海尔集团："海尔是水，真诚到永远。"
>
> 西门子公司："知其道，明其妙。"
>
> 正是通过这些企业理念，对内强化企业的凝聚力、向心力，对外传播企业文化和精神，树立个性化的企业形象，最终给企业带来更良好的经营效果。

2. 行为识别系统

行为识别指在企业理念指导下逐渐培育起来的企业全体员工自觉的工作方式和行为方法。它是企业理念的动态识别形式，也有人称之为活动识别。

CIS的实施必须要通过一系列具体的行为方式和有目的的活动才能体现出来。所以，BI

是企业理念的具体化，是企业理念的表现或反映。当企业的理念确定之后，就要通过一切渠道或方式把信息传递出去，行为识别就正是传递信息的渠道之一。

行为识别系统主要包括对内行为识别和对外行为识别。对内识别系统有组织管理、教育培训、礼仪规范、研究开发、生产动作、福利制度、服务态度、人才招聘等；对外识别系统有市场调查、公关活动、营销策略、沟通对策等。对内行为识别是对外行为识别的基础，对外行为识别是对内行为识别的延伸。

3. 视觉识别系统

视觉识别是指纯属视觉信息传递的各种形式的统一。它是企业理念的静态识别形式，是CIS中系列项目最多、层面最广、效果最直接地向社会传递信息的部分。它将企业理念系统的内容用视觉形式更具体地加以外化，更准确、更快捷、更凝练地传达出来，使社会公众一目了然地掌握企业的信息，产生认同感，从而达到识别的目的。

视觉识别系统包括基础要素和应用要素两大类。基础要素：企业名称（包括品牌名称）、企业标志（包括产品商标）、企业品牌专用字体（中英文）、企业全名标准字体（中英文）、企业标准色等；应用要素：办公事务及接待用品、产品包装、广告传播、建筑环境、运输系统、服装制式、展示布置等。应用要素是基础要素各部分在不同的生产、经营、管理等领域中的统一应用。

据调查统计，一个人在接受外界信息时，视觉接受的信息占全部信息的83%，所以在塑造企业形象的过程中，视觉识别占有十分重要的地位。

从章首案例中可知，麦当劳的VI，最优秀的是黄色标准和"M"字形的企业标志。金黄色的双拱门，象征着欢乐和美味，象征着麦当劳像磁石一样把顾客吸进这座欢乐友好之门。再加上一个滑稽可爱的吉祥物麦当劳叔叔，使人们无论走到哪里，见此标志就知此处有麦当劳分店。

总之，CIS的三个系统是有机的整体。MI作为最高层次的思想和战略系统，是CIS的基础和灵魂；BI作为动态识别系统，是企业的运作模式，是CIS的保证和具体行动；VI是静止的识别符号和外在表现，与BI一起，体现着企业的经营理念。三者相互渗透，共同构成CIS的完整内涵。

四、旅游CIS的特点

旅游CIS通过对MI、BI和VI的协调，对内可以强化旅游组织特别是旅游企业的向心力和凝聚力，增强旅游组织特别是旅游企业的适应能力；对外可使社会大众更明晰地认知该旅游组织，建立起鲜明统一的组织形象，并为组织的未来发展创造整体竞争优势。旅游CIS的主要特点如下。

1. 系统性

完整而有效的CIS应该是旅游组织理念、文化、管理、目标、宗旨、发展战略、社会责任等组织深层次的"灵魂"与组织外在形象的整合。旅游CIS设计的基本内容是形成统一的旅游组织识别系统，使组织形象在各个层面上得到有效的统一。具体地表现在组织的理念行为及视听传达的协调性，产品形象、员工形象与组织整体形象的一致性，组织经营方针与其精神文化的和谐性等方面。强化旅游组织的整体形象，有利于协调旅游组织内部各方面的关系、员工人际关系以及旅游组织与外部公众的公众关系。

2. 差异性

差异性是旅游CIS的最基本特征，旅游CIS战略强调以独特鲜明的个性，远离竞争者。无论在MI、BI还是在VI或其他方面，旅游CIS都要求在符合行业形象特性和产品形象特性，符合公众的正常心态和社会文化要求的前提下，强调自己的个性化特色和差异性。

3. 文化性

旅游是一种文化消费活动，旅游文化与旅游经济是互动的。旅游CIS战略区别于一般经营策略的一个显著标志，就是它强烈的文化色彩，即通过有效地作用于公众的文化心态和文化需要心理，产生出强大的文化冲击力。

4. 美学性

旅游CIS战略特别强调美学方法的引进，尤其重视技术美学（如设计美学、行为美学、商品美学等）和文化美学的应用。在美学方法指导下，旅游CIS战略根据公众的文化思维和审美情趣，力求把产品形象、旅游组织和旅游企业形象的标准化与审美形态的独特化结合起来，形成融真、善、美于一体的品牌美学形象，以此开拓和发展公众市场。

5. 传播性

旅游CIS的所有方面都要可视化、可知化、可感化、可传化，无论是MI、BI还是VI，都能够换成视觉符号和形象符号，直观形象地展示在公众面前。在实际操作中严格按照《CIS手册》的技术参数、标准和样本进行。

6. 操作性

旅游CIS的操作必须有一套渗透宣传企业理念的具体方法，一套可具体执行的行为规范和一套能直观体现理念的视觉传达计划。CIS计划作为旅游组织与旅游企业运行的重要依据，所设计的每一个细节都必须是可具体执行的。旅游组织CIS的导入及实施周期较长，作为塑造组织形象的CIS应随着组织内外环境的变化不断地进行。

总之，CIS战略以其差异性、文化性和美学性等特性，在塑造形象方面，为旅游组织打造了整体竞争优势。

旅游CIS与旅游公共关系的切合点是旅游组织形象，但实现这一目标的模式存在明显的不同。在形象塑造的着眼点上，旅游公共关系往往着眼于形象的某一个方面，各个突破后经过聚合，形成旅游组织的整体形象。CIS战略的策划是先整体形象，然后再按照总规划开展具体的宣传活动，强化旅游组织与旅游企业的整体形象。在心理机制上，旅游公共关系主要依赖于好奇心理和需求心理，强调适应公众的情景性关心点。而旅游CIS战略则强调通过全方位的反复宣传，让公众在深刻领会策划意境的基础上，产生文化性联想和文化性需求，进而认同旅游组织及其产品。

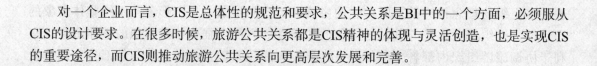

对一个企业而言，CIS是总体性的规范和要求，公共关系是BI中的一个方面，必须服从CIS的设计要求。在很多时候，旅游公共关系都是CIS精神的体现与灵活创造，也是实现CIS的重要途径，而CIS则推动旅游公共关系向更高层次发展和完善。

第二节　旅游TDIS简介

一、TDIS的渊源

TDIS的全称是Tourist Destination Image System，即旅游目的地形象策划系统。20世纪80年代末期，奈达·泰里塞姆·考苏塔（Neda Telisam Kosuta）第一次在其《旅游地形象》的专文中全面总结了该领域的研究成果。他指出，自从亨特（Hunt）提出"任何地方都有或好或差或平淡的，需要加以识别、改造、开发或利用的旅游形象"以来，出现了大量的实证研究，证明旅游者在选择旅游目的地时，主要依据其对旅游目的地的感知形象，这使旅游目的地形象成为区域发展旅游的因素之一。

旅游目的地形象由原生形象（Organic Image）、诱导形象（Induced Image）和复合形象（Compound Image）组成。原生形象是指通过长期的人类社会化过程形成的某地形象。诱导形象是指通过旅游目的地的促销、广告、公关等活动在公众心目中形成的形象。复合形象是指旅游者到目的地实地旅行后，通过自己的经历，结合以往的知识所形成的一个更加综合的目的地形象。原生形象、诱导形象和复合形象不一定完全相符。旅游者对旅游目的地形象的认知，除了来自自身经历外，主要是来自外界信息。既然旅游目的地形象是引起旅游者产生旅游的动机之一，旅游目的地形象研究就可以为发展区域旅游提供直接的行动指南。

旅游目的地形象就是旅游者对旅游目的地的旅游产品和服务的总体评价。旅游活动结束后，旅游者会比较自己所得到的产品和服务与所付出的代价，只有当两者相符或所得大于代价时，旅游者才会感到物有所值，对旅游目的地形成良好印象。而旅游者往往会受诱导形象的影响，在旅游活动开始前已经形成旅游目的地的想象形象，旅游活动结束后将自身经历与想象形象作比较，这个过程是客观环境无法限制的。因此，旅游目的地形象是由各种旅游产品、服务和旅游者个体因素交织而成的整体形象。

二、TDIS的作用

（1）TDIS有利于促进地方旅游的开发和建设。TDIS能使地方旅游决策部门和公众深刻地理解地方性旅游资源特征，使决策者清晰地识别出当地旅游资源的核心部分，把握未来旅游产品开发和市场开拓的方向，同时能使地方公众了解本地旅游开发的潜力和前景，积极参与地方旅游的开发和建设。

（2）TDIS有利于激发旅游者的旅游动机。影响旅游者旅游动机的因素有很多，比如距离、时间、成本等。但是，旅游目的地的知名度、美誉度、认可度或其他特殊因素也发挥着巨大的作用。独特鲜明的旅游目的地形象能引起游客注意，激发游客的出行欲望。

（3）TDIS有利于旅游目的地营销。旅游企业设计和开发产品时，与旅游目的地形象的建立和推广有着不可分割的联系。因此，TDIS可以为旅游企业，尤其是旅行批发商和旅行零售商提供组织及销售方面的支持。

三、TDIS的内涵

旅游目的地形象是旅游者对旅游目的地信息的处理过程及结果，由其主体、客体和本体三部分组成。因此，对TDIS的内涵分析将从主体、客体和本体三个方面进行。

（1）旅游目的地形象的主体分析。没有游客的旅游目的地是没有现实意义的。当把旅游目的地作为认知对象，旅游者便是其最主要的认知主体，包括现实旅游者和潜在旅游者。人是形象的主体，主要是因为只有人才能产生对外界的认知。由于潜在旅游者的数量和空间规模是随着经济发展和社会环境的变化而不断变化的，因此，对于旅游目的地而言，它所面对的潜在旅游者具有理论上和时空上的不确定性。TDIS设计应以这种时空观作为基本的前提。旅游目的地居民对当地环境的感知所形成的地方情感、象征及精神等，不仅影响当地居民对待旅游目的地和旅游者的态度和行为，也影响着旅游者对旅游目的地形象的感知。与旅游目的地融为一体的当地居民是不会将其所居住的地方认知为其旅游目的地的。因此，修正当地居民对其所在地的认知，是改变居民对待旅游目的地和旅游者态度和行为的根本方法。此外，当地居民的游憩需求会促进居民对当地旅游资源和游憩空间产生兴趣，这种兴趣一旦产生，旅游目的地便成了外来旅游者和当地居民共同的认知客体。可见，重视当地居民对所在旅游目的地认知的研究，是了解旅游者对旅游目的地形象感知的有效途径。

除旅游者和当地居民外，旅游目的地形象主体还应包括从事旅游目的地形象设计、建立和传播、推广等活动的人，即规划师和设计师。规划师或设计师利用认知者和被认知者之间的互动过程，在对旅游目的地认知的基础上，通过设计和宣传旅游地形象，影响旅游者对旅游地的认知，达到调整旅游目的地形象认知的目的。规划师和设计师经过专业训练和行业技能培养，能敏锐感知地域客体，构想新的旅游目的地形象，带动旅游目的地形象建设。但是，这一切活动必须基于对旅游者和居民的认知。

（2）旅游目的地形象的客体分析。旅游目的地是旅游目的地形象的客体。在旅游地理学中，旅游目的地是指含有若干共性特征的旅游景点与旅游接待设施组成的地域综合体。旅游目的地必须具有丰富的旅游资源和各种实现旅游者旅游目的必不可少的基础设施（如交通、住宿、餐饮等）。旅游目的地认知的基本核心内容是空间认知，即认知旅游目的地的地理位置、地理景观及地理空间格局；其次，旅游目的地所有丰富复杂的认知信息，包括所有自然的与人文的、静态的与动态的、微观的与宏观的、表面的和隐含的信息，都会成为旅游者的认知对象，其特征影响着旅游者心目中的旅游目的地形象。

旅游目的地的地理空间属性的复杂化会影响旅游者对旅游目的地形象的感知。而旅游目的地形象的感知主体——当地居民、旅游者、规划师和设计师之间又存在互动的认知关系。因此，旅游目的地形象的客体因素可分为：地理景观感知因素（人地感知因素）和社会人文感知因素（人人感知因素）。人地感知泛指人对旅游目的地所有地理景观的感知，感知者与被感知者不存在直接互动关系；而人人感知是人与人之间的感知关系，具有直接的互动感知，并产生深层次的心理感受，而不只是单纯的感官感受。两者在旅游目的地被整合为旅游目的地形象本体。

（3）旅游目的地形象的本体分析。旅游目的地形象是旅游者对获取的旅游目的地信息综合感知的结果。旅游目的地信息分为旅游者接触旅游目的地获得的直接信息和通过其他渠道获得的间接信息。旅游者在旅游目的地亲身经历，直接通过感官刺激所形成的旅游目的地形象称为直接感知形象，即旅游目的地本身展现的一切信息给旅游者造成的印象；而旅游者通过非亲身经历渠道间接获得的有关旅游目的地的文字、图像、视频等资料所形成的想象性的旅游目的地形象被称为间接感知形象。旅游者的直接感知形象是在旅游者游览旅游目的地后形成的。而任何新兴的旅游目的地或任何在发展最初阶段的旅游目的地是没有游客、没有感知主体、没有旅游目的地形象的。但旅游目的地可以通过间接感知渠道传递有关信息，在公众心中形成该旅游目的地的间接形象，影响其对旅游目的地的选择决策，产生潜在的旅游者。从旅游者实际旅游过程来看，旅游者总是先通过间接感知形象选择旅游目的地，然后通过实地旅游获得直接感知形象。只有当其决定一日地重游时，以往的记忆即直接感知形象又成为新的间接感知形象影响决策。所以，旅游者和旅游目的地都是以间接感知形象作为决策和发展的起点的。

四、TDIS策略

1. TDIS策略应遵循的基本原则

（1）优势集中原则。当旅游目的地具有多种优势时，优势一定要集中，聚焦到某一点上凸显，让其他优势围绕它并为它服务，而不能抵消和削弱它。如九寨沟的自然风光十分独特，当地的藏族文化也应围绕这一优势，为它服务。

（2）观念领先原则。观念领先是指思想超前，而不是旅游实态的领先。旅游实态的竞争首先是观念的竞争，即在设计定位时，要有"第一"的思想和创新的观念。深圳市的旅游资源相对缺乏，但其人造景观十分领先，主题公园的建设在国内首屈一指，如"锦绣中华""世界之窗"等，为当地带来了大批的旅游者。

（3）个性专有原则。同一旅游目的地的不同旅游景观不可只有同一个定位点，否则容易失去个性，无法引起旅游者的特别关注，不利于其旅游的发展。应该分别定位，分别设计形象标识。

（4）多重定位原则。多重定位原则是针对旅游目的地主要形象定位下的不同层面旅游景观的形象定位。海南定位为旅游基地，三亚则定位为风光旅游城，文昌定位为文化旅游

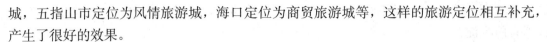

城，五指山市定位为风情旅游城，海口定位为商贸旅游城等，这样的旅游定位相互补充，产生了很好的效果。

（5）时代特色原则。旅游目的地形象的主题口号在表述方面还要反映时代特征，要有时代气息，即要反映旅游市场需求的热点、主流和趋势。大多数旅游目的地将在很长一段时间内面对以本地旅游者和区域性旅游者为主体的客源市场，特别是发展旅游目的地周边旅游、开展大旅游圈等项目，就更需密切关注客源市场旅游者的兴趣。当前，康体休闲、亲近自然、郊野派对、康复养生等都是城镇旅游者追逐的旅游形式，也是建立旅游目的地形象可加以利用的时代特征。

（6）相互借鉴原则。从旅游目的地市场营销的要求来看，旅游目的地形象的主题口号必须首先能够打动旅游者的心，激发旅游者的旅游欲望，要被旅游者永久而深刻地记忆，要能够广泛迅速地传播，即要产生商业广告的宣传效应。因此，旅游目的地形象的主题口号要具备广告词的生动性和影响力。旅游目的地形象的主题口号的创意也要借鉴广告艺术，用浓缩的语言、精辟的字、绝妙的组合等形式构造一个有吸引力的旅游目的地形象。

2. 旅游目的地形象设计

如今，旅游目的地形象对于旅游者而言已不陌生，但旅游业工作人员对其的理解仅限于通过旅游目的地的良好景观建设，特别是环境卫生、安全保卫以及相关的服务和管理工作，给旅游者以正面、美好的印象和感受。这种观点只是对旅游目的地形象的表面理解，而将旅游目的地形象提升到战略的高度加以系统认识的新观念尚未得到普及。

（1）旅游目的地形象设计的核心。旅游目的地形象设计的核心是旅游目的地的基本定位问题，即旅游目的地将在旅游者心目中树立并传播怎样的一种形象，它到底是怎样的一个景区，这种形象如何成为吸引人们前来旅游的动力源泉等。

（2）旅游目的地形象的视觉设计与推广。旅游目的地形象视觉设计的基本要素包括图案、色彩和字体。旅游目的地形象的主题口号主要解决旅游目的地形象的基本定位问题，如何将其体现在旅游目的地中，以强化旅游目的地的实际旅游形象，是影响重游率与形象传播的关键。旅游目的地标志的设计可结合标志性景观，例如，上海的东方明珠就可完整无误地概括其旅游形象。此外，旅游目的地形象的视觉设计还包括吉祥物，甚至旅游大使的选择。

（3）旅游目的地形象定位语言要准确。旅游目的地形象定位的最终表述，往往以一句主题口号加以概括。确定主题口号并不是一件简单的事情，需要综合考察，并需结合当地旅游资源特点，以凸显当地特色。比如，在开发海南省旅游资源的时候，有人提出"把海南岛建设得像夏威夷一样"的建议，这就是说海南岛永远超越不了夏威夷。

（4）旅游目的地形象定位要充分体现个性。旅游目的地形象的个性是指一个旅游地区在形象方面有别于其他地区的高度概括的本质化特征，是区域自身多种特征在某一方面的聚焦与凸显。这种特征往往是透过文化层面折射出来的。它可以是历史的、自然的或社会的，也可以是经济的、政治的或民族的。比如法国巴黎的旅游目的地形象定位是时装之都，意大利威尼斯是水上乐园，瑞士是钟表王国等。一个地区或景区的多种特征的聚焦和凸显不是以人们的意志为转移的，而是历史遗留、社会需求等多种因素的沉淀。

（5）旅游目的地形象定位要随时代的变化而更新。旅游目的地形象定位确定之后就具有一定的稳定性和持久性，成为当地旅游业在一个较长时期内传播形象和进行营销反复使用的主题口号。但是，旅游目的地形象定位并不是一成不变的，时代在变，旅游竞争环境在变，旅游消费者的消费心理和需求在变，旅游目的地自身也处在变化发展当中。

（6）旅游目的地形象定位需要群众参与和认可。旅游目的地形象定位是个比较复杂的问题，要准确定位，仅靠几位专家学者是很难做到十全十美的，还必须要有群众的参与。在定位前的调查工作中，需要充分了解社会各界的意见和看法，这样的形象定位才能准确反映市场的需求。

（7）旅游目的地形象宣传要抓住表现时机。旅游目的地形象的表现时机很重要。抓住良机，展现与推广旅游目的地形象往往可取得事半功倍的效果。比如重要旅游活动、节假日就是表现旅游目的地形象的最佳时段。旅游目的地形象往往是一种心理感知的抽象事物，而重要旅游活动、节假日、娱乐演出、重大庆典等都可将其变成可视、可听、有形、有声、有色的具体事物。

总之，TDIS策略可提升旅游目的地整体形象，应将TDIS策略提高到旅游发展的战略高度加以研究与应用。今天，旅游目的地旅游的进一步发展已不能单纯依赖孤立的旅游景点，而必须推出旅游目的地整体的旅游形象，通过旅游目的地形象的定位、主题口号的提出、视觉形象的设计与推广等基本形象战略来全面发展地区旅游。

第三节 旅游CIS的系统组成

一、旅游组织理念识别系统

1. 旅游组织理念识别系统的基本内容

旅游组织理念特指带有个性的组织经营活动的思想或观念，这是旅游的基本精神所在和原动力。旅游组织理念系统主要包括组织使命、组织精神和组织目标等。

旅游组织的使命包括经济使命和社会使命，前者是为了推动国家或地区经济的发展、产业经济结构的调整和旅游行业经济效益的提高，后者是为了适应和满足社会发展的需要。旅游组织的价值观和组织目标都必须与使命相一致。旅游组织的价值观主要表现在经营管理姿态和行为规范两个方面。它要求全体员工在共同遵守旅游组织与旅游企业既定的经营管理方针的同时，还要遵循相应的社会和旅游组织规范。

旅游组织的精神是建立在共同价值观和共同信念的基础上的，具有旅游组织特色的群体意识。这种意识包括共同的理想追求、价值准则、思想作风、道德情操、工作态度、行为规范等。旅游组织的精神是通过领导者的引导、宣传、教育、示范，员工的积极参与、

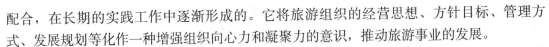

配合，在长期的实践工作中逐渐形成的。它将旅游组织的经营思想、方针目标、管理方式、发展规划等化作一种增强组织向心力和凝聚力的意识，推动旅游事业的发展。

旅游组织的目标指组织要达到的目的和标准。它体现了组织的追求，是组织理想和信念的具体化。

2. 确立旅游组织理念识别系统的思路

构建旅游组织理念的层次通常是：

（1）本组织是什么组织？

（2）本组织应是什么组织？

（3）本组织将是什么组织？

具体方面主要有旅游服务领域、旅游服务质量、旅游服务效率、旅游组织的社会责任、旅游组织的气氛、旅游组织的行为规范等。通过对这些问题的认识、检查，结合组织特点进行有侧重的选择和组合，便可设计出自己的理念。

3. 旅游组织理念识别系统的渗透实施

要使旅游组织理念内化到组织之中，成为组织的行为标准，并贯彻落实在行为上，必须对其进行长期的强化，通过各种手段进行渗透实施。一般的实施途径有：

（1）教育。这是渗透组织理念最常用的方法，尤其是在导入的初期，采用让员工经常朗读组织理念手册或把组织理念编成歌曲让员工吟唱等灌输教育的方式比较有效。

（2）象征性活动。开展一些富有特色的活动，如仪式、庆典等来宣传组织文化，构筑组织理念。

（3）激励。通过目标激励、民主激励、精神激励、情感激励和物质激励等方式，激励旅游组织员工进取、参与、实践的热情，树立旅游组织的良好形象，发挥组织的最大社会效益和经济效益。

二、旅游组织行为识别系统

1. 旅游组织行为识别系统的基本内容

旅游组织行为识别系统的内容主要分为对内、对外两大部分，对内的行为主要有业务培训、员工教育、奖惩活动、工作环境、职工福利及研究开发项目等；对外的行为主要有市场调查、广告活动、公关活动、公益文化活动、促销活动、竞争策略以及各类公众的关系等。旅游组织行为识别系统的导入，就是调整、完善旅游组织的内外活动，使其规范化、契约化，充分体现旅游组织的理念。

旅游组织行为识别系统的要素有战略（Strategy）、结构（Structure）、体制（System）、作风（Style）、人员（Staff）、技巧（Skill）、共同的价值观（Shared Value）。导入旅游组织理念系统就是要对这7个因素进行合理、科学地处理、规范，使之互相统一、协调，从而改善旅游组织形象，增强组织活力。在对旅游组织行为进行规范化管理时，主要的目标应是指挥系统的规范化、组织决策的规范化、服务流程的规范化等，通过一系列规范化管理，规范旅游组织和旅游企业的一切活动及全体员工的行为，使旅游

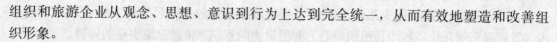

组织和旅游企业从观念、思想、意识到行为上达到完全统一，从而有效地塑造和改善组织形象。

2. 旅游组织行为识别系统的规范

旅游组织行为识别系统的规范，就是从行为方面围绕理念识别系统来规范组织的行为模式，通过组织结构设计、员工教育培训、公关宣传和广告活动、社区活动和其他大型活动，使员工全面遵循行为识别系统规范要求，以此来塑造旅游组织的行为形象，直观地展示旅游组织理念识别系统的文化境界和风貌。

三、旅游组织视觉识别系统

1. 旅游组织视觉识别系统的基本内容

旅游组织视觉识别系统的基本内容包括两大部分：基本要素和应用要素。基本要素包括旅游组织名称、标志、标准字、标准色、造型等；应用要素主要包括旅游组织办公事务用品、接待用品、产品包装、广告、服装制式、各种标识、规范手册等。

2. 旅游组织视觉识别系统的设计原则

旅游组织视觉识别系统是综合反映旅游组织整体特色的重要载体，是旅游组织形象外在的符号化的表现形式，必须表现出旅游组织的经营理念。设计旅游组织视觉识别系统时，要遵循一定的美学原则，讲究统一与变化、对称与均衡、节奏与韵律、调和与对比、比例与尺度、色彩的联想与抽象的情感等，通过独创性的符号立意来表现个性。视觉识别系统作为一种静态的抽象符号，必须适应公众的心理需要，使其在不知不觉的感情体验中接受旅游组织的视觉信息，引起情感共鸣，从而产生强烈的视觉震撼。在运用图案、色彩时，应考虑各种公众对象，特别是不同历史传统、文化和宗教传统的民族思维习惯。还应该注意有关法律的因素，不能使用法律上禁止或限制使用的符号、图案，也不能抄袭或借用其他组织的视觉系统。

3. 旅游组织视觉识别系统基本要素开发

（1）组织名称设计。一个好的名称可以折射出旅游组织的经营理念，体现出旅游行业的特征，展示出旅游组织的行为风采。旅游组织的名称要做到好认、好读、好记、好看，做到"音""意""形"的完美统一。设计名称时应在新颖独特、时代气息等方面进行精心创意，并要考虑到特定公众的民俗风情、语言习惯，不能犯忌。

（2）标志设计。标志作为一种综合了文字、图形和色彩等要素的视觉符号，具有象征性、联想性、抽象性等特点。

标志设计的模式有：旅游企业名称与企业标志、品牌名称、色彩同一化，使组织外在形象一体化，强化信息传递效果；旅游组织名称与产品品牌不同，刻意强调品牌之间的差异化，目的是快速占领市场，提高市场份额；旅游组织标志、造型同一化，但色彩不同，用视觉效果强化旅游行业特性；旅游企业标志部分相同、部分差异，用以区别同一组织不同的业务活动。设计标志时应做到，构图简洁清晰，易辨认、易记忆，具有独创性，易于传播使用。

标志设计的题材主要有：旅游组织和品牌名称或其名称含义、旅游组织和品牌名称的

字首、旅游组织品牌图案和其名称字首组合、旅游企业文化或经营理念、旅游组织和品牌的传统历史或地理名称等。

标志设计的常见方法有：具象法——对形象进行艺术化加工，形象化地表现出来；表述法——直接把旅游产品、旅游服务项目、经营宗旨等内容，制作成标志；象征法——借助某种具象内容来象征旅游企业所要表现的内容；抽象法——把旅游企业的某个特色内容，用一定的图案加以展示；文字法——直接对旅游企业、旅游产品品牌名称的文字进行艺术加工；纯标识法——直接运用独特的表音符号或单纯图形作标志等。

标志设计要遵循"几何、规则、简洁、自然"等绘图规范，符合公众的审美心理。

（3）标准字。标准字是指在造型外观和文字的配置方法方面不同于普通字体的特殊图形文字。标准字本身的说明性，能够清晰、明确地传达名称、内容以及补充说明图形标志的内涵，因而具有更强的传递作用。

标准字设计应做到语意准确、概括理念、富于典故色彩、单纯简短。选择的名称要与旅游组织的事业领域、经营内容和产品特性有密切的联系，成为旅游组织经营哲学意境的生动展示和形象化表达。旅游组织的名称应具诗意美感，使公众看到名称就能产生美好的遐想和旅游体验冲动。另外，名称要考虑民族风俗、法律文化和涉外文化，以免造成纠纷。

（4）标准色。标准色是指企业为塑造独特的企业形象而确定的某一特定的色彩或一组色彩系统，运用在所有的视觉传达设计的媒体上，通过色彩特有的直觉刺激和心理反应，以表达企业的经营理念和服务文化。

标准色由于具有强烈的识别效应，因而已成为经营策略上有力的工具，日益受到人们的重视，在视觉传达中扮演着举足轻重的角色。色彩除自身具有知觉刺激、引发生理反应外，更由于人类的生活习惯、宗教信仰、自然联想等的影响，使得人们一看到某种色彩就会产生相应的联想，进而激发某种情感。

例如可口可乐的红色洋溢着热情、欢快和健康的气息；柯达胶片的黄色，表达了色彩饱满、璀璨辉煌的产品特质；美能达相机的蓝色给人以高科技光学技术结晶的联想；七喜汽水的绿色给人以生命活力的感受等，都是借助于色彩的力量来确立企业、品牌形象的成功范例。

（5）企业造型。为了塑造鲜明独特的企业形象，企业造型一般会选择特定的人物、动物、植物等作为具体形象化的造型代表，以其风格夸张、亲切可爱、幽默滑稽的形态来捕捉消费大众的视线，强化企业性格，表达产品或服务的特质，与消费者贴近，赢得最佳的经营效果。

企业造型的设计题材大致有以下几类：

（1）人物类：如麦当劳快餐的"麦当劳叔叔"、肯德基店门口的"山德士先生"、海尔电器的"海尔小精灵"等。

（2）动物类：如彪马运动鞋的"飞豹"、鳄鱼服装的"鳄鱼"、三菱汽车的"野狼"等。

（3）植物类：如日本劝业银行的"玫瑰"、中国农业银行的"谷穗"等。

（4）产品类：如法国米奇林公司的"米奇林轮胎"等。

企业造型的基本形态设定之后，可依照企业经营内容、宣传媒体、促销活动等需要进行各种变体设计，并赋予不同的动态、姿势、表情，以加强企业造型的说明性与亲切感，使其在视觉传达中有更好的影响力和表现力。

总之，在旅游组织视觉识别系统设计中，名称、标志、标准字、标准色等基本要素应组合成一个有机的系统，才能起到独特的认知识别作用。组合原则是：在二维空间的静止画面上，达到引人注目的效果；在同时出现的版面竞争上，创造强有力的表现效果；在长期出现的、多样产品的情报传达上，塑造统一的设计形式。在确定多类基本要素的组合关系时，应根据视觉的心理特点确定组合关系，同时必须遵循同一性、系统性的目标。

第四节　旅游CIS的导入与程序

旅游组织CIS导入的内在动力是为了统一和改善组织形象，解决旅游组织在管理发展方面的实际问题，增强旅游组织活力，为组织以后更大的发展找到战略制高点；外在动力是在旅游产业的国际性挑战面前，加强旅游组织的"非物质"竞争和战略竞争能力，适应来自旅游消费者、传播媒介和社会环境的挑战，跟上世界旅游发展的潮流和步伐，以保证旅游组织在激烈的市场竞争中取胜。

一、旅游CIS的导入时机

CIS以反复强化的手段，使公众逐渐认识、熟悉企业，在此基础上，旅游组织开展公关活动，容易为公众所接受，传播效果更理想。但是企业的CIS的导入，不是临时性的应急之作，而是配合旅游企业长期经营策略的一项整体传达系统的计划性作业。任何旅游企业实施CIS都必须从长远的角度出发，准确地把握导入的最佳时机，只有这样才能取得事半功倍的效果。一般而言，CIS导入的最佳时机主要是企业发生重大变化和重大事件之际。

1. 新的旅游企业成立、开业或被确定为总代理、总经销地位之时

企业的诞生之际是导入CIS的最佳时机，无论是新开张的饭店、旅行社、旅游交通公司，还是企业被确定为总代理、总经销之初，要想在一开始就能积极主动、卓有成效地进入市场，就必须通过市场定位，制定出具有个性的、与众不同的识别系统。新的旅游企业充满朝气和活力，没有老旧企业的因袭重负和定型的观念，能够最迅速、最彻底地导入和实施CIS战略，把企业的理念识别、行为识别、视觉识别有效地传递给社会公众。在这种时机导入CIS的显著效果是，从一开始就能塑造出规范的、现代化的、国际性的企业形象，从而使中外游客对企业产生深刻、突出、良好的印象。

2. 旅游集团企业组建、成立之时

我国多数旅游企业普遍具有资产少、规模小、盈利能力弱和市场占有率低的特点，又面临国际资本不断来华的巨大压力。所以将其重组为有规模、上档次的大集团，是旅游业面临的紧迫任务。当旅游企业合并为集团企业之后，当务之急就是将不同的企业、不同的

经营理念、不同的行为规范、不同的视觉识别系统统一起来，发挥综合优势。在这里，正是CIS的用武之地；在此时，也正是导入CIS的良好时机。这时导入CIS能促使集团成员在思想、行为等方面"万象归一"，能迅速有效地统一并显示企业集团形象，充分发挥企业集团化经营的优势。

3. 旅游企业扩大经营范围，实行多元化经营之时

随着消费水平和购买力的提高，在竞争激烈的当今旅游市场中，仅靠单一的产品或服务占领市场已很难促进企业的发展。企业必须根据自己的实际，不断扩大经营范围，发展多元化经营，才能赢得更广泛的消费者，确保企业的发展壮大。这样，由于企业经营的改变，往往使原有的企业标志、名称、理念等信息发生与企业规模、经营内容不相符合的现象。此时导入CIS，既是企业发展之必需，也是不可多得的时机。此时，导入CIS以重新开发建立新的识别系统，将树立起令公众耳目一新的企业形象，鲜明地向公众传递出企业已扩大原有经营范围的信息。

4. 旅游企业经营理念需要改变和重整之时

无论多么出色的经营理念，只要静止不变，都会因"时过境迁"而渐失优势。例如：一些老牌的旅行社和宾馆，它们曾有过辉煌的历史，但多年一贯制地只是固守陈规，在市场经济条件下不思变革，便只能成为时代的落伍者，经营方针、管理方式落后，营销观念、市场观念跟不上社会的发展，这样的旅游企业势必丢失原有的市场份额。所以，必须将企业的经营理念重新加以调整，适应时代的步伐，才能夺回失去的市场。我们认为，旅游企业的经营理念应当顺应时势不断更新，而更新之际正需要CIS的协助，且正是导入CIS的良机。经过整新的企业理念，再通过有效的行为识别和视觉识别系统的信息传递，既能使社会公众明显感觉到企业的日新月异、长足的进步，又能赋予企业求新、求好、求美的实际意义。

5. 旅游新项目、新产品推出之时

为了满足旅游消费者永无厌足的求新、求异需求，每个旅游企业都在致力于研究开发新的旅游项目或产品。开通新旅游线路，开辟新旅游景点，推出特色服务，几乎所有的旅游企业都在绞尽脑汁地翻新花样。这是十分必要的，因为新产品的开发是旅游企业经营不断发展的表现，是旅游企业经营不断创新的具体成果，它们最容易为消费者所接受。在新的旅游项目和新产品开发成功，刚刚上市之际导入和推行CIS，极有利于并易于塑造崭新的企业形象，同时也可以为促销新产品打开局面。

6. 旅游企业走向国际市场之时

商品经济的发展，使旅游业的市场由原来的局部区域，发展到整个乃至整个世界。参与国际竞争是旅游企业无法回避的大趋势，随着我国的进一步改革开放，国外的旅游企业、旅游产品大量涌入国内，而我国旅游业也在向境外大力拓展。面对竞争越来越激烈的国内外市场，我国的旅游企业要与国外名牌饭店等旅游企业一决高低，其重要的策略便是导入CIS。众所周知，国外许多稍具规模的旅游企业无一不是导入并实施了CIS的企业。走向国际市场的中国旅游企业必须不失时机地导入CIS并实施，才能拥有市场争夺战的攻守利器，才能与国际市场"接轨"。在这一点上中国民航深有体会，中国民航为了适应国际竞争，曾邀请世界著名的美国奥美广告公司为之策划CIS形象，结果大获成功。

7. 消除不良影响，化解危机之时

在激烈的市场竞争中，任何企业都不可一帆风顺、所向披靡，都可能由于经营方针或具体工作的失误等原因，导致消费者与社会公众对企业产生不良印象。为了消除消费者和公众心中的阴影，可以在困境中导入CIS，化解危机，重振企业雄风，建立起耳目一新的新形象。

二、旅游CIS的导入程序

CIS战略是一项周密、复杂、系统的长期发展规划。它必须按照一定的规则，循序渐进地展开工作，才能达到预期的目标。因此，企业必须制定出理想的CIS导入程序，以便从宏观上整体把握CIS战略。

1. 组织机构设置

组织机构设置是旅游业导入CIS的第一步。当企业决定导入CIS这项系统工程时，必须成立相应的导入机构，以便从组织上保证CIS导入的顺利进行。CIS导入的组织机构设置包括CIS委员会和CIS执行委员会。

CIS委员会是CIS导入的决策机构，一般由企业主要决策人、各职能部门的负责人和CIS专家组成。CIS委员会的主要任务是：确立CIS导入的时间与日程；确立CIS导入的方针政策；确立CIS导入的价值取向；全面检查企业的现行状况；审定CIS设计的各种方案；调动全体员工参与CIS导入活动等。

CIS执行委员会是隶属于CIS委员会的一个具体从事CIS设计和推广的机构，主要由CIS专家、市场调研人员、美术设计人员、文案人员组成。其主要任务是：预测CIS导入的具体时段；预算CIS导入的费用；提出CIS设计的论证报告；对企业内外部环境进行调查；对企业的理念、行为、视觉识别系统进行设计；负责CIS设计的内外推广传播；负责对CIS设计效果进行检验、评估。

2. 企业现状调查分析

现状调查分析是正式实施CIS所要做的首要之事。导入CIS的根本目的是对本企业现状予以调整，使企业树立更好的形象，这就需要了解企业运行的全面情况，并对企业内外状况进行全面诊断，找出企业当前的优势和劣势，判断企业在同行业中的地位，了解企业在社会上的形象状态。为此，CIS的设计才能有依据。所以，调查分析是实施其他步骤的前提和基础。

现状调查分析包括两个方面，即企业内部环境和企业外部环境的现状的调查分析。企业内部状况的调查内容有企业经营、行为准则、营运机制、生产管理水平、技术及人才储备、产品结构、员工状况、产品开发策略、财务、信息传达方式等方面。

企业外部环境的调查分析，指对企业所处的政治、经济、社会、科技环境的分析，对当前市场特点、走向的分析，对本企业主要目标市场消费者的分析，对其他相关企业的现状、形象等分析活动。通过这一系列的调查分析活动，再度确认本企业在社会、市场、同行中的地位与形象，并探讨企业今后的存在定位。对外部环境的调查，一般采用文案调查和问卷调查。前者是指收集和分析政府机构的有关统计资料、工商机构的研究信息、行业内部的专业杂志以及各种论文、专著等研究报告。后者就是通过专门设计的问卷，调查、

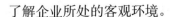

了解企业所处的客观环境。

知己知彼，百战不殆。企业的正确决策来源于对自身状况和现实处境的透彻了解。企业现状调查分析，犹如整个CIS设计的生命线，应贯穿于策划的全过程。

3. 企业CIS的设计

（1）企业理念和经营范围的确定。当获得了企业内外环境的全部资料，并经现状分析后，即可开始对企业的理念进行定位或做适应性的调整。重新认识企业现有的企业经营范围是否符合企业的现状和今后的发展。以企业的经营意志和社会、市场背景为基础，预测今后10年、20年的情况，从而确定相应的企业事业领域，以此明确新的企业理念作为今后企业一切活动的核心。

企业理念是CIS设计的灵魂，也是实现"差异化"企业形象的关键所在，应当非常慎重。企业理念设计完毕，须经CIS委员会审定认可，方可进入下一步设计。

（2）企业行为设计。一旦理念确定了，必然要求相应的企业行为与之配合。行为设计是CIS设计的主要内容，它一方面要求能充分反映理念，将理念具体化；另一方面又要使行为设计科学化、规范化和操作化，便于推广和付诸实践，使企业员工的行为表现出一个全新的面目。所以行为设计非有管理专家参与不可。

（3）视觉设计。理念确定之后，就须用适当的图形、文字色彩等表述出来，形成企业的视觉形象。简言之，就是对企业所有可视的传播媒体进行标准化、系统化的设计，通过统一的视觉系统，把企业的理念，有效地传递给外界。视觉设计包括设计独特的产品形象和品牌形象，形成企业标志、标准字体和标准色彩。它既要准确地体现企业的精神实质，又要使公众易于接受并留下深刻的印象。

（4）拟定CI报告。根据企业实态分析结果，评估、检查原有的企业理念和经营战略，并根据企业内外环境的变化和未来的发展，重新构筑企业理念和经营战略。此外，对于CI作业过程中的重要环节以及为配合CI的顺利导入的各有关方面（如信息传播、教育训练等）的配合计划等，也必须在CI总概念报告中逐一确定。

4. 启发宣传活动

为了使企业内外工作均能按照CI战略的规划来进行，必须向企业全体员工宣传企业导入CI的意义，向他们灌输明确的企业理念，使员工能在思想上保持同步。

5. 设计开发及测试

设计开发就是对企业形象视觉要素的综合设计过程。这是CI战略中专业设计性最强的工作，是CI战略的重要组成部分。设计开发必须以贯彻、传达、体现企业理念为基本宗旨。在设计稿完成后要进行试作、测定，以便对设计进行修改、补充和完善。

6. 编制CIS手册

编制CIS设计手册是将视觉设计成果整理成册，予以系统化、标准化、序列化，便于使用查阅。CIS设计手册是企业实际作业的水平和规范的标准；同时，它也是进行企业形象识别要素综合管理的依据和参照。CIS设计手册的具体结构内容和风格依企业情况的不同而各不相同。例如美国可口可乐公司的CIS设计手册共有六册，内容涉及设计系统、广告系统、服装系统、车辆系统、包装系统、饮具系统、陈列展示系统、赠品系统、招牌系统等应用设计，一应俱全，是世界上最庞大的设计手册之一。设计手册的印刷、装帧应讲究高质量，精美实用，便于长期阅读和保存。

7. 贯彻实施

接下来，就是在新的企业理念指导下，将CI战略规定的各项战略、方针具体融合在企业经营管理的各个方面，并不断贯彻实施。实施过程中，应定期对CI战略的实施效果进行调查、总结、评估，使之形成反馈控制，不断改善其运作态势。

8. 效果总结评估

CIS导入和实施后，企业的全新形象通过各种形式全面向企业内外传播后，还应对其实际效果进行检测评估。CIS实施后，企业知名度、美誉度提高的程度，企业经济效益增加的程度，一般来说可以采用主观分析法和广告效果评估法对其效果进行评估。如定期对企业内部外部测试，了解企业理念是否被认同，视觉传达是否被领会，认知度与识别功能、视觉冲击力与设计品位如何等。又如利用统计方法考察企业销售额和利益的增长率与广告费的增长率来测定效果。还可以用数据统计分析作定量化的评估。

导入CIS的实效最终是要通过企业产品的市场占有率、销售金额、利税指标来显示，所以可用导入CIS前后几年的企业经营的年度报告资料进行对比分析。通过以上分析作出评估报告，一方面应呈送企业决策机构，为企业决策提供咨询参考；另一方面还应按照评估的得失及时修正自身活动，为下一个层次的CIS程序推进做好准备。

以上八个步骤的具体内容，如图12-1所示。

知识链接

世界十大饭店是如何塑造美好形象的

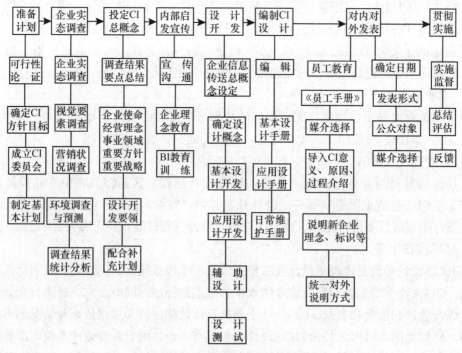

图12-1 旅游CIS的导入程序

 **课堂讨论**

有人认为，CIS系统可以在企业经营过程中的任何时候进行导入，你是否赞同这一观点？为什么？

技能操作

选择某一旅游组织案例，探讨其CIS导入的全过程。

课后习题

一、名词解释

TDIS　CIS　TDIS策略　CIS系统组成

二、简答题

1. 旅游CIS是在什么历史条件下产生的？

2. 旅游CIS的构成要素有哪些？其相互关系如何？

3. 企业导入CIS的理由是什么？

4. 如何对旅游目的进行TDIS策划？

5. 旅游CIS由哪些系统组成？各系统如何实施？

6. 旅游企业导入CIS基本程序有哪些？请简要说明。

7. 旅游企业如何选择导入CIS的时机？

8. 结合案例说明旅游CIS在市场竞争中的地位。

参考文献

[1] [英] A·J·伯卡特，等．西方旅游业 [M]．张践，等，译．上海：同济大学出版社，1990.

[2] [美] 弗兰克林·杰弗金斯．最新公其关系技巧 [M]．夏晓斌，等，译．北京：北京大学出版社，1992.

[3] 熊源伟．公共关系学 [M]．合肥：安徽人民出版社，1990.

[4] 马勇．旅游学概论 [M]．北京：高等教育出版社，1998.

[5] 侯亚飞．公共关系学 [M]．北京：中国经济出版社，1998.

[6] 方光罗．公共关系实务 [M]．北京：中国财政经济出版社，1997.

[7] 张国洪．旅游公共关系 [M]．天津：南开大学出版社，2013.

[8] 李健荣，王克智．现代公关理论与实践 [M]．北京：高等教育出版社，1997.

[9] 张国洪．旅游公共关系 [M]．天津：南开大学出版社，1998.

[10] 甘朝有，王连义．旅游公共关系 [M]．天津：南开大学出版社，1999.

[11] 喻少彬．企业公共关系艺术 [M]．南京：东南大学出版社，1997.

[12] 杜芹平．公关技巧与案例 [M]．北京：中国纺织出版社，1998.

[13] 秦启文．现代公关礼仪 [M]．成都：西南师范大学出版社，1995.

[14] 胡锐．现代礼仪教程 [M]．杭州：浙江大学出版社，1995.

[15] 孙玉太，等．商务谈判制胜艺术 [M]．济南：山东人民出版社，1995.

[16] 张向东，旅游公共关系 [M]．上海：华东师范大学出版社，2014.

[17] 彭萍，张素芳．旅游公共关系 [M]．北京：旅游教育出版社，2013.

[18] 金正昆．服务礼仪教程 [M]．北京：中国人民大学出版社，1999.

[19] 陆永庆．旅游交际礼仪 [M]．大连：东北财经大学出版社，2001.

[20] 余明阳，等．CIS教程 [M]．北京：中国物资出版社，1995.

[21] 童强．CIS在服务 [M]．北京：中国经济出版社，1996.

[22] 朱传贤，童炽昌，郭惠民．中国优秀公关案例选评（之一）[M]．上海：复旦大学出版社，1995.

[23] 银淑华．旅游公共关系 [M]．北京：中国人民大学出版社，2002.

[24] 郭寰，姚一斌．旅游公共关系学 [M]．昆明：云南教育出版社，2002.